科学出版社"十四五"普通高等教育研究生规划教材
西安交通大学研究生"十四五"规划精品系列教材

增材制造技术

主　编　李涤尘
副主编　田小永　吴玲玲

科 学 出 版 社
北　京

内 容 简 介

本书较为系统地介绍了增材制造技术的基础知识和工程应用,紧密结合增材制造领域的最新发展,从基础原理、关键技术、工程应用案例等方面介绍相关进展和技术难题,旨在帮助读者全面了解增材制造技术的基础知识,并启发读者对增材制造未来发展趋势的思考。通过对本书的学习,读者将对增材制造技术有一个全面的认识,在掌握主要技术原理的基础上,思考其现存的主要问题,精准把握增材制造技术的未来发展方向。

本书适用于汽车制造、航空航天、生物医疗等不同行业背景的读者,可供高年级本科生、研究生和相关行业工程师阅读,不仅能够满足在校学生的专业学习需求,同时也是从事增材制造研究和工程应用的工程技术人员的重要参考书。

图书在版编目(CIP)数据

增材制造技术 / 李涤尘主编. —北京:科学出版社,2024.3
科学出版社"十四五"普通高等教育研究生规划教材·西安交通大学研究生"十四五"规划精品系列教材
ISBN 978-7-03-078280-9

Ⅰ.①增⋯ Ⅱ.①李⋯ Ⅲ.①快速成型技术−高等学校−教材
Ⅳ.①TB4

中国国家版本馆 CIP 数据核字(2024)第 057008 号

责任编辑:朱晓颖 / 责任校对:王 瑞
责任印制:赵 博 / 封面设计:迷底书装

科学出版社 出版
北京东黄城根北街 16 号
邮政编码:100717
http://www.sciencep.com

北京天宇星印刷厂印刷
科学出版社发行 各地新华书店经销
*
2024 年 3 月第 一 版 开本:787×1092 1/16
2024 年 12 月第二次印刷 印张:12 1/2
字数:320 000

定价:88.00 元
(如有印装质量问题,我社负责调换)

前　言

　　增材制造（3D 打印）是近四十年发展起来的先进制造技术，其逐层叠加的成形原理，使其具有快速成形、小批量定制化、实现复杂结构制造的技术优势。增材制造技术可用金属、非金属、复合材料、生物材料甚至生命材料来制造构件，在航天航空、汽车机车、家用电器、生物医疗、建筑工程、文化创意等领域具有广泛的应用前景，被认为是促进未来制造业发展的颠覆技术之一，受到世界各国的高度重视。党的二十大报告指出："教育、科技、人才是全面建设社会主义现代化国家的基础性、战略性支撑。必须坚持科技是第一生产力、人才是第一资源"。人才培养是决定我国科技发展的关键，需要培养一大批高素质的多学科交叉研究人才和工程技术人才，以支撑未来的增材制造技术的科技创新竞争和产业发展。目前中国已经将增材制造技术列为一个工程师职业，高等学校和职业培训机构重视增材制造技术人才教育与培训工作。本书针对高年级本科生、研究生和高层次专业技术人员的需要，建立设计、工艺、装备、典型应用等全面的知识体系，从关键技术、发展状况、技术理论、典型应用等方面展开阐述，为建立增材制造理论与工程应用提供较为全面和完整的知识。

　　本书共 7 章，包括增材制造技术概述、面向增材制造的设计、增材制造数据处理、金属和非金属增材制造、生物材料增材制造及特种增材制造技术。其中，第 1 章对增材制造的主要技术分类和特点、国内外发展现状和发展趋势等内容进行概述。通过该章的学习，读者将对增材制造技术有一个初步的认识，了解其基本原理、分类和特点。第 2 章主要介绍面向增材制造的设计技术，包括工艺-结构协同优化设计方法、材料性能优化及工艺参数优化等内容。通过该章的学习，读者将熟练掌握增材制造技术的设计方法。第 3 章主要介绍增材制造数字化表达和切片等方面的内容，包括三维模型数字化表达、三维数字模型切片等。通过该章的学习，读者将了解增材制造数据处理的原理和方法，为后续章节对不同增材制造工艺过程的学习奠定理论基础。第 4 章和第 5 章分别对金属和非金属增材制造技术进行详细介绍。通过这两章的学习，读者将对典型的金属和非金属增材制造工艺有深入的认识，熟悉主流的金属（定向能量沉积技术、金属粉末床熔融技术、金属黏结剂喷射技术等）和非金属（光固化成形技术、陶瓷粉末床熔融技术等）材料的成形工艺，具备在工程实际中应用增材制造技术的基本技能。第 6 章和第 7 章分别选择生物医疗和特殊环境领域下增材制造技术的典型应用进行介绍分析。通过这两章的学习，读者将对增材制造的应用场景有更清晰的认识。

　　本书由我国从事增材制造研究和应用的多家单位共同编写，其中许多理论和技术体现了我国在相关领域的研究成果，是我国增材制造发展创新自主知识体系的结晶。本书由李涤尘担任主编，田小永、吴玲玲担任副主编，编写分工如下：第 1 章由田小永、吴玲玲编写，第 2 章由袁上钦编写，第 3 章由田小永、崔滨、钟琪编写，第 4 章由田小永、林鑫、方学伟、林峰、薛飞、蔡道生、朱刚贤编写，第 5 章由田小永、吴玲玲、连芩、魏青松、杨春成、刘轶、陈张伟编写,第 6 章由孙畅宁、贺健康、贺永编写,第 7 章由田小永、顾冬冬、兰红波、宋波编写。感谢专家和编辑为本书的出版所付出的辛勤劳动。

由于编者水平有限,书中难免存在不足和疏漏之处,恳请专家、读者批评指正。

编　者

2023 年 6 月

目　　录

第1章 概　　述

1.1　增材制造原理与作用

增材制造（Additive Manufacturing）技术是一种三维材料累加的制造技术，其原理是采用三维计算机辅助设计（Computer-Aided Design，CAD）模型，将原料（金属、聚合物、陶瓷、玻璃或复合材料等）从液体、粉体、线材等离散形式逐层累加制造出三维实体的工艺过程。

传统的制造方法主要有减材制造和等材制造。减材制造是采用刀具或磨具，以车、铣、刨、磨等方式对材料进行去除以获得所设计的零件形状，其工艺过程是材料去除。等材制造主要通过铸、锻、焊等方式将材料改变形状，其工艺过程中材料量基本保持不变。与等材制造、减材制造相比，增材制造是一种结构从无到有的材料累积制造过程。

增材制造技术自 20 世纪 80 年代在美国形成以来，也被称为快速原型（Rapid Prototyping）技术、材料累加制造（Material Increase Manufacturing）、分层制造（Layered Manufacturing）、实体自由制造（Solid Free-form Fabrication，SFF）、3D 打印（3D Printing）等。这些名称从不同的侧面反映了增材制造工艺的技术特点。

从更广义的角度来看，增材制造是计算机、新材料、光学、控制工程等多学科协同发展的产物，其工作主要包括两个过程：第一是数据处理，即采用切片软件将 CAD 三维模型分切成一系列薄层；第二是制作过程，根据分层的数据，采用特定的堆积方法按顺序逐层制作出相应的薄片，叠加构成三维实体。将 CAD 数据从三维实体切成二维薄层是一个数据"微分"的过程，而制作过程中将二维薄片堆积成三维实体则是一个材料"积分"的过程。

这一方法对于传统的制造模式是一种原理上的变革。基于材料累加原理，人们在制造过程中发挥想象力，提出了各式各样的材料叠加成形方法，使得这一技术在近二十年取得显著发展，不仅涉及的材料日益广泛，涉的产业也在不断扩大。增材制造技术相比于传统的制造方法，主要优势体现在以下几个方面。

（1）产品的开发周期短、制造成本低。相对于传统的减材制造和等材制造，增材制造无须开模，零件制作一体成形，显著缩短了新产品研发的周期，在单件生产和小批量定制生产上具有突出的优势。

（2）产品设计多样化、个性化。增材制造是一个材料叠加的过程，它突破了传统加工工艺的局限，拓展了复杂结构的可制造性，给结构设计提供了发展空间，对于复杂的结构可以直接进行一体化制造，构建出其他传统制造工艺所不能实现的形状，从原理上实现"制造自由"。

（3）产品的净成形和绿色生产。增材制造是一种高水平净成形，它对材料的利用率极高，加工后的余料可以重复循环利用，降低了副产品和废料的产生，减少了生产过程的浪费，提高了资源的生产效率，大大降低了对环境的污染，支撑绿色制造理念的实现。

1.2　主要技术分类和特点

美国材料与试验协会（ASTM）和国际标准化组织（ISO）增材制造技术委员会（F42）按照材料堆积方式，将增材制造技术分为如表 1-1 所示的七大类。大多数工艺都可以普遍应用于模型制造，部分工艺还可以用于高性能塑料、金属、陶瓷等零部件的直接制造以及受损部位的局部修复等特殊应用场景。

表 1-1　工业中常见的增材制造工艺

工艺方法	示意图	主要材料类型	用途
光固化（Vat Polymerization）		光敏聚合物	模型制造、零部件直接制造
材料喷射（Material Jetting）		聚合物	模型制造、零部件直接制造
黏结剂喷射（Binder Jetting）		聚合物、砂、陶瓷、金属	模型制造
材料挤出成形（Material Extrusion）		聚合物	模型制造、零部件直接制造
粉末床熔融（Powder Bed Fusion）		聚合物、砂、陶瓷、金属	模型制造、零部件直接制造
薄材叠层（Sheet Lamination）		纸、陶瓷、金属	模型制造、零部件直接制造

续表

工艺方法	示意图	主要材料类型	用途
定向能量沉积 （Directed Energy Deposition）		金属	修复、零部件直接制造

1.3 国内外发展现状

增材制造技术的核心思想起源于美国。早在 1892 年，美国的一项专利中提出利用分层制造法构成立体结构。1988 年美国的 3D Systems 公司生产出了第一台基于液态光敏树脂的光固化增材制造装备 SLA-250，开创了增材制造技术发展的新纪元，这是世界上最先可以实际应用于商业生产的 3D 打印设备。自从 3D Systems 公司将立体光固化在美国商业化以后，日本的 CMET 公司和 SONY/D-MEC 公司分别在 1988 年和 1989 年将立体光固化技术以其他形式商业化。1990 年，德国 EOS 公司交付了它的第一套立体光固化系统。1991 年，又有三项快速成形制造技术投入商业生产，它们分别是 Stratasys 公司的材料挤出成形技术、Cubital 公司的立体光固化技术和 Helisys 公司的薄材叠层技术。

美国 DTM 公司（现被美国 3D Systems 公司收购）的激光粉末床烧结技术在 1992 年投入使用。1993 年，美国麻省理工学院（MIT）发明的直接型壳生产铸造（DSPC）技术正式投入生产。1996 年，美国 ZCorp 公司基于麻省理工学院的三维喷墨打印技术，研制出了用于概念模型构筑的 3D 打印机 Z402。Z402 使用淀粉基和石膏基粉末材料与水基液体黏合剂来生产模型。2000 年 ZCorp 公司推出了世界上第一个商用的多色 3D 打印机。2000 年是一个大量新型增材制造技术涌现的年份，以色列的 Objet Geometries 公司推出了一款名为 Quadra 的三维喷墨打印机，该款打印机利用 1536 个喷嘴和紫外线光源来喷涂硬化光敏聚合物。美国 Optomec 公司研制出了一种激光直接金属沉积技术，该技术可以使用金属粉末生产和修复金属零件。

2008 年大批量的新产品纷纷问世，其中不仅有新材料，也包括新型 3D 打印设备不断被研发出来。3D 打印机的价格随着新产品的问世也在不断地降低，促进了增材制造市场的拓展。3D 打印企业 Shapeways 公司于 2009 年推出了打印服务商店，它倡导艺术家、设计师或其他任何人建立自己的"店面"并上传 3D 模型来向公众出售。这些产品可以采用增材制造系统一体化制造出来，并直接由 Shapeways 公司向消费者出售。产品包括雕刻品、珠宝、塑像和大量消费者定制化的产品，起订价格仅为数美元。2009 年 1 月，来自全世界的 70 人汇聚于宾夕法尼亚州费城附近的美国材料与试验协会国际总部，目的是建立增材制造技术委员会。该委员会的主要宗旨是建立增材制造领域关于测试、处理、材料、设计（包括文件格式）和术语的规范。

2011 年 7 月，美国材料与试验协会的增材制造技术委员会发布了一种专门的快速成形制造文件格式（AMF），新格式包含了材质、功能梯度材料、颜色、曲边三角形及其他过去增材制造数据文件格式（STL）不支持的信息。2011 年 10 月，美国材料与试验协会与国际标准化组织宣布，美国材料与试验协会增材制造技术委员会 F42 与国际标准化组织（ISO）增材制造技术委员会（TC261）将在增材制造领域进行合作，制定共同认可的一套标准。

　　从增材制造的发展历程来看，美国在装备研制、生产销售方面仍然占全球的主导地位，其发展水平及趋势基本上引领了世界增材制造技术的发展。我国的增材制造技术自 20 世纪 90 年代初开始蓬勃发展，其中，清华大学、西安交通大学、华中科技大学等高校研究团队开展了大量与增材制造相关的设备、工艺、材料及应用方面的研发，在典型的成形设备、控制软件和打印材料的研究与产业化方面获得了重大进展，已经逐步向国外先进水平靠拢。90 年代中后期，北京航空航天大学、西北工业大学、南京航空航天大学、华南理工大学、上海交通大学、大连理工大学、中北大学、中国工程物理研究院、西北有色金属研究院等一批高校和研究机构也相继开展了相关的研究与应用探索工作。其中，北京航空航天大学、西北工业大学、华南理工大学等单位主要从事金属直接成形技术的研究。增材制造的高性能金属零件已应用于我国新型飞机的研制，并取得了显著的成效。国内高校和企业通过科研开发与设备产业化扭转了增材制造设备早期严重依赖进口的局面。国产设备的用户开始遍布医疗、航空航天、汽车、军工、模具、电子电气和造船等行业，大大推动了我国制造技术的进步，促进了传统制造产业的升级。

　　近年来，在国家和地方科技计划的支持下，增材制造成为先进制造领域发展最快的方向，快速缩短了与欧美先进技术的差距，部分技术国际领先。《全球增材制造技术与产业发展报告 2022》（Wohlers Report，2022）的数据统计，我国增材制造装备的保有量占全球装备保有量的比例由 2016 年的 9.6%上升至 2020 年的 12.2%，超越德国位居全球第二，仅次于美国的 34.4%。

　　在增材制造领域，2016～2021 年我国在增材制造领域发表的 SCI 论文数量居全球第一，共 35541 篇，约占全球的 27%；其次是美国占 18%，德国占 7%，日本占 3%。这些数据反映，随着我国对增材制造基础学科领域的重点布局与持续支持，已逐步形成了比较稳定的研究队伍规模。对增材制造学科在全球三大顶级期刊 Cell、Nature、Science（简称 CNS 论文）发表的论文数量进行统计分析，发现全球近 6 年增材制造基础学科共发表 CNS 论文 609 篇，其中美国共发表 CNS 论文 324 篇，约占全球总数量的 53%，远远领先于我国的 158 篇，这表明美国目前依然处于全球增材制造基础学科技术创新领域的绝对领先地位。因此，我国应加强对增材制造基础原创性创新技术的支持力度，从前期的注重规模数量向注重高质量方向发展。

　　全球拥有增材制造技术专利最多的国家是中国，2016～2021 年公开数量占增材制造技术专利全球申请总量的 56.5%；其次为日本，美国、韩国、德国紧随其后。这表明，中国、美国、德国、韩国、日本不仅是增材制造技术主要的研发创新国家，更是增材制造技术应用方面倍受重视的五大国际市场。但对全球增材制造专利申请按照发明人国别和优先国别进行排序后可发现，中国仍落后于美国、日本、德国、韩国，在专利申请优先权国别方面排名第五。其中，美国发明人申请了全球增材制造专利的 30%，日本 15%，韩国 14%，德国 11%，而中国仅有 3%，这表明美国仍保持增材制造主要原创专利产出国的重要地位，掌握大部分增材制造核心技术，且具有较高的自主创新能力。虽然中国在专利申请数量上较多，但是许多是外国人在中国申请的发明专利，可以看到国外人员和企业在中国布局专利屏障，这对于我国未来增材制造技术的发展具有很大的知识产权风险。

　　在发展过程中，中国在"量"的方面走在前列，在"质"的方面虽然处于技术相对落后的局面，但总体技术差距不断缩小，主要体现在以下方面。

（1）增材制造创新原理与多学科应用创新存在短板：增材制造的新原理是基础研究的源头，新原理的产生多来源于相关学科的交叉融合，新材料和新物理机制相互作用，带来新的成形机理变革。目前我们的工艺原理都来自国外，涉及专利制约。从国际论文和专利的分布可以发现，高水平的论文主要来自欧美，原创型专利也来自欧美。

（2）高端增材制造工艺装备和智能化有较大差距：增材制造具有巨大的发展需求，但是，我国目前的关键元器件、数据处理软件、质量检测仪器等受制于国外，高端装备均为进口，我国主要是量大的低端桌面打印机，如何突破高效率、高质量增材制造关键技术、形成高性能器件装备集成技术，向制造的智能化、极端化和高性能化发展是我们的短板。

（3）增材制造的材料与形性可控机理研究不足：增材制造过程中存在强烈的材料物理和化学变化、复杂的形变过程，涉及材料、结构设计、工艺过程、后处理等诸多影响因素，现有材料体系多是传统工艺条件下的材料规范，难以准确把握增材制造过程的材料-工艺-组织-性能关系，进而难以实现形性的主动、有效调控。因此，发展形性可控的增材制造用材料和工艺是增材制造面临的挑战。

（4）人体组织和器官的交叉研究与应用亟待发展：美国在布局未来更具产业价值的生物器官产业。随着生物医疗增材制造从"非活体"到"活体"的趋势转变，开展生物器官增材制造成为欧美基础研究的热点：布局多学科交叉研究，实现增材制造组织与器官活性化、功能化构建，满足组织器官短缺、个性化新药研发等重大需求，美国食品药品监督管理局（FDA）通过基础研究，加快对产品的审批和注册。

未来我国有望在各个方面打破发达国家在增材制造领域的领先和垄断优势，在核心技术和产业发展方面取得自主创新发展。

1.4 发展趋势与方向

增材制造技术经过四十多年的发展，在航空航天、汽车机车、新能源、新材料、生物医疗等战略新兴产业领域已经展现出重大的应用前景。当前，全球范围内新一轮的科技革命和产业革命正在萌发，世界工业强国纷纷将增材制造技术作为未来产业发展的重点进行布局，推动增材制造技术在产业发展中的应用。随着增材制造装备与工艺研究和产业化的不断深入，新的技术和行业需求也不断涌现。

（1）在航空航天领域，随着节能降耗的需求日益强烈，传统的加工方法已经越来越无法满足复杂、异形零部件的制造需求。例如，美国通用公司的 GE9X 发动机，目前已经使用了包括燃油喷油嘴、热交换器、低压涡轮叶片在内的多达 304 个 3D 打印的零部件。2017 年 1 月，SpaceX 在美国加利福尼亚州范登堡空军基地成功发射了一枚"猎鹰 9 号"火箭，"猎鹰 9 号"火箭上含有大量的 3D 打印零件，包括关键的氧化剂阀体，3D 打印阀体成功实现了高压液态氧在高振动情况下的正常运行，如图 1-1 所示。与传统铸造件相比，3D 打印阀体具有优异的强度、延展性和抗断裂性，并且与典型铸件周期以月来计算相比，3D 打印阀体在两天内就完成了。

（a）塞式喷管发动机原型

（b）火箭整流罩

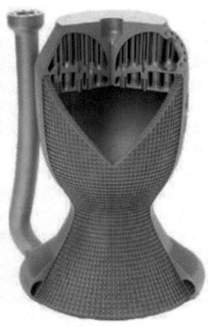

（c）推力室

图 1-1　采用增材制造技术生产的航天部件

（2）在微电子/电子制造领域，传统的集成电路加工工艺随着分辨率的增加而日益复杂，需要的投资规模也越来越大。而印刷电子作为一种基于印刷原理的新兴电子增材制造技术，其原理是利用喷墨、气溶胶喷射、材料挤出等手段将导电或介电的半导体性质材料转移到基底上，从而制造出电子器件与电子系统，如图 1-2 所示。与传统的微电子制造方法相比，印刷电子在大面积、柔性化和低成本方面具有巨大的优势。

（a）采用增材制造技术制作的印刷电路板原型

（b）麻省理工学院采用3D打印制作的传感器组件

图 1-2　采用增材制造技术制备的电子器件

（3）在交通运输领域，3D 打印从最初的快速原型制作发展为小批量、个性化零件的制造手段，并将逐渐发展为正向设计与功能集成的一体化设计的解决方案。2018 年，维捷（VJET）公司及其合作伙伴将黏结剂喷射 3D 打印技术应用于发动机关键部件的铸造砂芯的大规模生产，其 VIETX 生产线成为世界上首个汽车关键零件生产领域的集成增材制造解决方案。宝马公司推出的 BMW S58 发动机为了满足轻量化以及热管理性能的需求，其缸盖首次采用了 3D 打印技术，使其可以拥有比以往更极致的外形。面对超出传统金属铸造技术能力的几何形状和难以实现的最优冷却剂管布线方案，都可以采用 3D 打印技术顺利解决。S58 发动机的汽缸盖还避免了冗余结构造成的材料浪费，达到了更好的轻量化效果。

（4）在生物医疗领域，增材制造技术在矫形器、假肢制造等方面体现出了传统工艺无可比拟的优势：定制化、一体化快速制造，同时可以实现功能的集成化和轻量化设计，提高产品的佩戴舒适度以及美观性（图 1-3）。随着人们对生活品质的追求和老龄化的日益严重，该技术在生物医疗领域的优势将更加显著。

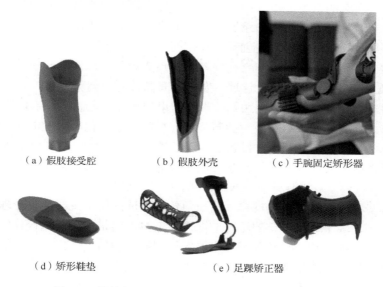

（a）假肢接受腔　　　　（b）假肢外壳　　　　（c）手腕固定矫形器

（d）矫形鞋垫　　　　　　（e）足踝矫正器

图 1-3　增材制造技术在矫形器、假肢制造领域的应用

1.5　思　考　题

1. 根据国际标准化组织的国际标准，增材制造技术可以分为哪七大类？你认为这些分类是否具有合理性？请提出自己对分类方法的建议。

2. 增材制造技术相比于传统的加工方法，主要优势体现在哪几个方面？在哪些领域应用增材制造技术具有更大的效益？

第 2 章　面向增材制造的设计

2.1　概念与原理

增材制造技术为设计复杂结构、多种材料和集成功能提供了新手段，其对技术的贡献不仅是时间、成本、质量的节省，更大的贡献是制造能力提升给产品设计带来了可自由设计的空间。当前增材制造领域的一个突出矛盾是落后的设计方法和工具无法同快速发展的增材制造技术相匹配，导致无法对增材制造创新设计空间进行充分探索与有效利用，制约其在工业界获得更广泛的应用。因此，亟须建立面向增材制造的设计方法理论和系统，以涵盖结构设计、材料选择和工艺规划等全流程设计域，发掘具有高性能的创新方案。

面向增材制造的设计思想是在兼顾相关设计约束的前提下，通过综合运用涵盖结构设计、材料选择和工艺规划等增材制造全流程的新型设计空间来最大化产品性能并实现产品生命周期中的其他目标。其旨在充分发挥增材制造所赋予的设计自由度，建立功能/性能驱动的结构设计方法，同时考虑工艺约束对设计构型可制造性的影响。因此，该技术涉及数字化制造、自动化控制、计算机科学、材料科学等基础学科。此外，结构的功能/性能结构设计遵循力学、声学、电磁学等多物理学科的本质规律。与面向传统制造的约束主导的设计理念相比，面向增材制造的设计不局限于寻找单一的可制造性设计方案，而是更强调对设计空间所包含新可能和机遇的探索。当前设计方法及关键技术的发展围绕"材料-结构-功能/性能一体化"设计的核心理念，针对设计制造分离的现状，发展"设计制造一体化"的融合思路，呈现出数字化、集成化和智能化的总体趋势。

面向增材制造的设计与数字化智能制造技术的发展相辅相成，由早期以几何结构设计为主的计算机辅助设计（CAD）逐渐发展为功能/性能驱动的正向设计。将 CAD 与计算机辅助工程（Computer-Aided Engineering，CAE）紧密联系，发挥"物尽其用"的宗旨，在降低材料消耗、提高产品性能、增加结构多功能性等方面发挥重要作用。其关键技术主要包括结构优化设计方法、数据驱动设计方法、多学科交叉设计方法等，本书将从以上三个方面阐述其关键设计思路。

结构优化设计方法是典型的以结构力学为主并与其他学科交叉融合形成的设计方法，包含了工程力学、最优化方法以及计算机图形学等诸多学科，旨在满足设计要求的前提下寻找最佳的材料分布，同时最大限度地提升结构的某些力学或其他性能，如刚度、强度、模态、疲劳和屈曲等性能。优化设计问题中的三要素分别为设计变量、约束条件和目标函数。根据设计变量的类型，结构优化设计一般可分为三类，分别是尺寸优化、形状优化和拓扑优化。

数据驱动设计方法是以数据为基础，通过融合数据科学、计算智能和领域知识，以实现复杂设计问题辅助决策与优化的新兴设计范式。由于增材制造流程从设计优化、工艺规划到过程控制均通过计算机辅助完成并采用数字模型传递，其天然具有数字化属性并包含大量的设计、仿真及试验数据。采用数据驱动设计方法能够快速、高效地探索和利用增材制造所赋予的更大设计自由度。

多学科交叉设计方法充分拓展了计算机辅助设计与制造的潜能，将多学科交叉的功能设计理念充分融入了结构或产品的优化设计中，旨在满足结构强度、刚度等力学性能的基础上，拓展其声学、电磁学、光学等功能的一体化设计方法与思路。与此同时，充分考虑结构的可制造性问题，将制造约束、工艺参数、材料本征特性等因素引入设计变量，利用增材制造特有的材料-工艺-结构-性能映射关系，建立多目标协同优化的结构-功能融合设计方法，从而实现设计与制造的一体化，为高性能-多功能驱动的结构设计提供解决思路。

2.2　发展现状与趋势

学术界于 2014 年提出了"面向增材制造的设计"（Design for Additive Manufacturing，DfAM），旨在通过增材制造的材料组分、结构形状、尺寸和多尺度层级的整体自由设计，实现产品性能的最优化。DfAM 通过设计和优化生产系统，涵盖产品设计到制造的全生命周期，指导设计师和生产商建立集成的系统工程。工艺参数设计优化、结构拓扑优化设计方法与多尺度结构轻量化方法是 DfAM 的重要组成部分。结构拓扑优化设计构形往往较为复杂，对最终产品的制造和验证提出了技术挑战。由于增材制造对结构的复杂度不敏感，所以与结构拓扑优化设计方法一同表现出了强烈的互补性质。结构拓扑优化设计方法和增材制造技术的结合，推动了增材制造驱动的优化设计理论的发展。近年来，基于激光增材制造材料-工艺-结构-性能一体化设计思想的发展，宏微观结构设计和制造工艺过程并行优化逐步受到行业的广泛关注，已成为多学科优化设计的重要发展方向。

增材制造设计问题具有涉及多学科的特点，其决策包括产品设计、材料选择和工艺规划等多个领域。在目前实践中，工程师常采用串行设计模式依次优化各领域。然而，上述模式无法充分考虑领域间的共享变量、相关约束和冲突目标等耦合因素，导致设计效率低下和设计方案欠优。早期的面向增材制造设计主要围绕单一学科展开，如拓扑优化、点阵结构设计等，导致其并未完全利用增材制造赋予的新设计空间。一方面，增材制造零件的结构、材料、工艺设计存在很强的耦合。例如，结构设计中的细微改变都会影响制造工艺的约束情况，导致截然不同的材料选择和工艺优化方案。另一方面，串行式的设计方式不能提供全局最优方案，往往停滞于局部最优方案。针对上述问题，增材制造结构-材料-工艺一体化设计的概念被提出并主要在结构设计领域得到实践。当前的一体化设计解决方案主要是通过在单一学科设计中引入工艺约束，以确保零件的可制造性。例如，华中科技大学高亮等在结构拓扑优化中引入针对挤压成形工艺提出的相关局部尺寸等可制造性约束。山东大学刘继凯通过水平集法同时设计扫描路径和零件结构以获得无支撑结构的优化方案。在应用层面，西北工业大学朱继宏等针对飞行器结构设计提出了性能优先的多功能集成以及多学科性能设计一体化、并行化的新思路。尽管上述研究以设计约束的方式考虑了学科间的耦合关系，但忽略了各学科对零件综合性能的协同作用。例如，对零件机械性能的调控可以通过结构设计、材料选择或者二者兼用的方式实现。因此，如何综合考虑多功能异质材料零件设计中结构-材料-工艺间的耦合关系和协同作用是充分利用增材制造所带来的新设计自由度来提升零件综合性能的关键性问题。

2.3　多学科优化设计方法

2.3.1　工艺-结构协同优化设计方法

　　激光粉末床熔融增材制造成形过程中,结构打印方向、工艺参数和材料属性共同作用于成形结构的性能。不同的工艺参数组合导致成形微观组织的形态各异,影响了宏观成形材料的尺寸精度和力学性能。复杂的工艺-结构-性能映射关系为产品功能带来了不确定性,但同时也提供了极大的设计自由度。为了将这种映射关系集成到设计阶段,可以进一步将激光增材工艺中的激光功率、扫描速度、扫描间距、扫描夹角和成形方向整合到结构优化设计模型中,因此提出了集成多工艺参数协同作用的结构优化设计方法。

　　多工艺参数-结构多学科协同优化工作流程如图 2-1 所示,主要包含以下两个部分。

　　(1)工艺设计:获得工艺参数和成形材料性能的映射关系。根据试验或仿真模型确定参数的合理范围,设定各工艺参数的上下限,利用中心组合设计方法得到工艺参数组合,并基于横观各向同性材料模型进行材料力学性能标定。经方差分析确定模型显著后,将得到的统计学数据录入神经网络模型,建立工艺和性能的非线性映射关系。

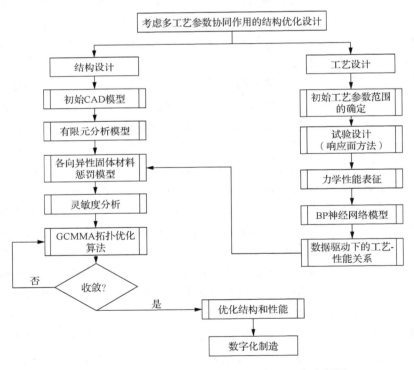

图 2-1　多工艺参数-结构多学科协同优化工作流程图

　　(2)结构设计:建立宏观结构计算模型并进行有限元分析。在结构设计流程中,初始的 CAD 设计域被离散为有限元分析模型,通过各向异性固体材料惩罚模型将数据驱动下的工艺参数-材料性能关系整合到拓扑优化数学模型中,进而将灵敏度信息传递到优化算法中,不断迭代得到最终的优化结构拓扑和工艺参数,实现面向增材制造的工艺-结构协同设计。

按照优化变量与目标进行分类，基于激光粉末床熔融增材制造工艺的材料与结构力学性能优化问题主要分为以下三种。

（1）材料层面的优化：通过优化工艺参数，获得所需要的微观材料性能。

（2）工艺层面的优化：对特定载荷下的宏观结构进行工艺参数优化，在不改变结构的情况下，最大化结构的力学性能。

（3）工艺和结构的协同优化：进一步扩大设计自由度，将工艺参数和结构拓扑同时优化，最大限度地提高结构力学性能。

目前学术界通常在激光粉末床熔融增材制造工艺中进行参数规划，大多数研究集中在第一个问题上，并且在理想各向同性材料的基础上进行结构试验和优化，以寻求对应的材料性能和工艺参数。研究结果表明，工艺-性能关系对宏观的材料结构性能有重要影响。因此，针对实践中不同的工程问题，将神经网络驱动下的工艺-性能关系集成到多学科的拓扑优化数学模型中，最终对工艺参数和结构拓扑进行了协同优化。

优化思路如图 2-2 所示，首先，通过试验或仿真方法采集成形材料的性能数据，通过引入数据驱动的分析模型建立多工艺参数与成形材料力学性能映射关系；其次，提出多目标协同的拓扑优化框架，将多工艺参数-材料性能映射关系整合到结构优化算法中，建立以结构应变能最小化为目标的多工艺参数-结构协同优化问题数学模型，推导结构柔顺度对于宏观相对密度变量和工艺参数变量的灵敏度求解公式；最后，通过数值算例对比分析基于固定工艺参数和协同优化的计算结果，探讨宏观材料分布与工艺参数之间的匹配设计机理。

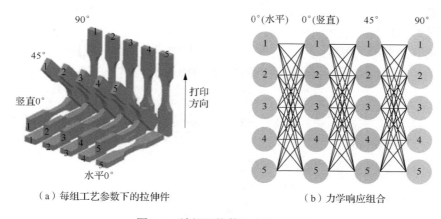

（a）每组工艺参数下的拉伸件　　　　　　　　　　（b）力学响应组合

图 2-2　神经网络数据来源示意图

BP（Back Propagation）神经网络的实现包括确定输入层、隐藏层和输出层中的神经元数量以及调整连接的权重值。输入和输出神经元的数量 m 和 q 分别为 4 和 5，分别对应于 4 个工艺参数和 5 个工程常数指标。合理的隐藏层神经元数目可以在保证预测精度的同时节省训练时间。隐藏层神经元的数量 f 可参考式（2-1），其中 a 为 1~10 的常数：

$$f = \sqrt{m+q} + a \tag{2-1}$$

通过 BP 神经网络对选区激光烧结（SLS）的 4 个工艺参数与拉伸件的 5 个力学性能参数的非线性关系进行映射，图 2-3 给出了本书使用的 BP 神经网络结构示意图，其中隐藏层的神经元共有 10 个。网络的输入参数为激光功率、扫描速度、扫描间距和扫描夹角，网络的输出为 3 个弹性模量 E_0、E_{45}、E_{90} 和 2 个泊松比 ν_{12}、ν_{13}。此外，为了消除数据在数量级上的差距，避免产生训练时间长、收敛速度慢和训练结果差的情况，对输入集和输出集数据进行归一化处理后，再输入神经网络进行训练。

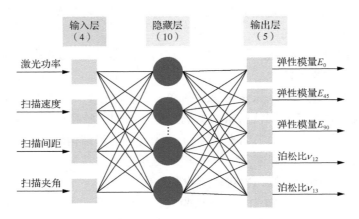

图 2-3　BP 神经网络结构示意图

2.3.2　材料性能优化

工艺参数和材料性能的映射关系可以通过 BP 神经网络预测，因此可以反向寻找特殊的工艺参数组合，获得定制化的材料力学性能。一般在工程实践与规范标准中，为了应对各个方向上的随机载荷，通常要求成形材料是各向同性的，此时层间材料和层内材料表现出基本相同的黏合强度，可以保证结构的可靠性。

增材制造材料的各向异性主要表现在 $0°$ 和 $90°$ 拉伸零件的弹性模量差异上，可以将最小化差异确定为优化目标值，寻找对应的工艺参数。材料优化模型列式为

$$\text{find:}\qquad \boldsymbol{\chi} = \left(l, s, w, g\right)^{\mathrm{T}}$$

$$\text{min:}\qquad \boldsymbol{\varPhi} = \mathrm{abs}\left(E_0 - E_{90}\right)$$

$$\text{subject to:}$$

$$
\begin{aligned}
l_{\min} &\leqslant l \leqslant l_{\max} \\
s_{\min} &\leqslant s \leqslant s_{\max} \\
w_{\min} &\leqslant w \leqslant w_{\max} \\
g_{\min} &\leqslant g \leqslant g_{\max}
\end{aligned}
\tag{2-2}
$$

式中，χ 为工艺参数向量；E_0 和 E_{90} 分别为 $0°$ 和 $90°$ 成形试样的弹性模量；abs 为绝对值函数；$\varPhi$ 为水平方向与竖直方向的模量差异目标。每个参数都限制在其可行范围内，下标 min 和 max 分别表示参数的下限和上限。

BP 神经网络对弹性模量的预测模型为隐式函数，优化目标高度非线性。因此，用最速下降法和共轭下降法等传统梯度算法很难解决这一难题。遗传算法是一类启发式的全局优化方法，受生物进化的启发，在执行遗传算法的过程中，不断生成子代集合，子代可以继承父代中的优势属性。另外，遗传算法中的交叉和变异操作大大提高了种群的多样性，可以根据适应度函数对产生的后代进行比较和选择。遗传算法的全局性较优，具有快速收敛的能力，已

被应用于各个研究领域中的多目标优化。在本优化模型中，基于 BP 神经网络模型，应用遗传算法搜索使材料各向同性特征最优的工艺参数组合。

2.3.3　工艺参数优化

将工艺参数整合到工艺优化模型中，对复杂结构进行多工艺参数优化以增强宏观刚度。工艺参数的优化列式为

$$\text{find:} \quad X = \left\{ \theta = (\alpha, \beta), \chi = (l, s, w, g) \right\}^{\mathrm{T}}$$

$$\text{min:} \quad Q = \frac{1}{2} F^{\mathrm{T}} U$$

subject to:

$$
\begin{aligned}
& K(\boldsymbol{\theta}, \boldsymbol{\chi}) U = F \\
& -90^\circ \leqslant \alpha, \beta \leqslant 90^\circ \\
& l_{\min} \leqslant l \leqslant l_{\max} \\
& s_{\min} \leqslant s \leqslant s_{\max} \\
& w_{\min} \leqslant w \leqslant w_{\max} \\
& g_{\min} \leqslant g \leqslant g_{\max}
\end{aligned}
\tag{2-3}
$$

式中，α 和 β 为成形角度变量 θ 中的旋转角，控制零件的成形方向；Q 为结构应变能；K、U 和 F 分别为结构刚度矩阵、位移和载荷向量，约束条件是每个工艺变量在其上限和下限范围之间。

发动机支架是连接飞行器发动机和机翼的重要部件。设计合理的支架能有效地将载荷从发动机传递到机翼，并减轻整个飞行器的重量，降低经济成本。本节对图 2-4 中的发动机支架工艺参数进行优化，支架顶部被固定，末端施加垂直集中力，大小为 1800N。

图 2-4　承受集中力的发动机支架

值得注意的是，优化后的成形方向不是特殊角度，无法通过经验决策得到，证明本方法对任意复杂结构均有效。此外，工艺参数的优化结果表明，通过调整材料各向异性的大小与主方向，可以使制造过程与承受特定载荷下的复杂结构设计相匹配，显著提高最终成形宏观结构的力学性能。

2.3.4　工艺参数-结构协同优化

将结构设计变量引入后，构造多工艺参数-结构协同优化列式，并行设计工艺参数和结构拓扑以实现多学科优化。工艺参数与结构拓扑的协同优化问题列式为

$$\text{find:} \quad X = \left\{ \rho = (\rho_1, \rho_2, \cdots, \rho_n), \theta, \chi \right\}^{\mathrm{T}}$$

$$\text{min:} \quad Q = \frac{1}{2} F^{\mathrm{T}} U$$

$$\text{subject to:}$$

$$K(\boldsymbol{\theta}, \boldsymbol{\chi}) U = F \tag{2-4}$$

$$V \leqslant h V_0$$

$$0 < \rho_{\min} \leqslant \rho_i \leqslant 1, \ i = 1, 2, \cdots, n$$

$$\chi_{\min} \leqslant \chi_i \leqslant \chi_{\max}$$

式中，V_0 和 V 分别为优化前后的结构体积；h 为给定的体积分数；ρ_i 为第 i 个单元的伪密度；$\rho_{\min}$ 为 0.001，以避免在迭代过程中发生刚度矩阵奇异。

与材料和工艺优化相比，协同优化模型将设计变量扩展到了结构层面，进一步匹配了材料特性和结构拓扑，强调了工艺和结构设计的并行性。通过经典悬臂梁展示协同优化的效果。悬臂梁结构尺寸如图 2-5 所示，长度为 120mm，宽度为 16mm，高度为 40mm。悬臂梁根部固定，末端承受竖直向下的集中力载荷，大小为 1800N，成形方向与载荷方向垂直。有限元分析模型包含 76800 个单元，优化后的结构体积分数设置为 30%。除工艺参数-结构协同优化外，进行基于给定工艺参数的传统结构拓扑优化流程，方便与协同优化结果进行比较。

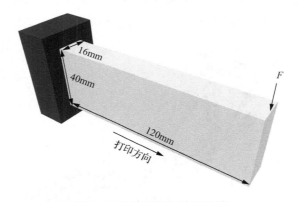

图 2-5　悬臂梁的初始设计域

如图 2-6 所示，相对于传统拓扑优化结构，协同优化结构的材料更多地移动到了根部固定区域，并且其主承力梁的方向垂直于成形方向，使得其性能更加均匀。此外，较高的激光功率和较小的扫描间距增加了层内成形材料的弹性模量。因此，协同优化结构在空间材料分布和制造工艺参数两个层面上均得到了性能提升。

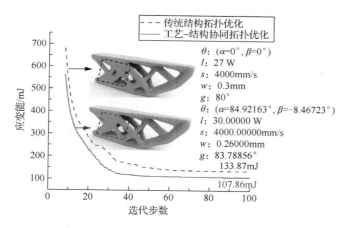

图 2-6　传统结构拓扑优化和工艺-结构协同拓扑优化的迭代曲线及结果

2.4　创成式产品设计

随着增材制造技术的日趋成熟，其应用对象已由单一的工程零件逐渐拓展到医疗器械、珠宝首饰、体育用具等具有多样化需求的定制化产品。为满足大规模定制化产品的设计需求，基于计算机自动化设计程序与设计师权衡决策相融合的创成式产品设计受到广泛关注。在创成式产品设计中，设计人员能够通过计算机描述和定义设计问题，探索增材制造赋予的设计空间，比较不同设计间的性能差异和权衡单一设计的不同性能目标，并最终决定用于制造的设计解决方案。

以美国 Autodesk 公司开发的面向创成式设计平台 Dreamcatcher 为例，其工作流程如图 2-7 所示，共包含以下四步：①用户需提供产品功能需求和性能指标等设计目标以及材料类型、制造工艺和成本等设计约束；②在上述定义的约束性设计空间中，通过参数化设计生成程序，对设计参数进行有序组合以衍生出一系列创新设计备选方案；③借助数值仿真分析工具逐一对各备选设计方案进行性能评估和筛选；④将满足各项设计目标与约束的设计备选方案集合呈现给用户以供设计决策。通过计算机可视化交互界面，决策者能够实时评估和比较不同设计方案以实现对增材制造产品设计空间的探索和对多设计目标的权衡，并最终通过数字化模型的形式直接输出到增材制造机器，以实现全流程数字化设计与制造。

图 2-7　美国 Autodesk 公司 Dreamcatcher 平台的工作流程

上述创成式增材制造设计流程及平台被应用于汽车车架的设计中。如图 2-8 所示，设计师首先需要在计算机程序中明晰车架轻量化设计需求、承载性量化指标和连接处部件位置约束以完成对创成式设计问题的描述和定义。然后，借助启发式设计探索算法、计算机程序对几何设计空间进行初始结构设计优化，并结合设计空间探索算法，生成符合设计需求的方案集合，并由设计师根据具体工况及经验综合权衡与决策最终设计。

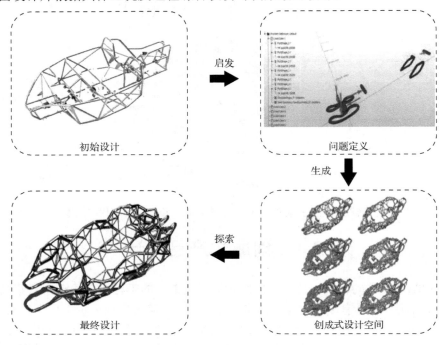

图 2-8　创成式设计的汽车车架

2.5　思　考　题

1. 什么是面向增材制造的设计？它具有哪些特点？请分析激光粉末床工艺、选区激光烧结成形工艺方法中，增材制造工艺对结构设计的约束。

2. 什么是创成式增材制造产品设计？它主要包括哪些流程？

第3章 增材制造数据处理

3.1 概念与原理

在增材制造从设计到制造实体的过程中增材制造数据处理是一个关键环节。目前增材制造过程中采用的三维模型格式以 STL、OBJ、PLY、AMF 等为主，这些结构往往通过三角面片或者多边形的方式来存储模型文件的几何信息。增材制造数据处理是将这些三角形面片转化为机器可以加工的 G 代码或机器运行指令。增材制造数据处理的流程包括：对原始三维数字模型进行拓扑重构；从三维实体转变为二维切片；再从二维切片转变为二维线条；最后从二维线条转变为一维控制点。本章按上述数据处理的流程分别介绍增材制造的数字化表达、三维数字模型切片、切片轮廓与路径填充。

3.2 国内外技术发展现状与趋势

现有的增材制造数据处理技术主要面向单材均质的 STL 数字模型。美国材料与试验协会推出的支持多材料、彩色和微结构的 AMF 数字模型也在推进。分层切片是增材制造中模型离散的重要环节，目前大多数研究和软件主要面向 STL 模型。但是，STL 模型以平面逼近曲面，尺寸误差大，有研究直接对 CAD 原始模型进行切片，提高切片的几何精度；同时，为了减少分层的台阶效应，在截面形状变化小时采用大厚度，在截面形状变化大时采用小厚度，形成了兼顾效率和精度的"变层厚切片"，即自适应切片方法。与上述平面切片不同，随构件形状变化的曲面切片可完全消除台阶效应，避免切片精度损失；在扫描线填充方面，现有的增材制造扫描线一般都包含直线扫描、蜂巢扫描等通用化路径。目前国外增材制造数字处理软件包括 Materialise 公司的 Magics 系统软件、Autodesk 公司的 Fusion360、Ultimaker 公司的 Cura等。国内的高校和企业也开发了支持增材制造数字处理的支撑、切片和路径算法的软件，并在商业化增材制造装备上批量应用。但是，缺少独立的、知名的商业化软件，需要加快软件产品的商业化进程。随着增材制造技术的不断发展，增材制造数据处理技术有如下发展趋势：一是增材制造数据处理技术将不仅用于处理需要制造的三维数据模型，也用于增材制造修复模型的定位、缺损体重构；二是增材制造数据处理技术将与人工智能技术紧密结合，通过将传感器获取的数据进行机器感知与学习，以实现增材制造数据处理操作的全自动化。

3.3 增材制造的数字化表达

增材制造数字化需要将待加工对象在计算机中转变为可以数字化的实体。三维数字模型就是这种数字化的实体，也是三维空间实体的数学表达，用于将工程师的设计方案或现实场景的具体物体映射到计算机的数字空间中。三维数字模型可以通过 CAD 软件设计直接从数字空间获取或利用激光扫描仪、3D 照相机等方式从现实场景中获得。在增材制造数据处理过程中，三维数字模型是进行数字处理的主要对象。

三维数字模型由点、线、面等几何元素以及颜色、纹理等属性构成，对这些几何元素和属性进行不同的组织和编码就形成了不同的三维数字模型格式。增材制造常用的三维数字模型格式包括 STL、AMF 或 3MF 格式，增材制造也可使用工业数字模型交换格式（如 STEP 或 IGES、动画）和立体扫描数字模型格式（如 PLY 或 OBJ），或者是二维切片模型 SLC 或 CLI，这些格式包括的几何元素及属性信息不同，编码方式也不一样。增材制造数据处理软件对三维数字模型进行加支撑、切片、生成轮廓、填充等增材制造等数据处理，最后生成可供设备运行的加工指令。

3.3.1　三维模型数字化表达

用于增材制造的三维数字模型格式可分为三类：以三角形平面或四边形平面为基础构成的三维网格模型、用二维轮廓表示的二维切片模型以及用数学方法描述的三维实体模型。

1. 三维网格模型格式

三维网格模型的基础元素是三角形平面或四边形平面，通过顶点以及顶点之间的关系构成三角形网格或四边形网格。由于数字化本身就是一种离散过程，而且复杂曲面结构都可以用大量三角形平面或四边形平面逼近，所以三维网格模型可以用简单的平面拼接表达复杂的几何结构；同时，三维数字模型的三维渲染也是一个将三维模型变为离散像素的过程，所以三维网格模型在动画、艺术造型中应用较多；另外，3D 照相机、激光雷达扫描三维物体得到的也是离散点云，所以通过三维网格也易于构建从实际场景中扫描得到的三维数字模型。对于增材制造技术，虽然用平面逼近三维物体有一定的精度损失，但由于总体上增材制造对精度的要求没有铣削加工那么高，所以三维网格模型能满足大多数增材制造工艺加工精度的要求。另外，为了解决三维网格模型精度损失问题，一些基于三维网格的三维数字模型格式，如 AMF 和 OBJ 等格式也被引入了数学方式表达连续变化的曲线或曲面中。

1）STL 格式

STL 格式是一种利用三角形网格表示三维数字模型的增材制造数据格式。标准的 STL 格式只描述三维物体的几何信息，不支持颜色、材质等信息。

STL 格式名称来自"光固化立体成形技术"（Stereolithography）的缩写。STL 格式产生于 1988 年，是 3D Systems 公司为光固化立体成形 CAD 软件制定的一个接口协议，后来逐渐成为业内通用的增材制造数据格式。STL 格式由多个三角形面片的定义组成，每个三角形面片的定义包括三角形各个顶点的三维坐标以及三角形面片的法向量。各三角形顶点按右手定则排序。

STL 图形数据交换格式是以三维形体的表面来描述三维形体的，形体表面则用在给定精度范围内近似的平面三角形来表示（图 3-1）。在 STL 数据文件中记录了平面三角形和它的法向、顶点。只有三种几何实体，而核心是平面三角形。虽然 STL 文件定义的是三维空间表面，描述的是三维空间实体，但数据格式中没有这类几何实体。因此，容易造成三维形体定义上的错误。然而，也是同样的原因使得 STL 图形数据交换格式的容错性好，适用面广。

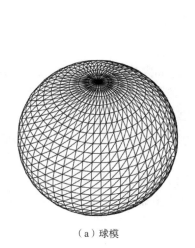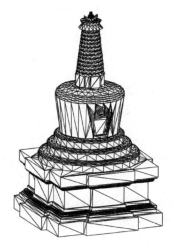

（a）球模　　　　　　　　　　　　　　（b）北京北海白塔

图 3-1　STL 文件表示的三维形体

STL 文件有两种记录形式，即二进制形式和 ASCII 码形式。这两种形式的数据格式完全相同，只是 ASCII 码的文件是可读的，而二进制的文件不可读。但二进制文件紧凑，同样内容的文件字节较少。通过 ASCII 码形式的 STL 文件，可了解其图形数据的具体内容（图 3-2）。

```
Solid PRT003
        facet normal 0.000000e+00 0.000000e+00 -1.000000e+00
            outer loop
                vertex 4.000000e+00 -1.600000e+01 0.000000e+00
                vertex 0.000000e+00 -1.600000e+01 0.000000e+00
                vertex 0.000000e+00 0.000000e+00 0.000000e+00
            endloop
        endfacet
......
        facet normal 0.000000e+00 -1.000000e+00 -0.000000e+00
            outer loop
                vertex 4.000000e+00 -1.600000e+01 8.000000e+00
                vertex 0.000000e+00 -1.600000e+01 0.000000e+00
                vertex 4.000000e+00 -1.600000e+01 0.000000e+00
            endloop
        endfacet
endsolid PRT003
```

图 3-2　ASCII 码形式的 STL 文件

图 3-2 是一段 STL 文件的例子。文件以"Solid PRT003"开始，指明模型名称为"PRT003"；以"endsolid PRT003"标志文件结束。文件中间"facet……endfacet"之间是一个三角形面片的数据。可以看到，每个三角形面片分别由法向"normal"和三个顶点坐标"vertex"构成的外环"outer loop……endloop"定义。三角形面片之间是独立的，这表现在三角形面片数据中没有说明其相邻的面片；而顶点的数据限制在面片的结构内，并被重复地存储在多个相邻的面片数据里。例如，图 3-2 中点（4.0,-16.0,0.0）和点（0.0,-16.0,0.0）在两个三角形面片中都存储了。

这种格式的好处如下。

（1）数据结构简单。只有三角形、法向和顶点三种几何类型，处理方便。数据处理的算法只要针对平面三角形一种表面定义即可，而无须针对复杂的曲面类型。

（2）容错性（鲁棒性）好。由于面片数据相互独立，某一面片数据出错（如丢失、重复、变形等）不影响其他面片。

但这种格式也存在着严重的缺点，具体如下。

（1）数据冗余。每个顶点的坐标都重复存储，造成大量的数据冗余，浪费存储空间。根据欧拉公式可以得出 STL 文件中，顶点数目 V 与三角形面片数 F 有如下关系：

$$V = F/2 + 2 \tag{3-1}$$

而 STL 文件实际存放了 $3F$ 个顶点坐标，约为顶点数目的 6 倍。可见，存储空间的浪费是非常大的。

（2）数据错误。由于 STL 文件格式对几何造型过程中出现的错误不敏感，这些错误通过 STL 文件带入快速成形（RP）造型工艺中，有的将严重影响 RP 工艺的造型过程。例如，孔洞会使零件截面轮廓不闭合，造成堆积材料的"泄漏"。

（3）精度降低。STL 文件用平面三角形面片来逼近空间的任意表面，因而只能近似地表示零件在 CAD 系统中的几何特征。

STL 图形数据交换格式的特点，一方面使它成为 RP 领域内事实上的标准数据输入格式；另一方面要求 RP 成形系统在输入文件后，需对它进行适当处理，以消除其几何上的拓扑错误，并减少数据存储量，保证 RP 制造工艺的顺利进行。

STL 文件中出现的拓扑错误归纳起来主要有以下四类。

（1）法向错误（图3-3（a））。

（2）因三角形面片丢失而产生的孔洞或缝隙（图3-3（b）和（c））。

（3）因有多余三角形面片而产生的面片重叠和非正则形体（图3-3（d）和（e））。

（4）形体自相交（图3-3（f））。

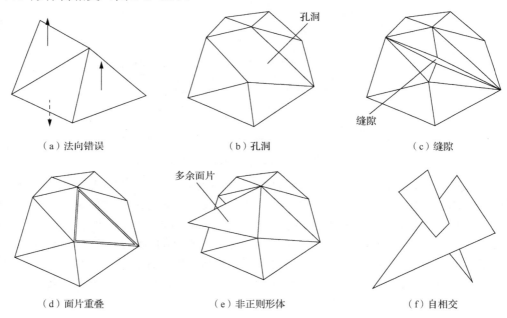

（a）法向错误　　　（b）孔洞　　　（c）缝隙

（d）面片重叠　　　（e）非正则形体　　　（f）自相交

图3-3　STL 文件的拓扑错误

其中，孔洞或缝隙对造型工艺的影响最大。因为零件形体表面的孔洞和缝隙会使交截面轮廓不闭合，不能构成一个封闭的环，无法判断截面的内外和范围，因此将严重影响截面的加工和堆积。

STL 格式曾对促进增材制造技术进步起到重要作用，但 STL 格式缺少颜色、材质等信息，满足不了技术发展的要求。AMF 格式与 3MF 格式弥补了 STL 的缺点，但这些格式结构复杂，对于单一材质和简单形状的增材制造对象，STL 格式具有简洁、易处理的优点，所以 STL 格式在未来增材制造中还将继续发挥其作用。

2）AMF 格式

为了推动增材制造技术的发展，2009 年美国材料与试验协会着手开发新型的三维数字模型文件格式 AMF（Additive Manufacturing File Format），2011 年 AMF 格式成为 ASTM 官方标准，2013 年成为 ISO 标准，标准号为 ISO/ASTM 52915—2020。AMF 格式基于可扩展标记语言（XML）设计，除了可描述三维数字模型的几何信息，还可描述材料、颜色和内部结构等信息。

AMF 格式利用 XML 结构化描述三维数字模型，AMF 格式包括一组用来描绘数据元素的标记，而每个数据元素可封装复杂的数据。AMF 文件包含五个顶级数据元素，分别如下。

（1）对象（Object）：定义了三维数字模型的几何数据或者增材制造所用到的材料数据。

（2）材料（Material）：定义了一种或多种增材制造所用到的材料。

（3）纹理（Texture）：定义了三维数字模型所用到的颜色或者贴图纹理。

（4）群落（Constellation）：定义了三维数字模型的结构和结构关系。

（5）元数据（Metadata）：定义了增材制造的其他信息。

为了在保证精度的同时减少储存空间，AMF 格式采用了三角形曲面技术。该技术通过三角形的三个顶点在曲面上的法向量来表示曲面，当顶点的法向量无法表示曲面时，可以用顶点在曲面上的切向量表示。同时，三角形曲面可进行细分操作，便于用户获得理想精度。

AMF 格式克服了 STL 格式数据冗余大、工艺信息缺失等缺点。虽然与 3MF 格式相比，AMF 格式缺少像微软公司（Microsoft Corporation）这样的实力企业的支持，但作为专门针对增材制造开发的国际性开放格式标准，AMF 格式也已得到业内不少企业的认可，在未来将成为一种通用的增材制造数据格式。

3）3MF 格式

3MF 格式最早由微软公司发起设计，当微软公司将业务扩展到 3D 打印/增材制造领域时，面临的一个问题就是传统的 STL 格式已不能适应新技术的要求，因此微软公司计划重新开发一个通用的增材制造数据格式。2015 年微软公司联合一些在业内有影响力的企业组建了 3MF 联盟，并推出了 3MF 格式。

3MF 格式基于 XML 设计，增加了 STL 格式缺失的颜色、纹理以及材质等属性。

3MF 格式名称来自"3D Manufacturing Format"（3D 制造格式）的缩写。该格式利用 XML 组织增材制造三维数字模型数据，具有层次清楚、方便易读的特点。3MF 格式文件组织结构遵循开放打包约定（Open Packaging Conventions），即 OPC。3MF 格式可分为 OPC 部分和 3D 载荷两部分。其中包含三维数字模型的部分称为 3D 载荷，每个 3MF 文件中必须至少有一个 3D 载荷。该格式中的 OPC 部分主要由缩略图、核心属性、数字签名构成，该部分主要保存文档信息并对知识产权进行保护；3D 载荷部分主要由三维数字模型、3D 纹理以及打印凭单组成，主要负责三维几何模型的处理以及描述增材制造的设置参数。

　　3MF 格式包含较全面的增材制造信息，同时具有可扩展、互动性和开放性等优点。与 AMF 格式相比，由于 3MF 格式不是国际标准，在推广方面受到一些影响；但是，3MF 联盟内以微软公司为代表的实力厂商都在大力宣传和支持 3MF 格式，其格式版本的更新速度也较快。所以，在未来，3MF 格式将与 AMF 格式一起对促进增材制造技术的进步起到重要作用。

　　4）PLY 格式

　　PLY 格式是斯坦福（Stanford）大学开发的一套三维 mesh 模型数据格式，图形学领域内很多著名的模型数据，如斯坦福的三维扫描数据库都是基于这个格式的。

　　PLY 作为一种多边形模型数据格式，不同于三维引擎中常用的场景图文件格式和脚本文件，每个 PLY 文件只用于描述一个多边形模型对象（Model Object），该模型对象可以通过如顶点、面等数据进行描述，每一类这样的数据被称作一种元素（Element）。

　　PLY 的文件结构简单：文件头加上元素数据列表。其中文件头中以行为单位描述文件类型、格式与版本、元素类型、元素的属性等，然后就根据在文件头中所列出的元素类型的顺序及其属性，依次记录各个元素的属性数据。

　　5）OBJ 格式

　　OBJ 是由 Alias Wavefront 公司为 3D 建模和动画软件开发的一种标准，适用于 3D 软件模型之间的相互转换。

　　OBJ 格式支持直线（Line）、多边形（Polygon）、表面（Surface）和自由形态曲线（Free-form Curve）。直线和多边形通过它们的点来描述，自由形态曲线和表面则根据它们的控制点和依附于曲线类型的额外信息来定义，这些信息支持规则和不规则的曲线，包括那些基于贝塞尔（Bezier）曲线、B 样条（B-splines）、基数（Cardinal/Catmull-Rom）和泰勒方程（Taylor Equations）的曲线。

　　OBJ 文件不需要任何种类的文件头（File Header），尽管经常使用几行文件信息的注释作为文件的开头。OBJ 文件由一行行文本组成，注释行以符号"#"为开头，空格和空行可以随意加到文件中以增加文件的可读性。有字的行都由一两个标记字母也就是关键字（Keyword）开头，关键字可以说明这一行是什么数据。多行可以逻辑地连接在一起表示一行，方法是在每一行的最后添加一个连接符（\）。连接符（\）后面不能出现空格或 Tab 格，否则将导致文件出错。

2. 二维切片模型格式

　　由于增材制造技术通过逐层加工制造三维实体，所以三维数字化模型可用一系列二维层片表示。常用的二维切片模型格式包括 SLC 格式与 CLI 格式。

　　1）SLC 格式

　　SLC 格式（SLiCe Format）由 3D Systems 公司在 1994 年提出，是专门为立体光固化增材制造工艺设计的切片格式。

　　SLC 表示的切片模型由一系列沿 Z 方向的平行于 XY 平面的多层切片轮廓组成。每层的切片轮廓由内部边界线和外部边界线构成，这些边界线由多条线段拼接而成。SLC 模型可以从 CAD 软件中生成实体模型转换，也可以更直接地从分层数据（如 CT 扫描数据）中生成。

SLC 格式的要素如下。

（1）线段。线段是指直线上两点间的有限部分。SLC 格式的线段由 XY 平面上的两个二维顶点表示，将两个顶点相连即形成线段。

（2）线段集。线段集由连续的线段合成，可通过将一系列二维顶点顺序相连得到，所以线段集可以用二维顶点列表表示。

（3）轮廓边界。轮廓边界通过闭合的线段集来表示工件实体。外部轮廓边界的线段集的各顶点按逆时针顺序排列；内部轮廓边界的线段集的各顶点按顺时针顺序排列。为了表示实体，轮廓边界必须闭合，因此构成轮廓边界的线段集顶点列表中的最后一点必须与顶点列表中的第一个点相等。

（4）层轮廓。层轮廓由一系列轮廓边界组成，这些轮廓边界包括外部轮廓边界和内部轮廓边界，这些轮廓内外边界之间的部分为工件在该层的实体部分。层轮廓所在平面平行于 XY 平面，并有一定高度。多个层轮廓叠加可以明确表示待加工的三维工件模型。

2）CLI 格式

CLI（Common Layer Interface）为欧洲快速成形行动组织设计的增材制造数据格式，其目的在于设计一种可用于增材制造工艺的通用格式。CLI 格式采用 2.5D 的方式描述三维实体，其中切平面与三维模型形成的轮廓集称作"切片"；两个切片之间的实体称作"层"，所以层的集合可以表示一个三维模型；这样 CLI 就可以用二维层片的集合描述三维模型，由于层片之间的三维信息会丢失，并不能描述完整的 3D 模型，所以这种用切片表达三维数字模型的方式称作 2.5D。

与 SLC 格式一样，CLI 格式的切平面也是由一系列沿 Z 方向的平行于 XY 的平面组成，每层切片也由层轮廓构成，层轮廓则由一系列轮廓边界组成，轮廓边界由线段集描述。与 SLC 格式不同的是，CLI 格式加入了填充图案（Hatches）这一元素。填充图案由一组独立的线段构成，每条线段通过起点和终点的坐标描述。与轮廓边界不同，填充图案的线段集并不要求闭合。通过填充图案可以描述增材制造的支撑结构和每层轮廓的填充路径。通过 CLI 格式可以直接生成加工代码供增材制造设备使用。

3. 三维实体模型格式

虽然三维数字网格模型具有简单、便捷和方便计算机处理的优势，但通过平面对曲面的逼近方式描述三维模型会有一些精度损失。所以在一些对精度要求高的场景中，增材制造数字处理的对象会是通过数学方法描述的三维模型，这种通过数学方法描述的三维模型通常都是由 CAD 软件生成的，称作三维实体模型，其主要遵循两个标准。

一是初始图形交换规范（Initial Graphics Exchange Specification，IGES），该标准是由美国国家标准局在 1975 年制定的，可通过基本几何形状的组合以及样条曲面、曲线描述三维实体。

二是产品模型数据交换标准（Standard for the Exchange of Product Model Data，STEP），该标准是由国际标准化组织所属技术委员会 TC184（工业自动化系统技术委员会）下的"产品模型数据外部表示"（External Representation of Product Model Data）分委会 SC4 所制定的国际统一 CAD 数据交换标准。STEP 的最初目标是取代一些较旧的交换格式，如 IGES 和 VDA-FS，并为来自各行各业的产品提供一个与实现无关的统一数据模型。STEP 于 1994 年成为 ISO 10303 标准。

根据以上两种标准生成的三维数字模型格式分别称为 IGES 格式和 STEP 格式，利用 UG、SolidWorks、Pro/E 等 CAD 软件都可对这两种格式文件进行查看和编辑。

3.3.2　增材制造坐标系

笛卡儿坐标系是直角坐标系和斜角坐标系的统称。三条数轴互相垂直且各数轴上的度量单位相等的笛卡儿坐标系，称为笛卡儿三维直角坐标系。增材制造三维数据模型所在的坐标系一般为笛卡儿三维直角坐标系，简称三维直角坐标系。

三维直角坐标系又有左手坐标系和右手坐标系之分，左手坐标系是指在空间直角坐标系中，让左手拇指指向 X 轴的正方向，中指指向 Y 轴的正方向，如果 Z 轴的正方向从手背穿越手心，则称这个坐标系为左手直角坐标系。反之则是右手直角坐标系。

图 3-4 为增材制造的直角坐标系，其中图 3-4（a）为左手坐标系，图 3-4（b）为右手坐标系。在增材制造中，无论是左手坐标系还是右手坐标系，增材制造的累积加工方向都是沿着 Z 轴正方向逐层累加的。

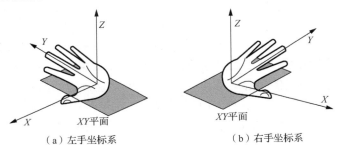

（a）左手坐标系　　　　　　　　　　（b）右手坐标系

图 3-4　增材制造的直角坐标系

3.3.3　增材制造工艺参数

增材制造工艺参数是指完成某种增材制造工艺的一系列基础数据或者指标，这些参数构成了增材制造加工的主要过程。增材制造工艺参数本身就由数字表示，所以可以很方便地转换为计算机的基本数据类型。同时，为了方便操作，增材制造工艺参数数据也需要通过一定方式存储在计算机外存储器中，以方便加工时重复调用。

1. 常用工艺参数

增材制造技术包括多种工艺，如材料挤出工艺、定向能量沉积工艺、粉末床熔融等。由于增材制造采用分层制造、逐层累加的方法，所以许多不同的增材制造工艺具有相同的工艺参数。这些通用的工艺参数一般包括喷头温度、热床温度、扫描速度、填充样式、扫描间距、送料速度、粉层厚度、Z 方向提升高度等。

以上工艺参数都可以用数值表示，主要参数如表 3-1 所示。

表 3-1　增材制造基本工艺参数的数字化表达

参数	对应工艺	数字化表达方式
喷头温度	材料挤出	单精度浮点数/双精度浮点数
热床温度	材料挤出	单精度浮点数/双精度浮点数
扫描速度	材料挤出/定向能量沉积/粉末床熔融/立体光固化	单精度浮点数/双精度浮点数
填充样式	材料挤出/定向能量沉积/粉末床熔融/立体光固化	枚举
扫描间距	材料挤出/定向能量沉积/粉末床熔融/立体光固化	单精度浮点数/双精度浮点数

续表

参数	对应工艺	数字化表达方式
送料速度	材料挤出/定向能量沉积	单精度浮点数/双精度浮点数
粉层厚度	粉末床熔融	单精度浮点数/双精度浮点数
Z 方向提升高度	材料挤出/定向能量沉积	单精度浮点数/双精度浮点数

其中，单精度浮点数在 64 位计算机中占 4 字节，双精度浮点数占 8 字节；单精度浮点数的有效数字为 7 位，双精度浮点数的有效数字为 16 位。CPU 处理单精度浮点数的速度比处理双精度浮点数快，但是双精度浮点数表达的参数精度更高。

这些工艺参数在实际加工场景中被赋予具体数值后就形成了工艺参数数据，可保存到计算机外部的存储器中。

2. 工艺参数数据的存储

增材制造工艺参数数据可以通过文件的形式存储在计算机外部的存储器中，在数据量不大的情况下，文件存储具有灵活、方便的特点。

1）文件存储

增材制造工艺参数数据可以通过普通的文本文件进行存储，但是由于文本文件没有固定的结构模式，不同结构的文本文件都要重新编程解析，而且解析过程较为复杂。所以，增材制造工艺参数通常用 XML、JSON 等有基本固定结构模式的数据格式存储。

其中 XML 的全称为"可扩展标记语言"（Extensible Markup Language），它是一种标记语言。文件存储主要用到的有可扩展标记语言、可扩展样式语言（XSL）、XBRL 和 XPath 等。XML 文档形成了一种树结构，它从"根部"开始，然后扩展到"枝叶"。基本元素为标签，标签内包含了要传递的信息。标签必须成对出现，有开始标签就需要有结束标签。相对于文本文件，根据标签通过计算机可较容易地解析出相应的参数数据。

JSON 的全称为"JavaScript 对象表示法"（JavaScript Object Notation），是存储和交换文本信息的语法，类似 XML。但 JSON 比 XML 更小、更快，更易解析。JSON 是纯文本的结构，具有"自我描述性"，它和 XML 一样，也有类似于树结构的层级结构。相对于 XML，由于 JSON 不需要结束标签，同时更加简短，所以在互联网上应用较多。

2）数据库存储

当工艺参数的数据量较大时，为了提高检索和访问速度、保证信息的完整、提高数据的安全性，就需要利用数据库来存储工艺参数数据。

商用数据库采用商业软件许可证，其中软件许可证是一种格式合同，由软件作者与用户签订，用以规定和限制软件用户使用软件或其源代码的权利，以及作者应尽的义务。商业软件许可证一般提供瑕疵担保，违约责任，包含安装、培训、运行支持等技术服务内容，使用商业软件一般要支付费用。可存储增材制造工艺参数数据的商用数据库如下。

（1）Oracle Database，又称 Oracle RDBMS 或简称 Oracle，是甲骨文公司的一款关系型数据库管理系统。它是在数据库领域一直处于领先地位的产品，可以说 Oracle 数据库系统是目前世界上流行的关系型数据库管理系统。系统的可移植性好、使用方便、功能强，适用于各类大、中、小微机环境。

（2）MySQL 是一个关系型数据库管理系统，由瑞典 MySQL AB 公司开发，属于 Oracle 旗下产品。MySQL 是最流行的关系型数据库管理系统之一，特别是在 Web 应用方面，MySQL

关系型数据库管理系统得到了广泛应用。

（3）SQL Server 是一个可扩展的、高性能的、为分布式客户机/服务器计算所设计的数据库管理系统，实现了与 Windows NT 的有机结合，提供了基于事务的企业级信息管理系统方案。它是由美国微软公司推出的一种关系型数据库系统。

另外，还有一些数据库采用开源软件许可证，用户可以得到软件源代码，而且有充分使用源代码的权利，也就是说用户在许可证规定的范围内可以将开源软件用于商用目的而不用付费，这些数据库软件包括以下三种。

（1）PostgreSQL 是一个特性非常齐全的自由软件的对象-关系型数据库管理系统（ORDBMS）。PostgreSQL 支持大部分的 SQL 标准并且提供了很多其他现代特性，如复杂查询、外键、触发器、视图、事务完整性、多版本并发控制等。同时 PostgreSQL 也可以用许多方法进行扩展，如通过增加新的数据类型、函数、操作符、聚集函数、索引方法、过程语言等。另外，由于许可证的灵活性，任何人都可以以任何目的免费使用、修改和分发 PostgreSQL。

（2）MariaDB 数据库管理系统是 MySQL 的一个分支，主要由开源社区维护。甲骨文公司收购了 MySQL 后，有将 MySQL 闭源的潜在风险。因此，社区采用开发 MariaDB 分支的方式来避开这个风险。采用 GPL 授权许可的 MariaDB 的目的是完全兼容 MySQL，包括 API 和命令行，使之能轻松成为 MySQL 的代替品。

（3）SQLite 是一款轻型的数据库，是遵守数据库管理系统的关系型数据库管理系统，它含在一个相对小的 C 库中。SQLite 是针对嵌入式系统开发的，与其他类型的数据库相比，它占用的资源非常少。

3.3.4 加工指令数字化表达

增材制造数字处理过程，通过三维模型的切片、轮廓生成与路径规划后生成加工刀轨路径。这些刀轨路径结合工艺参数需要转换成设备能识别的指令后才能驱动增材制造设备进行实际加工。增材制造常用的加工指令包括 G 代码和控制板卡指令。

G 代码是一种用于 CNC（计算机数字控制）机床的编程语言。G 代码代表"几何代码"，主要用于指示机器移动到指定位置、指定运动速度以及遵循的路径。使用 G 代码可以实现快速定位、逆圆插补、顺圆插补、中间点圆弧插补、半径编程、跳转加工等。

G 代码最早是针对车床或铣床等机床，刀具由这些命令驱动，以遵循特定的刀轨，切割材料以获得所需的形状，对于增材制造设备也同样适用，只是将切割材料转变为累加材料。增材制造常用的 G 代码版本为 Marlin G 代码。Marlin 是一款开源 3D 打印机固件，支持多种不同结构的桌面级增材制造设备，如 xyz 直角结构、CoreXY、SCARA、三角洲等结构等。

下面就以 Marlin G 代码为例，介绍 G 代码。在 G 代码中常见的字母标识参数意义如表 3-2 所示。

表 3-2 中的插补（Interpolation）是机床数控系统依照一定方法确定刀具运动轨迹的过程。根据某些数据，按照某种算法计算已知点之间的中间点的方法，也称为数据点的密化。若在 G 代码的 G2 指令中指定了运动的终点、圆弧圆心以及圆弧半径，则运动控制板卡将根据上一点的位置和 G2 指令中的参数算出一条弧线，并在该弧线中插入很多中间点形成一系列首尾相接的小折线，这就解决了数控系统中刀具不能严格地按照加工的曲线运动的问题，可以通过折线轨迹逼近所要加工的曲线。

表 3-2　G 代码中常见的字母标识参数

字母标识	功能
G0	直线快速移动
G1	直线插补运行，在运动的同时伴有挤出丝材或抽回丝材的过程
E	挤出机转动范围，即挤出丝材或抽回丝材的程度
F	两点间移动的最大速度
X	在设备笛卡儿坐标系中沿 X 轴偏移一定距离
Y	在设备笛卡儿坐标系中沿 Y 轴偏移一定距离
Z	在设备笛卡儿坐标系中沿 Z 轴偏移一定距离
G2	进行顺时针圆弧运动规划
G3	进行逆时针圆弧运动规划
G28	增材制造设备挤出头/激光熔覆头回到原点、机床刀具回到原点
M0	运动后暂停
M3	增材制造设备挤出头喷嘴加热/激光器开启、机床主轴顺时针方向旋转
M4	增材制造设备挤出头喷嘴加热/激光器开启、机床主轴逆时针方向旋转
M5	增材制造设备挤出头喷嘴停止加热/激光器关闭、机床主轴停止旋转
M17	使能驱动电机

G 代码指令需要通过控制板卡转换为电机和挤出头/激光器的运行实现增材制造加工，上述的 Marlin 固件支持桌面增材制造设备的运动控制卡；而一些更精密的工业级增材制造设备需要工业控制板卡或通过 PLC（可编程逻辑控制器）进行驱动。G 代码的优点在于具有通用性，可通过编程的方式把 G 代码翻译为设备指令驱动工业控制板卡或 PLC 进行加工操作，这样一套 G 代码只要进行少许修改就可在不同的增材制造设备上运行。

3.3.5　支撑结构

增材制造中的支撑结构有助于确保增材制造过程中工作的可加工性。支撑结构在增材制造中的主要作用如下。

一是防止孔洞、悬桥、悬臂结构坍塌。根据重力原理，如果一个物体的某个面与垂直线的角度大于某个角度且悬空，就有可能发生坠落。在增材制造过程中，悬空的结构也有可能在没有完全固化之前，因本身的重力而塌陷，从而导致加工失败，所以加上支撑结构可以防止这种现象发生。图 3-5（a）为悬臂结构，其两端结构容易塌陷；图 3-5（b）为悬桥结构，对于定向能量沉积增材制造工艺，无法凭空累积成形，而对于材料挤出工艺，跨度超过一定尺寸，该结构容易坍塌；图 3-5（c）为孔洞结构，在增材制造材料未完全固化时容易塌陷。

二是防止工件变形。设计良好的支撑也能起到加固工件结构的功能，从而减少因应力引起的工件变形。

三是在涉及高温的增材制造过程中用作散热片。例如，在金属材料的增材制造过程中，支撑结构有助于从零件中吸走热量，防止由于高温而产生残余应力。

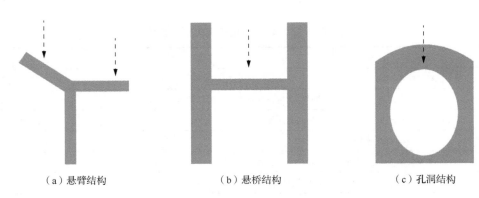

　　（a）悬臂结构　　　　　　　　　（b）悬桥结构　　　　　　　　（c）孔洞结构

图 3-5　悬空结构形式

　　另外，支撑结构像建筑物的脚手架一样，在加工完成后要考虑去除问题，所以支撑结构与实体部分的接触面积要尽量小。

　　支撑的结构类型主要有肋状支撑、轮廓支撑、墙形支撑、块状支撑、柱状支撑、树状支撑等几种。

　　1）肋状支撑

　　肋状支撑主要用来支撑悬臂、悬桥结构部分，肋状支撑的一端和垂直面连接，另一端和悬臂、悬桥部分相连接，为悬空实体的加工提供支撑，同时也可以约束悬垂部分上翘变形。肋状支撑结构如图 3-6 所示。考虑到易于去除，肋状支撑的端点一般采用锯齿形状或单点与工件本体接触。

　　2）轮廓支撑

　　轮廓支撑用于托举被加工工件的外形轮廓。轮廓支撑主要用于支撑工件一些具有明显特征的边结构，以防止这些边的变形和翘曲。图 3-7 为轮廓支撑示意图，该支撑用于固定待加工实体工件的底边，以防止底边的变形和翘曲。

图 3-6　肋状支撑

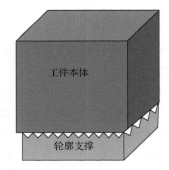

图 3-7　轮廓支撑

　　3）墙形支撑

　　墙形支撑用于对那些肋状支撑不能达到的悬空结构提供支撑，主要是针对那些长条结构特征设计的，可以加强支撑的稳定性，如图 3-8 所示。墙形支撑结构在悬桥边结构的增材制造成形中得到了很好的应用。

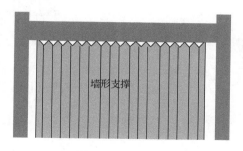

图 3-8 墙形支撑

4）块状支撑

块状支撑是一些十字交叉的支撑结构，主要是为面积较大的工件表面区域提供内部支撑。块状支撑通过纵横交错的方式与工件实体相接触，可提供稳定的支撑。它可以为工件的底面、悬臂面，以及悬桥结构等提供良好的内部支撑。图 3-9（a）中工件本体以透明的形式展示，可见块状支撑能支撑起较大的面积。图 3-9（b）为块状支撑的俯视图，可见块状支撑由十字交叉的结构组成。

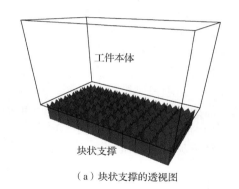

（a）块状支撑的透视图

（b）块状支撑的俯视图

图 3-9 块状支撑

5）柱状支撑

柱状支撑也称作点支撑或锥支撑，主要是为零件中的孤立轮廓，即具有孤岛特征的结构或一些较小的悬吊特征结构提供支撑。在使用柱状支撑时，要有一定厚度以保证足够的稳定性。另外，柱状由一些分散的柱形构成，具有易于去除的特点，柱状支撑如图 3-10 所示。

6）树状支撑

树状支撑是近年来兴起的新型支撑，具有类似树的分支结构，使用树状支撑的优点是它更容易去除，相对于块状支撑耗材更少，而且与悬臂结构下方接触点较少，容易去除，不易在拆除支撑时损坏工件本体；缺点是计算量大，要通过专门的计算设计其开关以保持平衡。树状支撑结构如图 3-11 所示。

注意：由于增材制造的支撑只是为了保证工件本体的成形而加入的，所以支撑并不是工件的一部分，在加工完成后，必须将支撑去除。

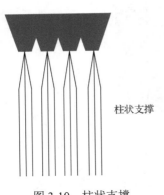

图 3-10　柱状支撑

图 3-11　树状支撑

3.4　三维数字模型切片

　　增材制造是逐层累积的过程，为了实现逐层加工，需要对三维数字模型进行切片处理，形成多层轮廓以进行逐层填充和路径规划。三维网格模型导入计算机后，可以通过预处理进行数据组织，也可以按原始的格式进行处理。例如，导入 STL 数据格式后，可根据原始数据建立新的数据结构，计算每个三角形面片的邻接关系，然后进行切片处理；也可以不建立新的数据结构，直接对原始数据进行切片。两种方式各有优劣。建立新的数据结构由于包含了拓扑重构过程，可以在处理过程中对模型进行处理，消除三维数字模型的一些缺陷，同时在切片操作中也可根据处理好的结构进行点、线、面的查询，切片计算量较小；而对原始数据直接进行切片则省却了对数字模型的预处理，更加简便，但切片时需要实时查找三角形面片的邻接关系，切片计算量较大。本节主要介绍两种增材制造三维数字模型的切片方法：等厚切片和自适应切片。

3.4.1　等厚切片

　　由于处理对象是大量的三角形面片，所以切片过程是三角形面片与一系列平行平面求交的过程，切片的结果将产生一系列三维模型的平面截面轮廓。这些轮廓可由一系列闭合的线段表示。最常用的方式是等厚切片模式，如图 3-12 所示，工件的三维数字模型在 z 方向上与间隔相等的一组切平面相交。

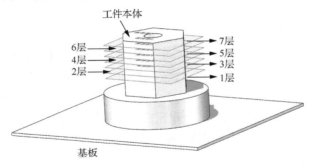

图 3-12　等厚切片模式

　　在进行切片处理时，切平面一般平行于增材制造坐标系的 xy 平面。切片时需要计算切平面与三维数字模型的每一个三角形面片的交点，每个三角形面片的交点连成线段；与该层切平面相交的所有三角形的切割线段首尾相连后形成闭合的切片轮廓。这就涉及三角形面片查找和轮廓线段的依次连接问题。

　　图 3-13 为进行三角形面片切片的一个示例。图中三角形 A 的半边 a_1 首先被确定与切平面相交，这时需要计算出相交点❶，然后根据三角形 A 的半边结构循环查找另一条与切平面相交的边 a_2 并计算出交点❷。然后根据 a_2 的对边 b_2 查找到相邻三角形 B，再由相邻三角形的半边结构循环查找另一条与切平面相交的边 b_1 并计算出交点❸，就这样不断在三维数字模型中按半边关系查找邻近三角形并用切平面切割，将切割生成的点存入轮廓点队列；直到遇到起始半边 a_1 的对边。将轮廓点中的交点按顺序相连就形成了封闭的切片轮廓。

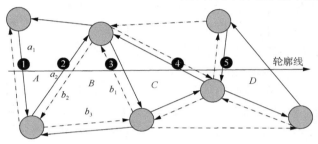

图 3-13　依据半边结构进行三角形切片

　　由于在三角形内部半边的查询顺序是逆时针顺序，所以当三角形面片在三维数字模型的外壳体上时，从增材制造坐标系 z 正方向往负方向观察时，切片轮廓是以逆时针方向依次相连的；而当三角形面片在三维数字模型的内壳体上时，从增材制造坐标系 z 正方向往负方向观察时，切片轮廓是以顺时针方向依次相连的，如图 3-14 所示。通过连接方向就可以区别切片轮廓是内部边界还是外部边界，确定内、外部边界后，需要填充的实体部分也可方便地确定。

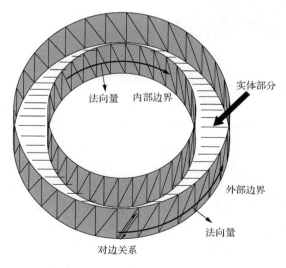

图 3-14　内、外壳体切片

总之，等厚切片处理由小三角形平面近似构成的三维实体表面时，只需要每次使切平面提高相同高度，然后切平面依次与每个三角形求交，在获得交点后，可以根据一定的规则，选取有效顶点组成边界轮廓环。获得边界轮廓后，按照外环逆时针、内环顺时针的方向确定内、外边界，为后续扫描路径生成的算法处理做准备。

3.4.2　自适应切片

等厚切片方法虽然解决了增材制造模型的切片问题，但在加工过程中会遇到增材制造成形效率与产品表面精度之间的矛盾。为了获得较好的打印质量，输入模型通常以打印机硬件所能允许的最小层厚均匀、等层厚地进行分层，从而导致分层层数很多，分层数增加会导致打印时间增长。尽管影响打印时间的因素有很多，但无论分层厚度和横截面积如何变化，每层的打印时间几乎是恒定的。另外，与硬件相关的时间不能被优化，所以影响打印时间的可以被优化的因素只有分层层数。改变分层层数的一种简单方法是增加分层的厚度，该方法虽然减少了输入模型的打印层数，但层间阶梯效应则大大降低了打印质量。因此为了权衡打印时间和打印质量，自适应分层算法应运而生。

自适应分层算法根据网格模型的几何形状变化，在不同的区域采用不同的分层厚度进行分层，如图 3-15 所示。因为台阶效应的存在，要使分层尽可能逼近原始模型，应在模型比较复杂且曲率变化小的地方采用更小的分层厚度来逼近，在模型简单且曲率变化大的地方采用尽可能大的分层厚度以提高打印效率。为了平衡打印时间和打印质量，自适应切片算法可以采用不同的参数进行切片，从而提高增材制造加工效率，在控制成本的前提下达到工件的质量要求。

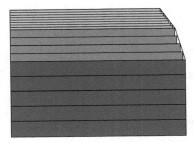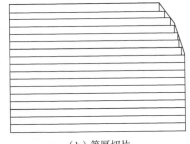

（a）自适应切片　　　　　　　　　　　　（b）等厚切片

图 3-15　自适应分层

自适应分层方法可分为前置处理法与后置处理法。

前置处理法是在切片之前规划每层的切片厚度，最常用的方法是基于网格模型的离散曲率、面片与打印方向的夹角两个指标决定分层厚度。前置处理就是要提前计算出相应的分层高度。

后置处理法是在切片之后通过对切片的合并来获得不同的切厚。主要方法是基于相邻层间的相似程度，采用层合并来实现自适应分层，即先使用最小分层厚度进行预切片，切片之后的数据脱离原始的三维模型数据，也丢失了三维拓扑关系，剩余的只有每层的多边形轮廓信息以及每层的高度信息。通过比较相邻两层间的多边形相似程度，可以决定是否要进行这两层的合并。其相似程度的表征有面积偏差率、轮廓投影等指标，通过这两个指标来进行相邻层的合并，合并之后的分层厚度将变大，没有合并的分层厚度仍然维持最小分层厚度，间接地达到自适应分层的效果。

前置处理法适用于模型表面曲率不大、分层较多的三维数字模型，由于模型表面曲率变化不大，进行全局表面曲率的计算量不大；同时，提前进行切片厚度的规划，有助于减少实际切层的数量。

后置处理法适用于模型表面曲率较大、分层相对较少的三维数字模型，由于模型表面曲率变化较大，在进行全局表面曲率的计算时会消耗很多时间；反而不如先使用最小分层厚度将三维数字模型切片后再通过合并实现自适应切片。

3.5 切片轮廓与路径填充

在对三维数字模型进行切片的过程中生成了每层的边界轮廓。为了进行增材制造加工，需要根据每层生成的边界轮廓进行相应的轮廓偏置和内部路径填充。这些轮廓和路径最终可转换为加工指令驱动增材制造系统进行实际加工。

3.5.1 切片轮廓

在实际增材制造过程中，对三维数字模型进行切片生成的轮廓边界往往不能实际用于加工。例如，材料挤出工艺中，挤出的材料具有一定的宽度；定向能量沉积工艺中，激光或电子束扫描出的路径也有一定宽度。这样就需要对外边界轮廓向内进行偏置以满足加工精度的要求。同时，在实际增材制造过程中，也经常采用多重轮廓扫描，即边界轮廓向实体内部经过多次偏移，形成多条轮廓；在最内层轮廓内进行填充。这样可以在加工中更好地保持工件的表面形貌，如图 3-16 所示。

同时，轮廓在偏移时，偏移的间隔有时也需要重新计算。在材料挤出工艺中，偏移间隔一般与挤出线宽一致，这样可使材料紧密结合在一起。而对于定向能量沉积或粉末床熔融等增材制造工艺，由于它们是采用熔化、凝固的方式使材料成形，所以轮廓偏移时要考虑搭接，即两条打印路径边界部分互相重叠，以此来保证材料的紧密结合，消除气泡和孔隙。

图 3-17 为两条轮廓线的搭接示意图。例如，对于激光定向能量沉积增材制造工艺，此时两条轮廓的间隔为激光扫描线宽减去线宽乘以线间的搭接率。在对实体内部进行填充的过程中，填充路径的间隔也用上述线宽与搭接率的公式计算。

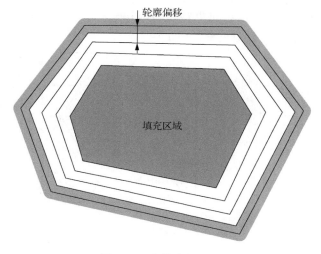

图 3-16 内外壳体切片

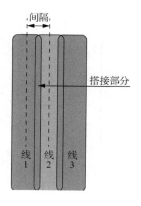

图 3-17 轮廓搭接

3.5.2　路径填充

增材制造工件的三维数字模型切片后的每一层在经过多次轮廓偏置后，需要在最内部轮廓内进行填充，以形成工件实体。填充图案常用的有如下几种。

1）线段填充

线段填充是最常见和最通用的填充。与其他填充方式相比，这是一种最简单的填充方式，通常是增材制造路径规划的默认设置（图 3-18）。

2）之字形填充

之字形填充是线段填充的扩展，主要用于利用线材加工的增材制造工艺。对于丝材，如果采用线段填充方式，那么需要在每条线段结束时进行丝材熔断和回抽，但是熔断和回抽会增加出现质量问题的风险。而之字形填充可使首尾相接的线段连在一起（图 3-19），尽量减少增材加工过程中的丝材熔断和回抽过程。

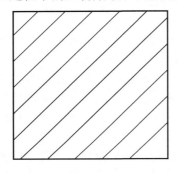
图 3-18　线段填充

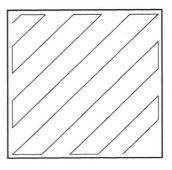
图 3-19　之字形填充

3）网格填充

网格填充通过纵横交错的线段进行实体填充（图 3-20），能有效增强实体内部结构的强度和载荷，比线段填充能获得更好的强度。

4）三角形填充

三角形结构提供了高横向载荷，能获得比网格填充更好的结构强度，当制作墙形结构或细长的结构时，采用三角形填充能有效提高增材结构强度（图 3-21）。

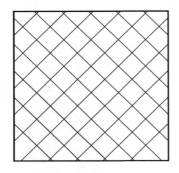
图 3-20　网格填充

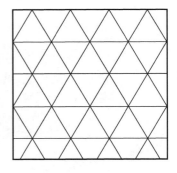
图 3-21　三角形填充

5）波浪线填充

波浪线填充通过一组蛇形曲线进行实体填充（图 3-22），这种结构具有较好的柔韧性，而且孔隙率大；但所能提供的结构刚度很小，所以适合柔性材料的增材制造。

6）蜂巢形填充

蜂巢形填充又称为六边形填充（图 3-23）。这是一种强度与材料消耗较为平衡的填充方式，加工的速度也较快。该填充方式受蜂巢结构启发，可消耗最少的材料制成最大的容器，这种结构有着优秀的几何力学性能，因此在增材制造中有广泛应用。

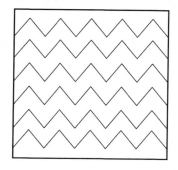 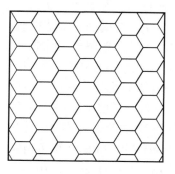

图 3-22　波浪线填充　　　　　　　　　　　　　　图 3-23　蜂巢形填充

3.6　思　考　题

1. 用于增材制造的三维数字模型格式包括哪几种？
2. 支撑结构在增材制造中的作用是什么？增材制造常用的支撑类型有哪些？
3. 常用的增材制造工件的内部轮廓填充图案有哪几种？

第4章 金属增材制造

金属增材制造技术被行业认为是最具难度的前沿发展方向，也是最直接可服务于装备制造业的成形技术。金属增材制造可以实现传统制造方法难以实现的高度复杂金属构件的直接制造。近年来，金属增材制造在航空航天领域中的应用越来越多，如美国 NASA、SpaceX 公司制造重型运载火箭燃气发生器导管、主氧化阀，中国商用飞机有限责任公司（简称中国商飞）制造飞机中央翼根肋、主风挡等。

近 30 年来，高校、科研院所、工业界的学者围绕金属增材制造所涉及的材料、工艺、过程模拟、应力变形控制、缺陷分析及后处理等诸多方面开展了大量研究。美国材料与试验协会委员会于 2012 年 1 月颁布了增材制造技术标准用语 ASTM F2792-12，将金属增材制造技术分为粉末床熔融（PBF）和定向能量沉积（DED）两大类。后来国际标准化组织与 ASTM 合作制定了 ISO/ASTM52900：2015 标准，该标准继续使用 ASTM F2792-12 的术语，粉末床技术包括选区激光熔化（Selective Laser Melting，SLM）、电子束熔化（Electron Beam Melting，EBM）、选区激光烧结（Selective Laser Sintering，SLS）三种。根据原材料不同 DED 技术分为同步送粉和同步送丝两种方式，同步送丝又包括电子束自由成形制造（Electron Beam Freeform Fabrication，EBFF）、激光熔丝增材制造（Laser Wire Additive Manufacturing，LWAM）和电弧增材制造（Wire and Arc Additive Manufacturing，WAAM）等。采用黏结剂喷射（Binder Jetting，BJ）进行金属零件成形的工艺，被认为是间接金属增材制造技术。

基于粉末床原理的增材制造技术成形粉末尺寸小，激光或电子束能量源可以实现熔化和凝固过程的调控，从而保证高尺寸精度，但是制造周期长，设备和材料成本高。与之相反，基于 DED 原理的送粉式增材制造技术，因其采用粉末为原料，需要特殊气氛保护，粉末利用率低，设备成本昂贵，难以实现复杂构件制造。基于 DED 原理的熔丝增材制造成形过程具有大熔池和层厚的特点，可快速实现大尺寸构件制造，但熔丝增材制造的成形件表面粗糙，需要后续机加工以保证表面质量。表 4-1 对比了基于粉末床和 DED 增材制造工艺的特点。粉末床工艺所采用的激光功率较低（200～1000W）、激光能量密度高（10^5～10^8W/cm^2）、光斑直径小（30～200μm）、粉末沉积效率低（5～30cm^3/h），最小壁厚可以达到 80μm，最佳表面粗糙度可达到 Ra5 以内。但该技术成形效率低，一般小于 20cm^3/h，设备成本昂贵，成形尺寸受加工设备限制，目前金属粉末床设备的最大成形体积小于 0.1m^3。EBM 设备因成形仓需真空环境，最大成形体积小于 0.03m^3，成形效率也小于 80cm^3/h。这两种粉末床设备只适用于小尺寸、高度复杂构件的制造，难以实现大尺寸金属结构的直接制造。同步送粉 DED 成形过程中随着激光功率、光斑大小、扫描速度等工艺参数的变化，其最大成形效率可达 300cm^3/h，层厚可控制在 40μm～1mm。与同步送粉 DED 工艺相比，同步送丝 DED 技术的层厚可达数毫米量级，成形效率高，可达 2500cm^3/h，设备成本低，材料利用率大于 90%，适合制造大型中等复杂程度近终构件的制造。工程应用中任何种类的增材制造技术的选用，都与零部件尺寸、复杂程度、性能、周期及成本息息相关，与传统加工制造技术相比，目前大部分的金属增材制造零部件都需要一定的后处理，包括热处理、去毛刺、部分精加工。

表 4-1　基于粉末床和 DED 的增材制造技术工艺的对比

工艺	DED			PBF	
原料	粉末	丝材		粉末	
热源形式	激光	电子束	电弧	激光	电子束
功率/W	100～3000	500～2000	1000～3000	50～1000	
速度/（mm/s）	5～20	1～10	5～15	10～1000	
最大进给速度/（g/s）	0.1～1.0	0.1～2.0	0.2～2.8	—	
最大成形尺寸（长×宽×高）/mm	2000×1500×750	2000×1500×750	—	500×280×320	
生产时间	长	短	短	长	
尺寸精度/mm	0.5～1.0	1.0～1.5	1.0～1.5	0.04～0.2	
表面粗糙度/μm	4～10	需机械加工	需机械加工	7～20	
后处理	热等静压、表面研磨、机械加工	机械加工	机械加工	热等静压、喷砂	

4.1　定向能量沉积技术

定向能量沉积增材制造工艺根据所采用的材料不同，可分为同步送粉定向能量沉积和同步送丝定向能量沉积，其工艺原理分别如图 4-1（a）和（b）所示。

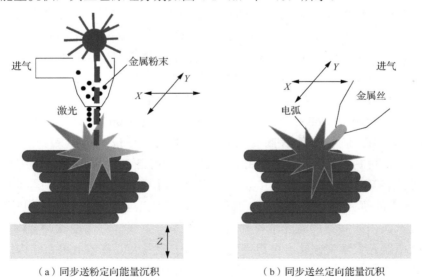

（a）同步送粉定向能量沉积　　　　　　　　　（b）同步送丝定向能量沉积

图 4-1　两种定向能量沉积工艺原理

4.1.1　同步送粉定向能量沉积

1. 技术原理

同步送粉定向能量沉积（Powder-based DED）技术是一种兼顾精确成形和高性能成形需

求的一体化制造技术，可以实现力学性能与锻件相当的复杂高性能构件的高效率制造，成形尺寸基本不受限制（取决于设备运动幅面），该技术具有同步材料送进特征，还可以实现同一构件上多材料的任意复合和梯度结构制造，方便进行新型合金设计，可用于损伤构件的高性能成形修复；也可方便地同传统的加工技术，如锻造、铸造、机械加工或电化学加工等等材或减材加工技术相结合，充分发挥各种增材与等材及减材加工技术的优势，形成金属结构件的整体高性能、高效率、低成本成形和修复新技术。

2. 技术发展现状与趋势

20 世纪 90 年代，这项技术在全世界多个研究机构相对独立地发展起来，并且被赋予了不同的名称：英国利物浦大学和美国密歇根大学——Direct Metal Deposition（DMD）；加拿大国家研究委员会集成制造技术研究所——Laser Consolidation；瑞士洛桑联邦理工学院——Laser Metal Forming（LMF）；美国 Sandia 国家实验室——Laser Engineered Net Shaping（LENS）；美国 Los-Alamos 国家实验室——Directed Light Fabrication（DLF）；美国 AeroMet 公司——Laser Forming（LF）或者 Laser Additive Manufacturing（LAM）；美国宾夕法尼亚大学——Laser Free-Form Fabrication（LFFF）；英国伯明翰大学——Direct Laser Fabrication（DLF）。名称虽然不同，但基本的技术原理却是完全相同的，即基于同步送粉（送丝）激光熔覆的数字化增材成形。

DED 技术的发展史可追溯到 20 世纪 70 年代末期关于激光熔覆技术的研究。1979 年，美国联合技术公司（United Technologies Corporation）的 Snow 等针对高温合金涡轮盘的制造难题，发展了同步送粉激光熔覆方法，制造了径向对称镍基高温合金零件，并取得了相关专利。不过受限于当时的计算机技术水平，当时的 DED 技术还只能制造一些板型件或回转件。尽管如此，其初步的研究结果已经显示出了该技术的光明前景。但是直到 2000 年，美国波音公司首先宣布采用该技术制造的三个 Ti-6Al-4V 合金零件在 F-22 和 F/A-18E/F 飞机上获得应用，才在全球掀起了金属零件的直接增材制造的第一次热潮。目前，DED 技术所应用的材料已涵盖钛合金、镍基高温合金、铁基合金、铝合金、难熔合金、非晶合金以及梯度材料等。

目前，美国"America Makes"（美国制造）、欧盟"Horizon 2020"（地平线 2020）和德国"INDUSTRIE 4.0"（工业 4.0）等皆把航空航天作为增材制造技术的首要应用领域，均有支持金属高性能激光增材制造的专项研发计划。美国波音公司自 2000 年以来开始将 LSF 大型钛合金零件应用于 F-18 和 F-22 战斗机，并于 2015 年申请了飞机零件增材制造体系的美国专利。中国在 DED 技术的研究方面与欧美发达国家同步，西北工业大学已建立了包括材料、工艺、装备和应用技术在内的完整的激光增材制造技术体系，主要针对大型钛合金构件的激光增材制造。北京航空航天大学突破钛合金等高性能难加工金属大型整体主承力结构件 DED 工艺、装备及应用关键技术，并已经在多个型号飞机中获得应用。

目前 DED 成形过程中的应力和变形控制主要依靠经验，缺乏科学指引；构件增材制造的可预测性和可重复性差；特别是针对航空航天领域用量最大的铝合金构件仍缺乏系统研究，其综合性能显著低于锻件，主承力钛合金构件的疲劳性能与锻件存在一定差距，增材制造微观组织和综合力学性能的主动调控、制造过程应力-变形的协调控制、专用合金的发展等已成为目前国际大型轻质高强韧合金构件 DED 成形技术的必然发展趋势。

3. 成形过程的理论模型

DED 技术的基本原理是：首先在计算机中生成零件的三维 CAD 模型，然后将模型按一定的厚度切片分层，即将零件的三维形状信息转换成一系列二维轮廓信息，随后在数控系统的控制下，用同步送粉 DED 的方法将金属粉末材料按照一定的填充路径在一定的基材上逐点填满给定的二维形状，重复这一过程，逐层堆积形成三维零件实体，DED 成形工艺流程如图 4-2 所示。

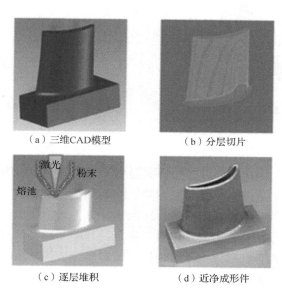

（a）三维CAD模型　　　　　（b）分层切片

（c）逐层堆积　　　　　（d）近净成形件

图 4-2　DED 成形工艺流程

DED 成形零件的组织特征与金属材料在激光束作用下的热过程密切相关，成形过程中，高能量密度的激光束在很短的时间内和很小的区域内与金属材料发生交互作用，材料表面局部区域的快速加热和熔池周围冷态基材的强换热作用，导致激光熔池及其热影响区通常具有较高的冷却速率，即使考虑到多层多道熔覆沉积的热积累，激光增材制造熔池和热影响区的冷却速率仍可达到 $10^2 \sim 10^6$K/s，呈现出典型的近快速凝固和固态相变特征。在这种条件下，金属材料的凝固和固态相变将会较大地偏离平衡，使得材料的固溶极限显著扩大，晶内微观亚结构显著细化，并可能出现新的亚稳相甚至非晶，从而改善成形金属构件的物理性能、化学性能和力学性能。同时，DED 成形过程中，由于采用逐点、逐层熔覆沉积，这样只要保证所采用沉积粉末成分的一致性，将不会出现整体的宏观偏析，而微观偏析也将局限于同其细小凝固亚结构尺度相当的极小范围内。另外，激光熔覆沉积时，熔池的尺寸小、浅，并且液固界面的温度梯度大，固液两相区小，易于对凝固收缩进行充足的液态金属补缩，极大地抑制了缩松和缩孔的产生，可以获得全致密的合金组织。

从前述可知，DED 成形过程的逐点熔覆沉积和高梯度近快速熔凝特征恰好实现了锻造过程通过强制力的作用而实现的组织优化目标。需要指出的是，DED 过程所存在的多层多道熔覆沉积的热作用，会对已熔覆沉积金属材料产生往复退火/回火处理，进而使得 DED 构件呈现出复杂的铸态+不完全热处理组织特征，同时也使得成形构件的残余应力呈现复杂的分布。

　　图 4-3 给出了 DED 过程熔覆沉积层中纵截面示意图及固液界面温度梯度 G 和凝固速度 V_s 随熔池深度变化的示意图。

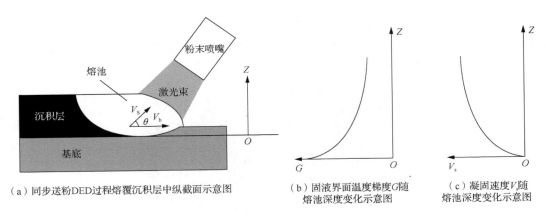

（a）同步送粉DED过程熔覆沉积层中纵截面示意图　　（b）固液界面温度梯度G随熔池深度变化示意图　　（c）凝固速度V随熔池深度变化示意图

图 4-3　DED 过程示意图（其中 V_s 为熔池中液固界面的法向移动速度，V_b 为激光束的扫描速度）

　　由图 4-3 可以看到，熔池凝固时固液界面温度梯度的方向会由熔池底部的垂直激光扫描方向逐渐转变为曲向扫描方向，这意味着若是以胞晶生长，由于胞晶通常沿热流方向生长，这样，熔覆沉积层底部到顶部将会出现组织转向生长，相邻熔覆沉积层不易出现连续外延生长。而枝晶组织的生长方向主要由其择优取向决定，与温度梯度方向最为接近的择优取向往往在枝晶生长中占据最为有利的地位，这使得沿该方向生长的枝晶在生长过程中能够逐步将生长取向与温度梯度方向相差较大的枝晶组织淘汰掉，进而在 DED 过程中呈现出沿平行沉积方向的定向枝晶生长。而 DED 成形的 Ti-6Al-4V 合金的顶部之所以会发生柱状晶/等轴晶转变，这也是由熔覆沉积层熔池凝固时的凝固条件变化所决定的。激光扫描过程中，熔池底部的温度梯度最高，同时基本垂直于激光束扫描方向，而熔池底部也是熔池凝固开始的地方，因而初生的柱状β晶粒将沿着沉积方向连续外延生长。仅在熔池顶部，由于温度梯度的降低和凝固速度的增大，柱状晶粒凝固界面前沿的过冷度增大，进而在界面前沿的过冷区中出现自由形核和等轴晶生长。若后一层的熔覆沉积所导致的前一层的重熔将前一层的等轴晶生长层熔掉，试样将在整体上呈现柱状外延生长形态，仅在成形件顶部由于无进一步的重熔发生，才可能保留这一等轴晶层。图 4-4 显示了采用多元合金 CET 模型所计算的 Ti-6Al-4V 合金 CET 曲线。图中带箭头的曲线给出了激光熔池中沿液固界面从熔池底部至顶部的凝固条件变化。可以看到，熔池中的凝固组织大部分落在柱状晶生长范围内，仅在熔池顶部出现柱状晶向等轴晶的转变。

　　DED 过程中熔覆沉积层凝固组织的这种外延生长特性，使得可以以单晶或具有大尺寸定性凝固晶粒的金属材料作为基材，直接制备单晶。同时，结合 DED 所具有的粉末同步送进特征，还可以通过采用多路粉末送进的方法，实时控制送进粉末材料的种类和粉末材料的成分配比，实现微观组织连续变化的多材料任意复合梯度材料及零件的制备。

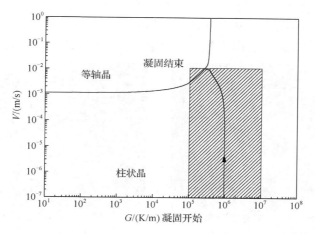

图 4-4　Ti-6Al-4V 合金的 CET 曲线（$N_0=2\times10^{15}\text{m}^{-3}$，$\Delta T_n=2.5\text{℃}$，阴影区为激光立体成形的凝固参数范围）

4. 成形工艺与材料性能

1）冶金缺陷控制

激光立体成形过程中，高能激光束与金属粉末、基材相互作用时，一方面，使材料在激光辐照区中形成特殊的、优越的组织结构，如晶粒高度细化，获得高度过饱和的固溶体等；另一方面，由于材料的熔化、凝固和冷却都是在极快的速度下进行的，如果成形工艺控制不当，有可能在成形件中形成裂纹、气孔、夹杂、层间结合不良等缺陷，降低成形件的力学性能。

（1）气孔及熔合不良缺陷。

若激光立体成形采用的粉末形状不规则、含气量较高，或不同熔覆沉积层和沉积道间搭接不合适，将容易在成形件内部产生两种类型的缺陷：气孔和熔合不良导致的孔洞，这两种缺陷具有不同的形貌特征。气孔形貌多为规则的球形或类球形，在成形件内部的分布具有随机性，在成形件内部各处都可能有分布，但大多分布在晶粒内部，如图 4-5（a）所示。由于熔合不良而导致的孔洞形貌不规则，内壁粗糙，这类孔洞多呈带状分布在层间和道间的搭接处，如图 4-5（b）所示。

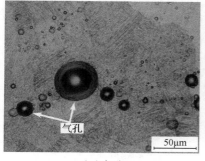

（a）气孔

（b）熔合不良导致的孔洞

图 4-5　钛合金成形件内部缺陷的微观形貌

对于气孔缺陷，通过采用规则、无气孔和干燥的类球形粉末可以避免成形件中出现气孔缺陷。图 4-6 显示了采用不同特征粉末激光立体成形 Inconel718 合金的组织形貌。通过采用旋转电极制备的无气孔 Inconel718 粉末，完全消除了成形件中的气孔缺陷。

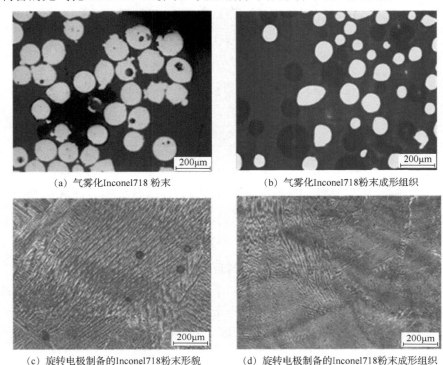

(a) 气雾化 Inconel718 粉末　　　　　　　(b) 气雾化 Inconel718 粉末成形组织

(c) 旋转电极制备的 Inconel718 粉末形貌　　　(d) 旋转电极制备的 Inconel718 粉末成形组织

图 4-6　采用不同特征粉末激光立体成形 Inconel718 合金的组织形貌

当激光成形工艺参数不匹配时，就会使各沉积层之间未形成致密冶金结合而产生熔合不良的缺陷，包括沉积层与基体之间即界面处形成熔合不良、各沉积层间熔合不良或沉积层内局部熔合不良。搭接率是影响熔合不良缺陷产生的一个重要工艺参数，它不仅影响零件的成形精度，而且选择不当还将导致道间缺陷的产生。图 4-7 显示了当搭接率较小时，在道与道之间出现了局部熔合不良缺陷（图 4-7（a）中箭头所指），当搭接率较大时就未发现熔合不良缺陷（图 4-7（b））。因此，选择合适的搭接率就能避免局部熔合不良的产生，得到无缺陷的沉积层。

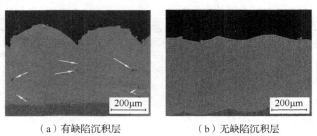

（a）有缺陷沉积层　　　　　　　（b）无缺陷沉积层

图 4-7　搭接率对熔合不良缺陷形成的影响

（2）裂纹。

由于 DED 成形过程中始终伴随着较高的热应力，若合金的合金化程度较高，显微偏析较严重，裂纹敏感性较强，则在 DED 成形过程中容易发生开裂，特别是由于 DED 成形组织所具有的外延生长特性，裂纹容易沿晶扩展。图 4-8 显示了裂纹敏感性较强的粉末冶金高温合金 Rene88DT 在 DED 成形过程中形成的裂纹形貌。裂纹出现在道与道之间的搭接区，大体沿道与道之间平行分布，如图 4-8（a）所示。同时裂纹主要集中在试样中上部区域。大尺寸裂纹贯穿多个沉积层，如图 4-8（b）所示，但裂纹没有贯穿试样表面，基本上包覆在试样内部。大部分裂纹发生在树枝晶晶界，具有典型的沿晶开裂特征。这表明，沉积层的拉伸内应力和枝晶间低熔共晶组织是引起 DED 成形镍基高温合金开裂的主要因素。因此，优化 DED 成形工艺参数、调整微观组织是一种重要的控制裂纹手段。在保证沉积层和基体之间、沉积层的层与层之间达到足够强度的冶金结合的同时，降低激光立体成形过程中的能量输入是一种很好的手段。能量输入的降低可以减少热影响区低熔共晶组织的液化倾向，同时也可以减少热应力的产生。减小和消除激光沉积道与道搭接区域的尖角凹槽等结构性应力集中部位是另一个要注意的事项。通过对基体进行预热，以及 DED 成形后或成形过程中的退火热处理等，在一定程度上也可以减少和抑制裂纹的产生。不过，在 DED 成形工艺本身的调整和控制能力达到极限后，引入外部手段即其他技术来消除成形裂纹也是解决方法之一。图 4-9 显示了 DED 成形 Rene88DT 合金经过热等静压（HIP）处理后所得到的显微组织。可以看到，经过热等静压下的扩散连接，成形过程中的裂纹得到了很好的愈合，同时在裂纹修复愈合后形成了明显的 MC 型碳化物迹线（图 4-9（d））。

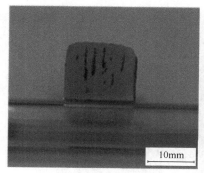 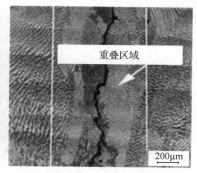

（a）裂纹的宏观分布特征　　　　　　　　（b）激光沉积道与道搭接裂纹

图 4-8　DED 成形块状试样横截面上的裂纹

即使是对于一些开裂敏感性低的合金，如钛合金、316 不锈钢，当工艺条件选择不当时，熔覆沉积层也会开裂。图 4-10 给出了 TC4（Ti-6Al-4V）合金沉积层裂纹的微观形貌，其具有典型的穿晶开裂特征，属于冷裂纹，是由于在含较高杂质元素的气氛中成形时，合金被氧化导致的沉积金属脆化，在拉伸应力的作用下发生开裂。

钛合金的塑性较好，其晶间残余液相又不会形成低熔点共晶，因此，若工艺控制合适，基本上可以完全消除上述冶金缺陷，所以较易于获得同锻件相当的性能。部分高温合金和不锈钢也是如此。但对于某些合金化程度较高、开裂敏感性较强的合金，如部分高温合金，其裂纹难以完全消除，导致其力学性能还不够理想，还需要对此进行更进一步的深入研究。

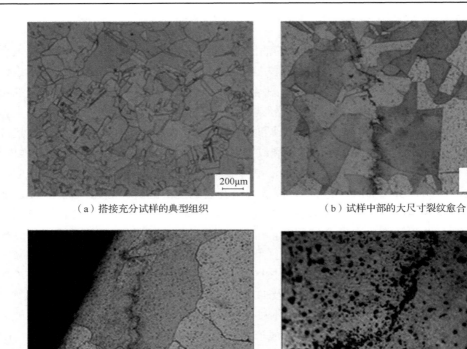

（a）搭接充分试样的典型组织　　　　　　　（b）试样中部的大尺寸裂纹愈合

（c）试样边缘的大尺寸裂纹愈合　　　　　　（d）裂纹愈合后的析出物

图 4-9　HIP 处理后的激光立体成形 Rene88DT 裂纹的修复愈合

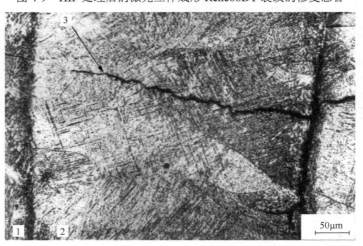

图 4-10　DED 成形 TC4 合金熔覆沉积层裂纹的微观形貌

1-基体；2-沉积金属；3-裂纹

2）热处理工艺

大多数工程合金都需要通过热处理来获得特定的显微组织，以达到合金的最佳力学性能。由于激光立体成形合金的凝固组织有不同于常规热加工工艺的新特点，其热处理工艺也有所不同。

如前所述，DED 成形合金由于外延定向凝固特性而具有较大的晶粒尺寸，但由于快速凝固而具有极细小的晶内组织。此外，激光立体成形过程所具有的周期性快速加热和快速冷却的特点，加大了沉积态组织中溶质的固溶极限，抑制了第二相的沉淀析出，并使析出相的平均尺寸显著细化。这种组织特征与常规铸造、锻造和粉末冶金组织显著不同。图 4-11 给出了激光立体成形 Rene88DT 高温合金热处理后的典型组织。可见，经 1165℃、2h/SQ+760℃、8h/AC 固溶时效处理后，γ′沉淀相均匀析出，但尺寸仅有 20～40nm。相比于粉末冶金成形 Rene88DT 高温合金采用相似热处理制度所能达到的优化 γ′沉淀相尺寸 60～120nm 具有较大差距。不过，如果对激光立体成形 Rene88DT 高温合金采用 1165℃、2h/SQ+1020℃、2h/AC+760℃、16h/AC 双级时效处理，则可以得到具有较好综合强化效果的双模 γ 沉淀相析出。

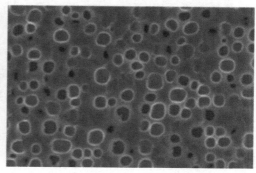

（a）1165℃，2h/SQ+760℃，8h/AC　　　　　（b）1165℃，2h/SQ+1020℃，2h/AC+760℃，16h/AC

图 4-11　激光立体成形 Rene88DT 高温合金热处理后的典型组织

另外，DED 成形所具有的周期性快速加热和快速冷却特点，使得在 DED 成形件中通常存在较大的残余应力。这些残余应力主要是材料在成形过程中由于约束的存在以及反复快速加热和冷却过程造成的残余热应力。这也与常规铸造、锻造和粉末冶金显著不同。应力的存在一方面可以使材料在热处理过程中通过诱导再结晶实现沉积态显微组织由粗大柱状晶粒到细小等轴晶粒的转变，使晶粒细化。同时还可以影响材料中析出相的分布，进一步影响材料的性能。图 4-12 显示了 DED 成形 Ti-6Al-4V 合金经过固溶时效处理所获得的球状 α 组织。而按照传统钛合金理论，钛合金必须通过热机械处理才有可能获得球状 α 组织，也就是预应力处理是产生钛合金层片组织球化的重要因素。由于激光立体成形 Ti-6Al-4V 合金在热处理过程中并没有受到其他外力的作用，这也在一定程度上说明了，DED 成形过程所产生的残余应力足以在热处理过程中诱导层片状 α 向球状 α 转变。

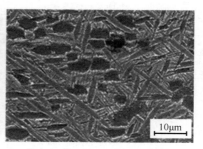

（a）950℃，8h/AC+550℃，4h/AC　　　　　（b）950℃，1h/AC+550℃，8h/AC

图 4-12　DED 成形 Ti-6Al-4V 合金固溶时效处理所获得的球状 α 组织

图 4-13 显示了 DED 成形 Inconel718 合金采用不同温度进行固溶处理所获得的再结晶组织。需要指出的是，以往的研究表明，锻造 Inconel718 合金在高于 1170℃温度下会发生 Laves 相的初熔，在 1210℃会因晶界处的低熔点共晶相的熔化而初熔，而 DED 成形 Inconel718 合金在 1250℃进行固溶处理，晶界处并未发生初熔现象。初熔现象的发生与低熔点相的存在有关，DED 成形具有高凝固速度，使得熔池中凝固生长界面显著偏离平衡，各元素的固溶极限增大，宏观偏析消除，降低了激光立体成形材料组织中低熔点相的含量，因此减少了材料在高温下初熔现象的发生。这也使得通常 DED 成形合金可以采用更高的热处理温度来加速合金元素的原子迁移扩散速度，加快合金元素的均匀化。

（a）1100℃/1h　　　　　　（b）1170℃/1h　　　　　　（c）1250℃/1h

图 4-13　DED 成形 Inconel718 合金的固溶处理显微组织

5. 成形精度与性能

1）DED 成形典型金属合金力学性能

表 4-2 分别给出了 DED 制造典型钛合金、镍基高温合金及钢的室温拉伸力学性能。其中 Ti-6Al-4V（TC4）钛合金、Inconel718 镍基高温合金以及 316L 不锈钢，作为目前应用最为广泛的金属合金，目前的研究相比其他合金更为成熟，无论是拉伸强度、屈服强度还是延伸率，普遍满足锻件标准。尤其是对于 α 钛合金（如 TA15）和 α+β 钛合金（如 Ti-6Al-4V），由于 β→α 相变的体积变化效应小，成形金属合金的力学性能普遍较高。

表 4-2　DED 典型金属合金的室温力学性能

材料	成形工艺及状态	σ_b/MPa	$\sigma_{0.2}$/MPa	δ/%
Ti-6Al-4V（TC4）钛合金	沉积态	955～1000	890～955	10～18
	DED+热处理态	1050～1130	920～1080	13～15
	锻造/退火态标准	≥895	≥825	≥8～10
TA15 钛合金	沉积态	1030～1190	955～1150	10～14
	DED+热处理态	1160～1330	1040～1140	8～9.5
	锻造/退火态标准	930～1130	≥855	≥8～10
Inconel718 镍基高温合金	DED+热处理态	1325～1380	1065～1165	16.5～30
	锻造标准	≥1240	≥1030	≥6～12
Rene88DT 镍基高温合金	DED+热处理态	1440～1450	1060～1080	20～23
	粉末冶金标准	1520～1600	1080～1210	17～25
316L 不锈钢	DED+热处理态	～605	～400	～53
	锻造/退火态标准	≥586	≥241	≥50
300M 超高强钢	DED+热处理态	1895～1965	1748～1849	5.5～8
	锻造标准	≥1862	≥1517	≥8

2）DED 成形过程热变形测量

以 TC4 钛合金单道多层 DED 成形过程为例，采用 DED 成形设备，对成形过程中零件结构的热变形进行测量，试验装置如图 4-14 所示，该系统由 PRC-4000 CO$_2$ 激光器（4kW）、五轴四联动数控工作台、同轴送粉喷嘴、惰性气氛保护室、DPSF-2 型高精度可调自动送粉器和氧含量实时监测系统等机构组成。

（a）成形设备　　　　　　　　　　　　　　（b）送粉喷嘴

图 4-14　DED 成形系统试验装置

（1）原位测量技术。

为了更加准确地把握成形过程中热及应力应变演化对成形过程中变形的影响，同时考虑到测量的方便性及基板在成形过程中通常易发生较大的变形，采用基板一端固定，另一端可以自由翘曲变形的方法来表征成形过程对热输入和热变形的动态影响规律。图 4-15 为原位测量平台，它可以在成形过程中，对基板与成形件温度以及基板单边翘曲变形进行实时测量。其中温度测量采用 OmegaGG-K-30K 型热电偶。成形件和熔池温度场测量采用 InfraTec 热成像仪进行成像测量。试验中，测量的热电偶与电压信号均由日本图技 G900-8 数据记录仪记录。

DED 成形原位测量试验包括单道 40 层激光立体成形试验，主要测量在不同 DED 成形工艺参数下，基板实时变形与成形过程中实时温度的演变，以期通过精准的试验数据对激光立体成形有限元模型进行优化与验证。

采用原位测量平台，对基板进行单边夹持，选择沿基板长度方向进行成形。热电偶与位移传感器的测量位置如图 4-16 所示，成形前使用热电偶焊机在基板上表面距离边缘 10mm 的 A、B 两点处分别焊上热电偶，用于监测成形区两端的温度演化。位移传感器利用原位测量平台夹持工具，固定于基板 C 点的正下方，用于监测基板单边翘曲变化规律。热成像仪则以一定的俯角正对成形区。

（2）有限元模型。

应用热力耦合模型对 DED 成形过程进行仿真计算及结果分析。有限元模型如图 4-17 所示，它包括 24616 个单元、30940 个节点。沉积区的平均网格尺寸为 1mm×1mm×0.15mm，基板厚度方向采用 8 个网格，随着远离沉积区，网格尺寸逐渐增大。图 4-18 为模拟中应用的 Ti-6Al-4V 钛合金热力性能参数，泊松比为 0.34，Ti-6Al-4V 的固-液相线温度分别为 1600℃和 1670℃，熔化潜热为 36500kJ/kg。在建立准确的有限元模型的基础上，对激光增材制造过程进行模拟，最终得到最优的模拟结果。

（a）整体　　　　　　　　　　　　　（b）局部

图 4-15　DED 成形原位测量平台

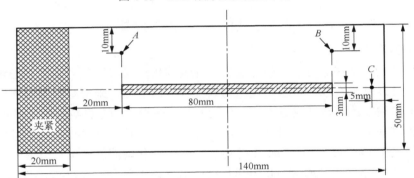

图 4-16　一次熔覆沉积试验示意图

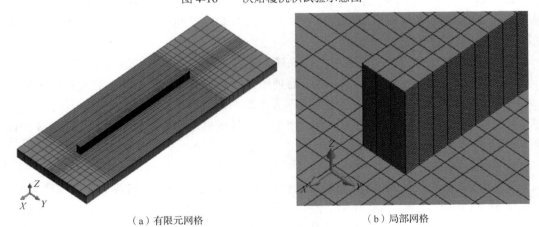

（a）有限元网格　　　　　　　　　　　（b）局部网格

图 4-17　激光增材制造过程数值模拟的有限元网格

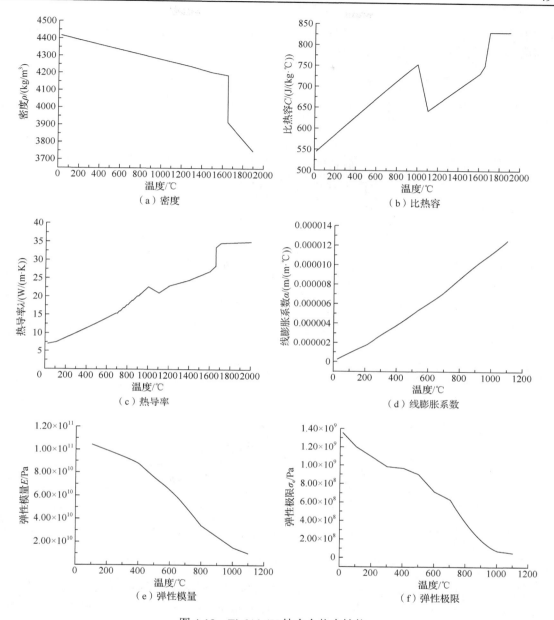

图 4-18　Ti-6Al-4V 钛合金热力性能

（3）数值模拟结果及实时测量结果比较。

图 4-19 为单道 40 层变形试验与模拟结果的对比，由于未考虑材料黏性，故模拟结果波幅比试验结果大。由图可知，冷却阶段基板变形量急剧增加，可以推测由于冷却收缩导致的残余应力也会迅速增加。

图 4-20 为单臂墙在 Y-Z 剖面上沿扫描方向的应力分布，可以看出沉积结束后熔覆层冷却收缩导致基板背面受拉应力，沿 Z 方向，基板的应力逐渐减小到 0，并开始产生压应力，当基板内部距离基板与沉积区 0.005mm 处应力急剧增加到最大值。单臂墙中部应力和端部应力相差约 1 倍，这是由于中部较端部有更多的热累积，更易达到应力释放温度，以及经历更多的退火时间。沿 Z 方向，应力值由最大又迅速减小，当到达界面处时，应力又有一定的增长。

对于单臂墙，沿 Z 方向应力逐渐减小，最后可能减小到 0 甚至出现压应力状态。可以看出，沉积区与基板接触的过渡区的应力明显较大，故此处是构件发生破坏的危险区。

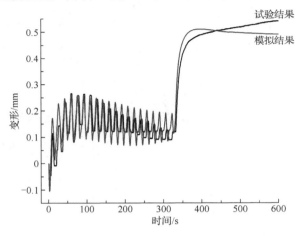

图 4-19　单道 40 层变形试验结果与模拟结果的对比

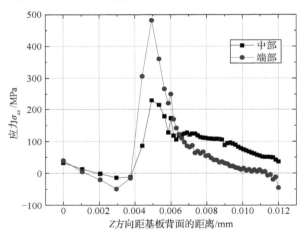

图 4-20　单臂墙在 Y-Z 剖面上沿扫描方向的应力分布

图 4-21（a）为利用热力耦合模型预测成形构件的整体变形，图 4-21（b）为成形构件变形的试验结果。可以看出，基板整体变形是在基板底部的左侧。模型的最大预测变形为 2.6363mm，与试验测量结果 2.61mm 非常吻合。

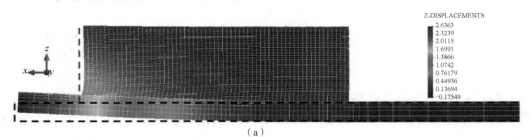

（a）

（b）

图 4-21　模型预测构件整体变形与试验结果对比

6. 典型案例

DED 技术最初的应用主要是针对航空、航天等技术领域对装备极端轻质化与可靠化的需求。这种需求使得单个结构件的尺寸和复杂性都在不断地增加，并且大幅增加钛合金、高温合金和超高强度钢等高强度合金的用量，导致采用传统热加工和机械加工进行复杂构件的整体化制造变得非常困难，而 DED 技术所具有的自由实体成形高性能增材制造的特征是解决这种材料成形技术挑战的重要途径。随着这项技术研究的深入和工程化研发的开展，DED 技术开始逐渐应用于能源、动力、医学等更广阔的领域，并在金属构件的创新优化设计和新材料设计开发领域显示出了重要的应用前景。

图 4-22 显示的是采用 DED 技术成形的 C919 飞机钛合金中央翼左上、下缘条，其最大方向的尺寸为 3m，打印周期缩短至 20 天，材料利用率大于 95%。制造前在设备上进行 DED 成形 Ti-6Al-4V 合金工艺调控研究试验，识别的关键工艺参数有激光功率、送粉率、扫描速度，对不同参数成形试验件的金相组织进行检测，重点考察激光功率、送粉率、扫描速度对 DED 成形微观组织的影响。通过金相组织和致密度测试结果，优选出最佳的打印工艺参数。为了使试验件和零件获得良好的综合力学性能，满足技术协议指标，对激光熔覆沉积 Ti-6Al-4V 合金的热处理制度进行研究，参考 Ti-6Al-4V 合金激光熔覆沉积相关文献研究，设计了三种热处理制度，将成形的调试块按不同的制度进行热处理，并测试其显微组织、硬度、室温拉伸性能及断裂韧性，优选出最佳的热处理制度参数。力学性能考核中，DED 制造的 Ti-6Al-4V 合金试样的高周疲劳性能优于实测锻件，同时，拉伸强度和屈服强度的批次稳定性优于 3%。

图 4-22　DED 成形的 C919 飞机钛合金中央翼左上、下缘条

4.1.2　光内送粉定向能量沉积

1. 技术原理

为了丰富激光与材料相互作用理论，促使激光增材制造更优质、精密、高效、节材、环保，形成具有自主知识产权的应用技术，苏州大学提出了一种"光束中空，粉管居中，光内送粉"的思路与实施方案：利用光束易转换特征，采用圆锥-圆环双反射镜技术，将入射的实心圆形激光束直射到喷头内的圆锥形分光扩束镜（简称"圆锥镜"）上，经反射至环形聚焦镜（简称"环形境"）后形成中空环形激光束，使投射到焦平面上的聚焦激光束内部形成一中空锥形的无光区，单根送粉喷嘴即可布置在此无光区中并与聚集激光束同轴，粉末通过送粉喷嘴垂直送入焦平面上的聚焦光斑中，实现光内垂直正向送粉，如图 4-23（a）所示。

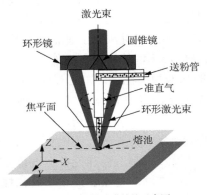

（a）光内送粉喷嘴结构示意图　　　　　　　　（b）粉末聚焦状态

图 4-23　光内送粉喷嘴结构及粉末聚焦特性

光内送粉的优势如下。

（1）光粉耦合效果好。粉末由单粉管喷出后受自身惯性力、载气压力、重力的作用方向一致，运动轨迹为直线状，粉束中心线与光轴始终重合（光斑离焦也重合），因此实现了真正意义上的光粉同轴，光粉耦合效果好。

（2）粉末发散小，粉末利用率高。单粉束垂直下落至焦平面的光斑中，准确且发散角小，图 4-23（b）为喷嘴垂直时粉末聚焦状态。由于单粉束易控制可形成较小的粉斑直径，使粉末全部进入熔池，所以粉末利用率高。

2. 关键技术

（1）研发的"光内送粉"熔覆系列喷头，实现激光增材制造喷头光路传输与结构创新，在空间多角度变姿态应用场景下，均能够保证精准的光粉耦合，实现稳定增材制造和形性控制。

（2）研制与喷头相适配的空间变姿态自由成形新方法，提高工艺性能。

（3）研发形成高精度、高效率、高稳定性成形过程智能控制方法和软硬件。

3. 国内外技术发展现状与趋势

"光内送粉"激光增材制造技术与"光外送粉"激光增材制造技术相比，它在激光能量分布可调、光料耦合精度高、材料利用率高、增材过程稳定性等方面具有优势，因此备受关注。目前，国内外研究机构主要围绕：光内送粉环形激光头光路传输及结构设计（图 4-24）、内送粉环形光斑能量分布对光料耦合精度的影响、内送粉成形工艺优化等方面展开。

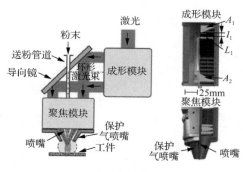　　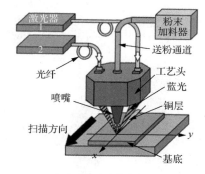

（a）先整形-反射-聚焦　　　　　　　（b）多光束分布粉束外围

图 4-24　不同类型光内送粉喷嘴光路传输及结构设计

　　虽然内送粉喷嘴结构在光-料耦合精度、材料利用率、沉积效率及成形精度等方面有优势，但是激光内送粉增材制造技术的发展尚未完全成熟，还存在诸多不足之处，在未来发展中，建议还需要在以下两个方面展开更加深入的探究。

　　（1）进一步优化喷头光路传输与结构。目前，内送粉环形激光喷头内部光路设置相对复杂，镜组繁多，光束在传输过程中会因镜面过多而损失部分能量，或因镜片的热膨胀累积效应和制造误差导致聚焦光斑变形、聚焦质量变差等问题。因此应进一步优化喷头光路的传输、整形和聚焦结构，提高镜片的加工质量，以降低激光能量的损耗。

　　（2）开发内送粉空间连续变姿态增材制造技术。现有技术大多是基于水平基面进行的，而航空航天、武器船舶、汽车等领域的装备中有大量悬垂结构的零部件，含有不便摆平的非水平基面。为了实现非水平基面的激光增材制造，就需要通过调整熔覆姿态去完成。由于内送粉技术通过单粉管送粉相对于现有多粉束及圆锥环式送粉容易控制，适合非水平基面变姿态的激光增材制造。而现有悬垂结构的激光增材制造主要采用以层间错位为基本原理的水平分层法，但该方法存在悬垂倾角小、成形过程需要辅助支撑、表面"台阶效应"及半熔粉末颗粒的黏附等问题，因此应研究在非水平基面无支撑连续变姿态增材制造新技术和新工艺，实现任意 360° 的自由成形，为非水平基面复杂结构件的增材制造提供新方法。

4. 技术理论

1）中空环形激光束能量分布模型

　　基于激光中空环形内送粉特征，激光束三维能量分布如图 4-25（a）所示。沿激光扫描方向中空激光光斑能量分布呈现"马鞍"形，中心中空区域能量较低，两侧边缘位置能量较高，能量梯度较大。因此在熔覆过程中，中空激光光源可有效补偿光斑边缘部分的热量损失，有利于形成熔覆层与基材良好的冶金结合效果。通过调整占空比（中空面积与外径对应面积的比值）能够实现光斑范围内"马鞍"形峰值能量不断变化，不同占空比对应的能量分布特征如图 4-25（b）所示。

　　其能量分布模型如下：

$$q_z\left(x,y\right)=\frac{\eta\cdot 2\cdot P}{\pi(R_0^2+2R_0 z\cot\varphi)}\exp\left(-\frac{2\left[\sqrt{x^2+y^2}-(z\cot\varphi+\xi R_0)\right]^2}{R_0^2}\right) \tag{4-1}$$

$$r_z = z\cot\varphi \tag{4-2}$$

$$R_z = z\cot\varphi + R_0 \tag{4-3}$$

式中，P 为激光功率，W；η 为激光吸收效率；R_0 为激光在焦点位置处的外径，mm；z 为离焦量（随占空比变化），mm；φ 为中空激光束与水平方向的夹角，（°）；r_z 为环形光内径，mm；R_z 为环形光外径，mm；ξ 为能量峰位置系数，$\xi \in (0,1)$。

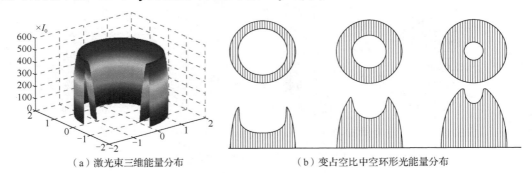

（a）激光束三维能量分布　　　　　　　　（b）变占空比中空环形光能量分布

图 4-25　中空环形激光束能量分布特征

2）空间三维熔池流淌位移分析

在激光内送粉变姿态熔覆成形时，激光与粉末发生作用后生成液态熔池，熔池因受到重力的作用发生倾斜或者悬挂，凝固之前可能沿基体表面流淌或者沿重力方向滴落，因此需要对熔池的流淌位移进行分析。

激光熔覆过程中，假设某一位置处的基体和金属粉末在 $t = 0$ 时刻开始受激光辐照作用，并由固态转变为液态而形成熔池。由激光熔覆的工艺条件可知，熔池受到重力 G、黏力 F_μ、表面张力 F_γ 和准直气压力 F_p 的共同作用。当基体为水平放置时，重力 G 的方向与准直气压力 F_p 的方向相同，且都垂直于熔池表面，因此，熔池轮廓始终与熔道中心线呈对称分布。但是，当基体处于与水平面夹角为 $\theta \in [0°, 180°]$ 的空间姿态时，准直气压力 F_p 的方向仍然与熔道中心线平行，而重力 G 的方向为竖直向下，如图 4-26（a）所示。此时熔池的受力平衡被打破，熔池顶点会有偏移熔道中心线流淌的趋势，直至 $t = D/v$ 时刻，即激光完全离开，熔池由液态凝固成固态。假设这段时间内，熔池顶点沿 x 方向的流淌位移为 Δx，即熔覆层顶点与熔道中心线之间的偏移量，如图 4-26（b）所示。

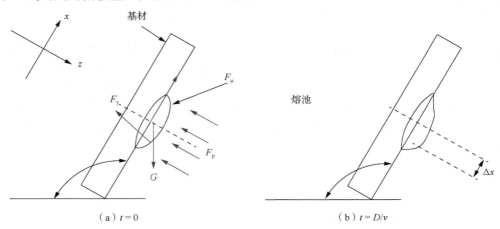

（a）$t = 0$　　　　　　　　　　　　　　　　（b）$t = D/v$

图 4-26　空间变姿态下熔池受力分析原理图

由以上分析可获得空间变姿态下，熔覆层顶点位置沿 x 方向的偏移量Δx 为

$$\Delta x = \frac{\Delta t}{\mu_{\mathrm{L}}}\left(\rho_{\mathrm{L}} g\frac{H^2}{2}\sin\theta - \gamma_1 D_{\mathrm{TS}} H - pH\right) \qquad (4\text{-}4)$$

$$\gamma_1 = \frac{\mathrm{d}\gamma}{\mathrm{d}T} = -A\gamma - R_{\mathrm{g}}\Gamma_{\mathrm{s}}\ln(1 + Ka_i) - \frac{Ka_i}{1 + Ka_i}\frac{\Gamma_{\mathrm{s}}\Delta H_0}{T} \qquad (4\text{-}5)$$

$$D_{\mathrm{TS}} = \frac{\partial T}{\partial s} = -\frac{h_{\mathrm{c}}(T - T_{\mathrm{amb}})}{k} \qquad (4\text{-}6)$$

式中，ρ_{L} 为熔池内液态金属材料的密度，kg/mm³；H 为熔覆层高度，mm；θ 为基体表面与水平面之间的夹角，$\theta \in [0°, 180°]$；D_{TS} 为激光光斑直径，mm；Δt 为激光与熔池的作用时间，s；μ_{L} 为熔池动力黏度，N·s/m²；p 为熔池表面所受准直气压力，MPa；γ_1 和 D_{TS} 为表面张力分量；T_{amb} 为环境温度。

由式（4-4）可知，变姿态熔覆时，顶点位置偏移量与熔池的动力黏度及熔池表面受到的压力成反比；与激光对熔池的作用时间成正比；在 $\theta \in [0°, 90°]$时，与 θ 成正比，在 $\theta \in [90°, 180°]$时，与 θ 成反比。

5. 典型案例

激光内送粉喷嘴及工艺技术，可与各种同步送粉激光增材制造机床、金属增-减材制造机床、多能场复合制造机床；移动式激光增材机器人；各种通用或专业固定式、移动式激光增材、修复再制造、激光焊接等技术实现集成。

基于内送粉增材制造粉束汇聚精度高、光粉耦合性能好的优势，其已在扭曲薄壁结构、不等高结构、截面不等宽结构、悬垂结构、封闭结构、交叉结构及多元扭曲结构等典型异形结构件中得到了大量的实践应用，能够实现复杂异形结构件的高效率、高精度、高质量成形制造。激光内送粉增材制造的典型零件如图 4-27 所示。

（a）扭曲薄壁结构　　　　　　　　　（b）封闭结构

（c）悬垂结构　　　　　　　　　（d）截面不等宽结构

图 4-27　激光内送粉增材制造的典型零件

4.1.3　同步送丝定向能量沉积

1. 技术原理

金属送丝定向能量沉积增材制造是一个"热源逐点扫描—熔池逐线搭接—逐层堆积"的循环往复过程，单一熔池内部非平衡传热、传质导致成分和温度场的非均匀梯度分布，最终造成组织性能的梯度分布。微观熔池温度场梯度分布影响着沉积件宏观温度场的梯度分布，大型构件中热量的传导与耗散行为更为复杂，不同区域的组织类型、晶粒尺寸、成分偏析呈现出大的差异性。为获得整体和局部组织性能梯度分布均匀的大尺寸熔丝增材制造金属构件，必须深入认识并掌握以下关键技术，包括：①金属熔丝增材制造在线监控技术；②金属熔丝增材制造微观组织与性能调控技术；③大尺寸金属构件熔丝增材制造应力变形预测及控制技术。

2. 技术发展现状与趋势

电弧增材制造（WAAM）是同步送丝定向能量沉积增材制造的重要工艺之一，该技术采用电弧作为热源，通过不断熔化填充丝材并根据目标构件的数字模型沿成形轨迹逐层堆积出金属零件，具有成形尺寸大、设备成本低、材料利用率和沉积效率高等优点，是一种可实现高性能金属零件经济快速成形的方法，已成为在钛、铝、镍基合金、钢等各种工程材料方面有广泛应用前景的制造工艺。与传统减材加工相比，电弧增材制造系统可根据构件尺寸将加工时间减少 40%～60%，后处理时间减少 15%～20%。

欧美等西方制造强国已将增材制造列为国家重要发展战略，建立了从设备、工艺、标准、销售到售后服务的全链条体系。目前，欧洲空中客车（Airbus）、庞巴迪（Bombardier）公司、BAE Systems、洛克希德·马丁（Lockheed Martin）公司和 Astrium 等均利用此技术实现了大尺寸金属构件的直接快速成形，例如，Bombardier 制造了长 2.5m 的飞机肋板，EADS 公司为空客增材制造的结构优化的机架比铸造产品减重约 40%。Norsk Titanium 采用快速等离子熔丝增材制造技术从 2017 年开始为波音 787 批量生产钛合金零件，其也成为世界上第一家获得 FAA 认证的 OEM 合格 3D 打印结构钛元件供应商。波音 787 梦想飞机也是第一架使用经过认证的增材制造的钛零件飞行的商用飞机。2018 年 8 月英国劳埃德船级社通过了 WAAM 技术与设备的认证，结合减材技术应用于大型船用螺旋桨的制造。

我国电弧增材制造技术研究虽然起步较早，但是规模小，目前尚无大规模工业应用。随着近年来我国航空航天、国防、军事等领域的飞速发展，该技术得到了广泛的认可，各科研院所和大型企业开始投入大量的人力财力进行相关技术设备和材料的开发。近年来我国也采用此技术制造了大量测试验证件，如华中科技大学制造的某装甲车耐磨齿、舰船艉轴架、多向接头以及首都航天机械有限公司制造的舱段、框梁等构件。2018 年 2 月，中广核核电运营有限公司利用 WAAM 技术研发制造了核电站 SAP 制冷机热交换端盖备件，并在大亚湾核电站压缩空气生产系统成功完成设备安装和通过设备运行再鉴定，是 WAAM 技术在核电领域的国内首例工程实践示范应用。2018 年 10 月，我国用快舟一号固体运载火箭将微厘空间一号试验卫星送入预定轨道，其搭载的核心部件之一连接器壳体由中国兵器科学研究院宁波分院采用电弧增材制造完成。

3. 金属送丝定向能量沉积增材制造微观组织与性能调控技术

增材制造技术将材料逐点累积形成面，逐层累积成为体，为制造技术从传统的宏观外形制造向宏微结构一体化制造发展提供了新契机。金属熔丝增材制造过程如图 4-28 所示（以电弧热源为例），丝材在电弧热源的作用下快速加热熔化形成微熔池并发生复杂的冶金反应，微熔池内部元素在热源的热力作用下在内部运动，当热源移动后微熔池快速冷却（$>10^2\sim10^3℃/s$），由于急冷，微熔池后沿非平衡凝固。高温金属熔液在非平衡凝固阶段的晶粒形核、生长过程受到热量传输方向和合金富集倾向的约束，引起微区组织不均匀分布、宏观性能各向异性。

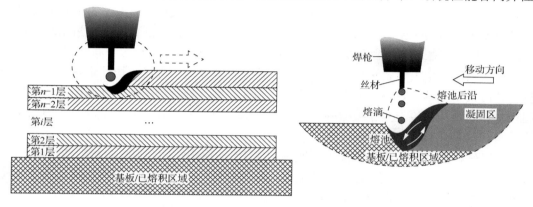

图 4-28　金属熔丝增材制造过程微熔池形成与非平衡凝固过程（以电弧热源为例）

针对电弧增材制造性能各向异性的产生机理，国内外诸多学者从不同角度对该问题进行了剖析并提出了解决方法。依据原材料的状态，针对电弧增材制造过程可划分出熔化、凝固开始、凝固结束三个时间节点。因此，可以认为主要的解决方法包括以下三种。

（1）液态微熔池成分调配——沿工艺-成分-组织-性能。

通过调整微熔池成分类型、数量和分布，调控凝固态组织类型和尺寸，最终改善沉积态宏观性能。具体方案包括：①主动调整原材料成分，补充烧损的合金元素或添加新的元素，利用沉淀析出或增加形核质点的方式细化晶粒、改善组织不均匀性，实现力学性能的均匀分布；②工艺优化或附加外场改善熔池流动行为，提高熔池稳定性、减少元素烧损、调控合金元素分布等，促进异质形核，细化晶粒。

（2）液态微熔池非平衡凝固行为干扰——沿干扰晶核形成-长大过程。

液态微熔池急速加热-冷却时的非平衡凝固行为导致沿堆积方向（温度梯度最大）产生粗大柱状晶，通过外场介入液态微熔池处于开始凝固阶段的后沿区域，使得已经长大的晶粒破碎，细化晶粒。常用方法包括超声振动、磁场搅拌等。研究人员针对大型金属制件提出了超声微锻造辅助激光增材制造技术，采用自研超声冲击装置，使超声波以超声频率（20kHz）作用于熔池，大功率超声能场的同步引入有效地抑制了钛合金初生 β 晶的外延生长趋势，细化了钛合金的晶粒结构，并且促使等轴晶的形成，实现金属构件的微观组织和性能控制，还可同时对金属沉积层进行冲击时效，实现金属构件残余应力的在线调控，减少大型复杂金属构件的变形开裂倾向。

（3）凝固态熔池组织性能外场调控——沿外场介入。

对于已形成的非均匀分布的组织，通过热、力等外场介入，使得微观组织形态上趋向一致，除热处理外还包括激光冲击、超声冲击、机械碾压、微轧、超声碾压等，通过大塑性变形使原始晶粒发生变形乃至破碎，细化组织的同时引入高密度位错和压应力，实现细晶强化、形变强化等多种方式的耦合强化效果。研究人员提出了微铸锻同步超短流程制造技术，以边铸边锻的成形方式，在成形材料的半凝固/刚凝固微区对其进行同步连续微锻造，使其晶粒细化，得到传统锻造很难得到的均匀等轴细晶，并改善成形性及成形件形貌，使其力学性能达到或超过传统锻造的性能水平，并可应用于轨道交通、航空航天、舰船等领域，如铁路辙叉、航空发动机过渡段、铝合金舱段、不锈钢泵推叶轮、超高强钢吊挂盒段底梁、钛合金吊挂外后接头等。

此外，针对增材制造特有的循环加热-冷却热历史特征，国内外诸多学者通过温度场宏观调控以避免多重再热行为导致的组织性能恶化（表现形式主要为晶粒长大和析出相粗化等引起的性能下降）。基板温度是一种较为常用的控温手段，但研究发现当增材高度超过一定值后，由于与基板的距离增大导致热影响逐渐降低，该方式难以用于大尺寸构件增材制造。多个研究机构转而采用多种冷约束方式直接调控增材制件温度，如直接冷却的气体或液体介质，以及间接冷却的冷却铜块、热交换器等。研究结果均表明，冷约束的引入可以实现细化晶粒、强化性能、改善外形尺寸精度等效果。

综上可知，采用热、力等外场介入调控凝固态熔池组织性能，不受增材制造过程声、光、热等因素干扰，更为直接便捷、高效低成本、适用材料广，可充分发挥增材制造近净成形优势，满足大尺寸复杂结构件增材制造控性需求。

WAAM 沉积效率较高、层高较大，现有激光冲击、超声冲击等的作用深度有限（通常小于 1mm），机械式大塑性变形（类似轧制工艺，如碾压、锤击等）更易与 WAAM 成形工艺结合。燕山大学研究了 Al-Mg 合金 WAAM 层间机械碾压对组织性能的影响，晶粒尺寸在经层间碾压后明显细化且更加均匀，抗拉强度与屈服强度显著提高。由于采用传统轧机结构，尺寸大、柔性小，仅能进行简易结构成形制造，所以层间碾压难以实现复杂构件的原位强韧化电弧增材成形。

英国克兰菲尔德（Cranfield）大学研究了机械冲击工艺对 Ti-6Al-4V 电弧增材成形件组织和力学性能的影响，经过机械冲击处理后晶粒细化，力学性能各向异性降低。西安交通大学经过系统性研究，验证了低频锤击工艺在 WAAM 成形铝合金强化方面的有效性，在一定频率下以较小的载荷即可获得与机械碾压大载荷同样的效果，能耗和成本更低，且由于作用区域取决于锤击头的尺寸，更为灵活，更适于复杂结构。

4. 金属送丝定向能量沉积增材制造应力变形预测及控制技术

金属送丝定向能量沉积增材制造技术成形的构件会出现各种类型的变形，包括纵向和横向收缩、弯曲和扭转变形。金属熔丝增材制造工艺中的变形主要是由在反复的熔化和冷却过程中零件的膨胀和收缩引起的，这种现象在大型薄壁结构件中尤为严重。残余应力成为影响成形构件力学性能和疲劳性能的一个关键因素，如果残余应力超过材料自身的极限抗拉强度，则会产生裂纹，如果残余应力高于屈服强度但低于极限抗拉强度，则会发生翘曲或塑性变形，如图 4-29 所示的大尺寸金属薄壁构件（1m 级），打印到顶部圆柱部分时发生了失稳变形，变形量超过了 10mm。

英国 Cranfield 大学研究发现金属送丝定向能量沉积增材制造成形的单道墙上的残余应力分布均匀，且前层的残余应力对后层影响很小。然后，释放压紧约束力之后，残余应力在构件内重新分布，顶部应力比与基板接触处的应力低得多，导致构件发生弯曲变形。路径规划也涉及增材过程中的变形和残余应力演化。尤其是在大型金属件的制造中，如果路径设计合理，将有助于改善这些缺陷。在金属熔丝增材制造的工程材料中，异种金属构件由于材料的热膨胀差异而表现出很高的残余应力和变形。在异种金属增材过程中，层间温度的精确控制变得更为重要。增材制造的镍基高温合金构件的残余应力较小，但由于其残余应力通常高于屈服强度，因此更容易产生分层、翘曲、开裂等缺陷。

图 4-29　大尺寸金属薄壁构件熔丝增材制造中的典型变形

为了深入理解金属送丝定向能量沉积增材制造工艺过程的残余应力和变形，需要进一步了解金属送丝定向能量沉积增材制造中的材料特性和工艺特点。分析、统计和计算模拟研究构件和基板上的残余应力分布十分关键。逐层堆积过程会累积大量的热量，这将引起沉积层和基板的膨胀与收缩，从而产生较大的热应力。为了最小化成形件中的残余应力，诸多学者通过计算模拟来了解残余应力分布并优化沉积路径和策略。研究人员提出了一种双面成形策略，在基板两侧同时成形两个部件，以平衡残余应力并消除变形。此外，通过在基板两侧均匀地沉积金属层，从而均匀分配热量。为了构建具有交叉、拐角和节点的复杂形状，可以通过优化堆积顺序来制造生产出残余应力较小的增材制造零件。然而，变形和残余应力与能量密度、送丝速度、环境温度、保护气体流量等工艺参数相关。目前仍缺乏通过优化选择或者调控工艺参数来控制缺陷的系统性方法。

5. 构件尺寸精度和表面质量的在线监控

针对新一代先进武器装备大型整体复杂结构的制造需求，我国 3D 打印团队通过搭建多源信号集成一体化实时监测系统（图 4-30），"点-线-面"三维度温度、尺寸实时监测系统，基于数字图像相关与双目立体视觉集成技术的应力场分布在线检测系统，以及激光高频超声激励界面及内部缺陷在线监测系统，实现多工艺参量、多尺度温度场与点云数据、典型区域应力特征值和全位置内部缺陷的在线监测与检测，最终为金属熔丝增材制造中涉及的工艺优化、组织性能调控、路径规划、应力变形控制提供数据支撑，实现大尺寸样件的高效、高精度增材制造（图 4-31）。

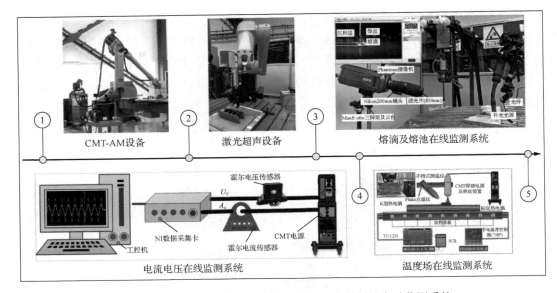

图 4-30　多源信号金属送丝定向能量沉积增材制造实时监测系统

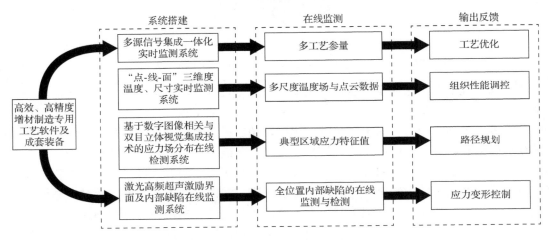

图 4-31　金属增材制造在线监控系统架构

6. 高强铝合金熔丝增材制造原位强韧化技术

铝合金通常可通过热处理进行强化，在增材制造后统一进行固溶+时效热处理，但对于大尺寸结构件受加热炉尺寸限制和内外加热不均匀的问题，后热处理的实现难度较大。在利用熔丝增材制造逐层累加成形过程中，在层间引入低频锤击原位强韧化技术，使得局部发生大塑性变形，通过细晶强化和形变强化两种方式实现力学性能的提高。

经层间低频锤击处理后为纤维状晶粒混合细小破碎晶粒，在后续热作用下距离沉积区较近的区域发生回复再结晶（或只发生回复），多次再热条件下晶粒长大，位错密度降低，形变强化的效果降低，如图 4-32 所示。研究发现，低频锤击强化可实现 Al-Cu 铝合金细晶强化效果，但随着热源逐层移动存在再结晶长大的趋势，由于低频锤击作用深度较大（>1mm），发生回复再结晶的区域可受到低频锤击的影响而再次产生高密度位错。总体而言，低频锤击可通过细晶强化和位错强化两种方式提高铝合金电弧增材制造性能，但由于后续再热的影响使得强韧化效果有限。因此，通过在距离熔池底部一定距离的区域下方增加动态冷约束，通过强制控温保留再结晶区域的高密度位错和细小晶粒，从而进一步提高低频锤击的原位强韧化效果。

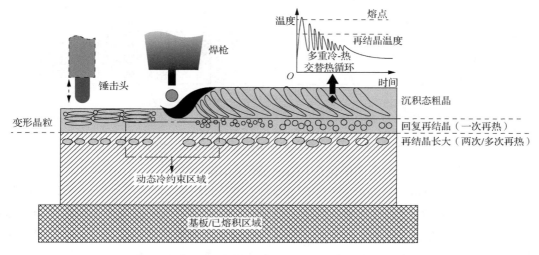

图 4-32　基于动态冷约束的低频锤击-电弧沉积复合成形过程组织演变

以航空用高强铝合金 Al-6.3%Cu（ER2319）为例，电弧熔丝增材成形样品中平均晶粒尺寸约为 89μm，经低频锤击处理后晶粒尺寸可降至约 9μm（图 4-33），具有显著的晶粒细化效果。通过 TEM 观察层间低频锤击处理的沉积态微观结构形貌，发现了大量的位错和亚晶结构。综上可知，层间低频锤击主要通过细化晶粒和提高位错密度等提高样件的力学性能。

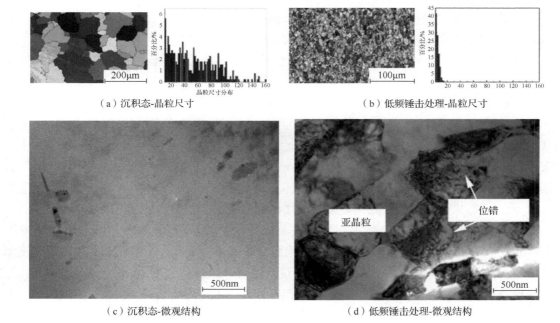

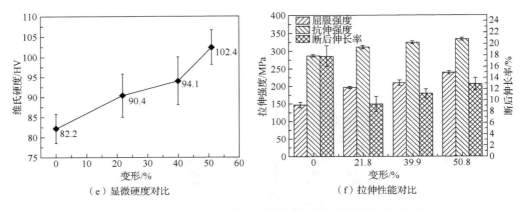

（e）显微硬度对比　　　　　　　　　　（f）拉伸性能对比

图 4-33　Al-6.3%Cu 铝合金熔丝增材制造低频锤击强韧化机理

7. 大尺寸金属构件送丝定向能量沉积应力变形预测与控制

通过金属送丝定向能量沉积增材制造技术加工出来的结构，有时不能满足最初设计要求，其中最主要的原因是在制造过程中，结构由于不均匀受热而形成了梯度分布的温度场，继而产生了残余应力与变形。特别地，大尺寸金属构件送丝定向能量沉积成形过程中的应力变形规律复杂，而有限元数值计算是一种非常有效且成本低的分析预测变形和应力的方法。数值仿真技术是实现定量表征与预测成形质量的重要手段和工具，可获得目标件增材成形过程中任意时刻、任意位置的应力场分布与变形结果，为成形工艺的动态调整提供了依据和指导。相比试验法可以显著降低组部件的研发成本，特别是增材制造技术在小批量、个性化产品中的应用优势，采用数值仿真技术可为每一件产品定制个性化制造方案，提高成品率和打印质量。但由于金属送丝定向能量沉积增材制造构件尺寸较大时（如达到米量级），而热源瞬时加热区域相对较小（毫米量级），为保证计算结果的规律符合实际、计算精度满足预期要求，采用常规热-力间接耦合数值分析方案需要大量的计算资源，且计算周期远大于制造周期，不利于该方法的应用推广。针对金属送丝定向能量沉积增材制造大尺寸构件应力变形仿真分析需求，研究人员提出了"热-力间接耦合并行计算"新方法，在保证一定的计算精度的前提下实现了计算效率的显著提高，典型条件下热分析计算时间降低至少 50%。国家增材制造创新中心在该技术的支持下开展了 1m 级或更大尺寸的构件增材过程应力变形仿真，如图 4-34 所示的 1.2m 球形壳体，分别对变形量和应力值达到危险阈值的区域施加针对性的调控措施，如采用气动锤击降低基板高应力区域的应力水平，利用随动防变形装置控制上部沉积区的变形量。

8. 大型运载火箭箭体壳段结构电弧熔丝增材制造案例

大型运载火箭箭体壳段结构多采用蒙皮桁条组合式结构（图 4-35）或分块制造拼焊（图 4-36）。蒙皮桁条组合式结构存在的主要问题有：①结构刚度小，难以满足在多载荷投掷模式下结构的大刚度需求；②零组件多，其中仅装配用铆钉就有上万个，增加了结构重量（与整体成形结构相比，其重量增重约 20%），铆接噪声大，工作环境恶劣；③生产周期长，由于装配过程为手工操作，效率较低，产品质量一致性差，而且结构装配过程中需要型架，不利于平台化发展。拼焊壳段结构，先采用大型镜像铣（昂贵的五轴加工中心）铣分块壁板，再滚弯，然后组合焊接形成筒段，筒段再与端框通过环焊成为壳体，焊接零组件多、工序繁杂，制造周期长，结构焊缝多，可靠性差。以上制造方法的柔性很差，在火箭结构改型或型号升级时，还需要对装备、工装重新设计制造，严重制约这些战略装备的发展速度。

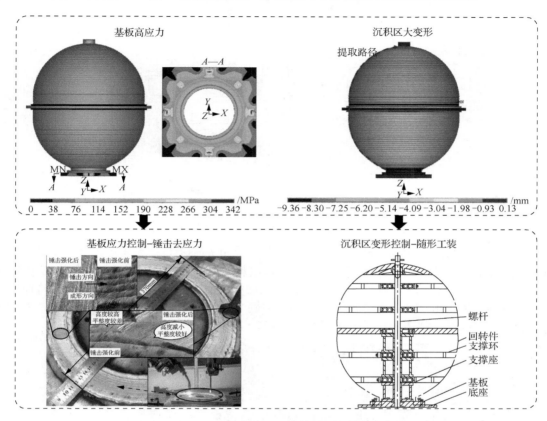

图 4-34　数值仿真技术在大尺寸薄壁构件增材制造中的应用

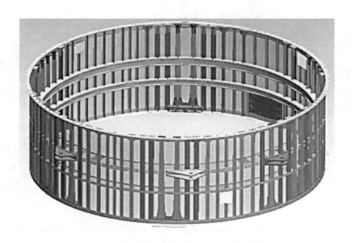

图 4-35　大型运载火箭箭体壳段典型蒙皮桁条结构

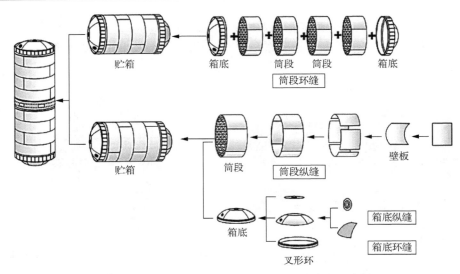

图 4-36　大型运载火箭箭体壳段焊接结构流程示意图

　　我国于 21 世纪初开展了 WAAM 工艺的探索，在此基础上，研制了 5m 级大型电弧增材制造装备（图 4-37（a）），实现了直径 1m 的贮箱结构（图 4-37（b））、2m 级和 10m 级火箭连接环件（图 4-37（c）和（d）），解决了金属熔丝增材制造中加筋结构、交叉结构等特征结构的工艺问题、微观组织与力学性能原位强韧化问题、连续生产过程质量监测问题等，为传统的火箭筒体结构设计制造提供了一条新技术途径。

（a）5m打印装备

（b）1m级铝合金燃料贮箱

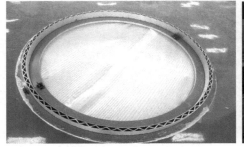

（c）2m级铝合金连接环

（d）10m级铝合金连接环

图 4-37　金属送丝定向能量沉积增材制造装备及航空航天应用

4.2　金属粉末床熔融技术

金属粉末床熔融成形工艺主要采用激光或电子束作为能量源，逐层扫描、熔化金属粉末材料，经熔池凝固，实现复杂结构金属零件制造，其工艺原理如图 4-38 所示。

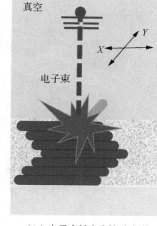

（a）激光粉末床熔融成形　　　　　　　（b）电子束粉末床熔融成形

图 4-38　金属粉末床熔融成形工艺原理

4.2.1　金属激光粉末床增材制造

激光粉末床熔融（Laser Powder Bed Fusion，LPBF）是当前金属构件增材制造技术中影响最大、应用最广泛的技术。LPBF 技术最早可追溯至 1989 年，由美国德克萨斯大学奥斯丁分校 Carl R. Deckard 发明，最初只能成形一些低熔点非金属材料，称为选区激光烧结（SLS）技术。直接金属激光烧结（Direct Metal Laser Sintering，DMLS）与 SLS 在概念上都是烧结工艺；DMLS 过程中，金属粉末加热到足够高的温度发生熔化形成液相，但通常未完全熔化，液相黏结固相颗粒以实现实体致密化及零件成形。随着高功率激光器发展并逐步运用到增材制造技术中，2001 年德国弗劳恩霍夫激光技术研究所（Fraunhofer ILT）Wilhelm Meiners 等取得选区激光熔化（Selective Laser Melting，SLM）发明专利（专利号为 US 6 215 093 Bl），即"金属熔点温度之上的选区激光烧结"，并联合德国 Fockele & Schwarze（F&S）研制出首台 SLM 设备。之后，受益于激光器、振镜、建模与扫描软件、粉末材料、工艺控制等技术的提升，SLM 技术得以迅速发展。根据 ISO/ASTM 52900 标准《增材制造：一般原则，基础和术语》（Additive Manufacturing, General Principles, Fundamentals and Vocabulary），2015 年 SLM 更名为 LPBF。

1. LPBF 技术原理

激光粉末床熔融是一种金属粉末在高能激光束作用下逐域熔化凝固、逐层堆积成形的增材制造技术。LPBF 的工艺流程包括：①模型建立及分层切片。构建待成形零件的 CAD 模型，设置构件布局方式、支撑结构及扫描路径规划等，然后利用分层切片软件，将三维实体离散成二维的平面图形，得到各截面的轮廓数据，将分层切片数据导入成形设备。②成形过程。

将待加工金属粉末装入成形缸，校核基板及铺粉装置，然后将成形腔体抽真空并通入惰性保护气体，随后铺粉装置将粉末均匀铺放于成形基板上，激光束根据切片文件预设路径逐行进行扫描，金属粉末快速熔化并凝固形成二维截面。计算机控制基板下降一个层厚，粉料缸活塞上升一定高度，重新铺设一层粉末，激光束根据切片信息完成第二层的扫描。重复以上步骤，直至零件加工完毕。LPBF 技术的工作原理如图 4-39 所示。

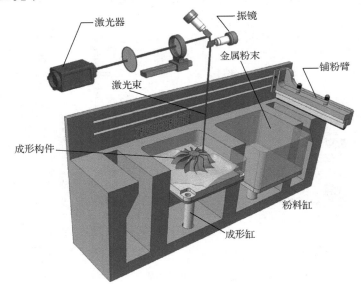

图 4-39　LPBF 技术的基本原理

LPBF 技术主要具有以下工艺特点。

（1）可成形复杂形状。可由粉末原材料直接成形出任意复杂结构的三维零件，适合各种复杂形状构件的快速成形，尤其适合具有复杂点阵结构、异型结构、内流道结构等，且用传统方法难以制造的复杂工件。

（2）成形精度高。LPBF 技术采用的粉末床层厚通常为 30～100μm，激光聚焦光斑直径通常为 70～200μm，相较于其他金属增材制造技术，LPBF 可获得较高的成形精度和表面质量，成形构件表面经打磨、喷砂等简单后处理即可达到使用要求。

（3）微观组织细小。LPBF 成形过程中金属熔化/凝固的速度极快，冷却速度可达 10^5～10^7K/s；极大的冷却速度和温度梯度将形成细小的微观组织，有利于构件获得优异的力学性能。

（4）成形构件的力学性能优良。LPBF 成形的铝合金（如 AlSi10Mg）、钛合金（如 Ti6Al4V）、钢（如 316L 不锈钢）、镍基高温合金（如 Inconel 718）等相对成熟的增材制造金属材料，在适宜的工艺参数下成形构件的力学性能优于相应的铸件，达到甚至超过锻件性能水平。

2. LPBF 关键技术

1）面向 LPBF 的专用粉末设计及制备

金属粉末材料是 LPBF 发展与应用的物质基础，决定着 LPBF 技术能否获得更广泛的工业应用。LPBF 过程中熔池熔体的冷却速度极快，其高度非平衡凝固特性显著区别于传统工艺，需针对其工艺特点设计专用的合金成分。目前 LPBF 金属粉末包括钛合金（TC4、TA14）、铝合金（AlSi10Mg、Al12Si、Al-Mg）、钢（不锈钢、工具钢）、镍基高温合金（Inconel718、Inconel625）

以及新型合金（难熔合金、非晶合金、高熵合金）等材料体系。

LPBF 基于激光和粉末相互作用的工艺过程，对粉末的熔点、颗粒形态、粒度分布、激光吸收率/反射率等特性提出了一定要求。球形或近球形粉末具有良好的流动性，成形过程中易铺展成薄层，提高零件的成形质量，因此是作为 LPBF 技术的首选粉末形态。LPBF 工艺常用的粉末粒径为 30~50μm。粒径分布窄且呈正态分布的粉末一般具有较好的流动性，有利于提高粉末铺展和零件的成形性。粉末的粒径、成分等特性决定了粉末的激光吸收率/反射率。随着粉末粒径减小，粉末的激光反射率降低。然而不同合金粉末材料的反射率差距较大，钛合金、铁基合金、镍基合金等的反射率较低，一般低于 30%；铝合金及铜合金的反射率较高，高达 70%。较高的反射率意味着需要更高功率的激光熔化粉末，一般通过添加微细颗粒、采用对激光吸收率高的材料来降低粉末的激光反射率，例如，添加 10wt% SiC 和 TiB$_2$ 陶瓷颗粒的 AlSi10Mg 粉末吸收率可分别提升 80%和 50%。

2）LPBF 成形装备设计及制造

LPBF 成形装备是 LPBF 技术发展和应用的根本保障，其主要由光学系统、铺粉成形系统、气体循环净化系统、计算机控制系统以及其他辅助器件等核心部分组成。其关键技术主要体现在以下几方面。

（1）精密光学系统的设计制造与集成。激光器和扫描振镜是 LPBF 成形装备的基础光学系统。随着光束整形、多激光束成形等技术不断发展，人们对光路系统精度的要求不断提升，且需与成形系统高效集成。

（2）机械运动单元的高精度控制。其主要包括：关键零部件高精度成形制造技术，如成形缸/粉料缸内壁及上下安装面的研磨精度、上下导行通道的同轴度、单向/双向铺粉装置的平行度等；运动控制系统智能快速响应技术，需配置高性能伺服电机及驱动模块、位移传感器等，控制单元信号闭环设计，实现运动误差信号精确反馈。

（3）气氛循环净化与成形过程实时监测。金属零件在 LPBF 过程中极易发生氧化，造成熔体的润湿性下降，易形成孔隙、球化、夹杂等缺陷。成形腔体内惰性气体的有效保护、氧含量的有效控制及成形过程中尾气的快速净化，是控制上述缺陷的有效手段。同时，LPBF 过程中常见的熔池及成形缺陷（如孔隙率、球化、飞溅、几何缺陷、表面缺陷等）导致成形过程的可靠性和重复性降低。因此需集成多参量/多物理场监测系统，实时协同调控激光工艺参数、监控氧含量、控制循环气氛等，以提升 LPBF 的激光成形性。

3）面向 LPBF 的专用软件开发

作为基于数字化的成形技术，软件是 LPBF 技术应用的重要基础之一，主要包括 CAD 建模、CAM 数据预处理、CAE 仿真、生产流程管理等。LPBF 预处理软件的功能主要包括格式转换、路径规划、工艺参数设置、生成切片数据等。LPBF 预处理软件逐步将模拟仿真、智能化的支撑设置、点阵结构填充、拓扑优化等功能集成一体，帮助用户快速优化零件设计、提升生产效率。

4）LPBF 工艺参数与过程控制

LPBF 过程涉及复杂的物理化学现象，包括激光对物质的吸收与反射、热传导、流体对流及多种相变同时发生。工艺参数设置不当会导致飞溅、球化、孔隙、开裂、变形等缺陷的产生，因此通过工艺参数有效控制 LPBF 过程，可提高成形构件的成形质量及力学性能。LPBF 的工艺参数众多，如图 4-40 所示，其中激光功率和扫描速度是 LPBF 的关键工艺参数。激光功率主要影响未熔合孔、气孔、匙孔等缺陷以及成形致密度，而扫描速度主要影响孔隙、球化、飞溅、成形精度、表面质量、成形效率等。

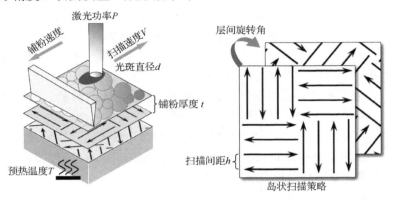

图 4-40　LPBF 工艺参数及扫描策略

激光能量密度是综合考虑激光功率、扫描速度、扫描间距及铺粉厚度对零件成形性影响的重要参数。激光线能量密度（Linear Energy Density，LED）可综合衡量激光功率 P 与激光扫描速度 V 的影响：

$$LED = \frac{P}{V} \tag{4-7}$$

激光体能量密度（Volumetric Energy Density，VED）可综合衡量激光功率 P 与扫描速度 V、扫描间距 h、铺粉厚度 t 的影响：

$$VED = \frac{P}{V \cdot h \cdot t} \tag{4-8}$$

式中，P 为激光功率，W；V 为激光扫描速度，mm/s；h 为激光扫描间距，mm；t 为铺粉厚度，mm。

扫描策略是激光束在空间的移动轨迹。对于单层的扫描，扫描策略通过不同的扫描方向、扫描序列、扫描矢量角度变化、扫描矢量长度等实现。长时间单向扫描成形过程中熔池温度梯度和残余应力较大，容易导致翘曲和变形，严重影响零件的成形精度。较常用的岛状扫描策略通过减小激光扫描路径、优化扫描顺序、减小扫描岛屿尺寸，可有效降低边界应力，获得均匀的残余应力，减小成形件的翘曲和变形。

3. 技术发展现状与趋势

1）LPBF 专用装备的发展

目前针对 LPBF 研究主要集中在粉末设计与制备、成形工艺调控与优化、成形装备设计与制造等方面，而装备是激光粉末床熔融技术其他研究的基础与载体。LPBF 专用装备通常由激光器、粉末铺放装置、计算机辅助系统、惰性气体保护系统等组成，可使用的激光器类型包括 CO_2 激光器、Nd：YAG 激光器及光纤激光器等。作为热源，激光对金属增材制造成形过程如粉体激光吸收率、粉末材料的熔化凝固机制等具有重要影响。在 20 世纪早期，由于激光器限制，常采用低熔点材料与高熔点金属材料混合，利用成形过程中低熔点材料熔化作为"黏结剂"的方式实现试件烧结，这一过程即为选区激光烧结技术的基本原理。随着激光技术的迅速发展，特别是激光功率的提高及激光光斑尺寸的减小，选区激光烧结技术进一步发展为基于"金属粉末完全熔化"机制的 LPBF 技术。受光学元器件及成形腔体尺寸限制，目前 LPBF 装备仍存在成形尺寸偏小、成形效率偏低、难以满足航空航天等领域大尺寸构件的成形等问题。LPBF 装备的扫描光路主要由振镜与 f-θ 场镜构成，当扫描区域过大时，对于边缘位置，f-θ 场镜很难将焦点补偿到成形平面上，整个成形幅面内激光的均匀性无法得到保证，进而严重影响成形质量，这使得装备的成形尺寸受到很大限制。为满足大尺寸构件的制造需求并提高成形效率，国内外研发人员推出了一系列大尺寸 LPBF 成形装备，主要策略有 3 种：使用长焦距 f-θ 场镜、振镜移动和多光束拼接成形（图 4-41）。

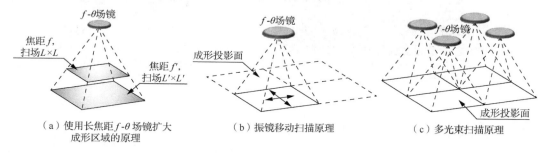

图 4-41　LPBF 装备提升成形幅面尺寸的三种发展策略

2）LPBF 专用粉末材料

金属粉末是激光粉末床熔融技术的原材料，对成形工艺及性能具有至关重要的影响。目前用于 LPBF 技术的金属粉末的常用制备方法包括水雾化法、气雾化法、旋转电极法及热气体雾化法等，粉末种类可分为预合金粉末、单质粉末和混合粉末，由元素成分可分为铁基合金、铝合金、钛合金、镍基合金等。原始粉体材料的物性参数对激光粉末床熔融成形过程的稳定性及最终构件的综合性能具有显著影响，如粉体球形度差、流动性低易造成粉末铺放不均匀，进而导致局部形成未熔合孔隙等缺陷，而粉末成分分布不均、氧含量高等问题则会降低熔体润湿铺展行为及成形过程稳定性，使成形试件凝固组织偏离设计，进而导致缺陷数量增加、力学性能下降。目前金属激光粉末床熔融专用粉末材料仍面临需进一步拓宽材料种类、优化粉体材料制备方法等问题。

目前针对金属 LPBF 专用粉末材料的研究多聚焦于面向新材料的研发与应用。由于激光增材制造技术涉及高能激光束与金属粉末的瞬态作用及冷却速率达 $10^5 \sim 10^7 \mathrm{K/s}$ 的快速非平衡凝固过程，因此激光增材制造技术独特的工艺特性为传统冶金工艺难以实现的新材料设计与研发提供了契机。纳米粒子改性及异质材料结合是目前新材料研发的两个主要方向。在纳米粒子改性方面，例如，通过在 7075 高裂纹敏感性合金中引入纳米粒子，利用高能激光同步熔化复合粉体，进而使熔体在凝固过程中因形核点增多而发生由柱状晶向等轴晶的转变，可实现裂纹抑制及高性能轻质合金材料一体化制备（图 4-42（a））。在异质材料结合方面，基于 LPBF 技术将传统合金材料 Ti-6Al-4V 与 316L 不锈钢进行机械混合及熔化成形，可实现合金浓度的空间调制，成形试件内部形成熔岩状凝固组织及 β+α′ 双相结构（图 4-42（b）），这种传统工艺难以获得的独特微结构可在承载过程中呈现渐进相变效应增强塑性，成形试件的拉伸强度可达 1.3GPa，延伸率为 9%，表明 LPBF 技术为异质新材料研发提供了新途径。

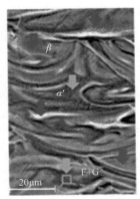

（a）LPBF纳米粒子改性铝合金复合　　　　　（b）LPBF实现熔岩状凝固组织及
粉末及其细化等轴晶凝固组织　　　　　　　　　　　β+α′双相结构

图4-42　高性能轻质合金材料

3）基于金属激光粉末床熔融的结构优化

LPBF技术可实现复杂金属零构件的一体化成形制备，这为创新结构的设计和成形提供了新方法。拓扑优化结构设计与仿生结构设计是金属LPBF结构优化设计的两大方向。拓扑优化是一种根据给定的负载情况、约束条件和性能指标，在给定的设计区域内对材料分布进行优化的数学方法。目前连续体拓扑优化方法主要有均匀化方法、变密度法、渐进结构优化法、水平集方法、可变形孔洞法等。拓扑优化设计与LPBF技术结合为航空航天等结构轻量化设计与制备提供了新思路。

经过数百万年的自然选择，自然界生物进化出了高性能的材料和结构以适应生存环境及抵御捕食者。例如，贝壳的多层级"砖瓦-砂浆（Brick-and-Mortar）"精细微观结构使其表现出优异的韧性和强度。仿生即学习自然生物的结构和材料，为解决科学和工程问题提供了有效途径。然而如何完整复刻高性能/多功能生物结构和材料对仿生至关重要。目前金属LPBF仿生结构设计按类型可分为多孔仿生结构设计、层板仿生结构设计、杆类仿生结构设计等。多孔仿生结构设计的典型案例包括仿骨骼结构、仿蝴蝶翼结构、仿枫香树轻质抗压结构等；层板仿生结构包括仿巨骨舌鱼鳞片、仿海马尾结构、仿鲨鱼皮结构等；而杆类仿生结构包括仿甲虫鞘翅微观结构的双曲面杆结构、仿水蜘蛛潜水钟网壳结构等。

需要注意的是，在面向金属LPBF开展结构优化设计的同时需考虑成形约束性。例如，复杂拓扑结构及仿生结构常涉及薄壁、悬垂、微孔等极端难加工微结构，若结构特征与成形特性不匹配，易出现内部孔隙缺陷、表面黏粉效应、球化效应及"阶梯"现象等，造成成形试件致密度下降及尺寸精度降低。

4）LPBF工艺调控方法

LPBF成形金属构件工艺调控的首要目标是宏微观各类缺陷的调控和抑制，常见缺陷包括以下几类。

（1）孔隙缺陷。微观孔隙是LPBF成形件最常见的缺陷。根据孔隙的形状和形成机制，可将孔隙分为两类。第一类是尺寸较小（数十微米）的球形孔隙，这类孔隙通常称为冶金孔，它们形成的原因是粉体表面携带的水分及氢元素聚集成孔。第二类为呈现不规则形态且尺寸较大的孔隙，这类孔隙称为匙孔或未熔合孔隙，是由激光能量输入不当产生的。据报道，孔隙的类型与成形过程中激光扫描速度密切相关，扫描速度增大形成的微型孔隙数量增加，这是因为高扫描速度下熔池不稳定性增大且熔体扩展填充能力下降。

（2）裂纹萌生。由于成形过程固有的高速熔化/凝固过程，LPBF 成形合金试件时常出现裂纹等缺陷，这在加工变形铝合金时尤为显著。变形铝合金在凝固过程中，柱状晶沿热温度梯度生长，由于凝固区间较宽及固液共存时间延长，在凝固末端留下枝晶间液体，在后续收缩过程中因收缩热应力及液相填充不足而沿晶界萌生凝固裂纹。此外，在凝固过程中出现超过材料屈服强度的残余应力也会促进裂纹的进一步萌生扩展。

（3）激光飞溅。激光飞溅是在 LPBF 剧烈加工过程中熔池内产生的熔融小液滴，在飞行过程中氧化进而溅射至粉末床。若飞溅落在成形区域，则会在后续层加工时被捕获形成夹杂污染，进而导致层间未熔合孔隙等缺陷。若飞溅落至最终上表面，则会导致构件表面的光洁度降低。飞溅的原因通常被归结为在熔池内的蒸汽反冲压力及蒸汽驱动下飞溅被腔体内循环气流捕获。

（4）表面缺陷。LPBF 成形过程中可能会产生各种类型的表面缺陷，如表面开孔及粗糙度升高。LPBF 成形试件的表面粗糙度通常高于机加工试件，高表面粗糙度主要是由于表面球化及卫星球的产生。表面球化是由于激光扫描速度过高导致的熔体润湿性降低。而表面卫星球则来源于激光飞溅现象及粉体黏附。

（5）应力变形。由于 LPBF 成形过程的高速凝固冷却过程，易在构件内部产生大量热诱导残余应力，并进一步导致零件发生宏观变形。在 LPBF 逐层成形过程中，在激光扫描矢量的开头会形成压应力，而在尾部则易形成拉应力，因此宏观构件的应力分布不均易导致变形、翘曲、宏观裂纹等缺陷。

为抑制孔隙、飞溅及表面缺陷，需对成形过程中激光工艺参数（激光功率、激光扫描速度等）进行优化调控，使激光加工过程稳定且熔体有效润湿铺展。而裂纹抑制则主要与合金成分有关，需对原始粉体材料成分进行优化设计或加入适当第二相形核粒子细化晶粒，改善凝固过程并有效抑制裂纹。应力变形主要与激光成形过程中的热循环及温度梯度有关，可采用分区岛状策略减少激光扫描矢量长度来抑制应力变形，同时针对复杂构件收缩应力需添加适当辅助支撑约束结构来抑制构件变形。目前针对 LPBF 技术的同步监测技术也是当前工艺调控的重要发展方向。一方面它能够为研究人员提供记录工艺过程的途径，辅助研究工艺机理和优化工艺参数；另一方面它能够对工艺过程进行实时监控和数据分析，既可为缺陷的在线诊断、探测和实时修复奠定基础，也可为工艺过程的文档化提供关键数据。目前主要的在线监测方法包括铺粉过程监测、粉末床检测、熔融过程监测（熔池监测、温度场监测）和熔融层检测（温度场、形貌检测）等。

4. 装备和系统理论模型

1）LPBF 铺粉过程粉末流动物理模型

LPBF 专用球形粉体粒径通常遵循高斯函数分布，故铺粉工艺主要涉及不同粒径粉体颗粒在铺粉系统作用下的复杂运动特性及在粉床中的堆垛行为调控等关键科学问题。LPBF 铺粉质量直接影响金属粉末能量吸收行为、激光辐照能量深度及致密化等成形质量，沉积金属粉体球形度、粉末粒径分布、粉体颗粒间范德瓦耳斯力、自身重力影响铺粉过程粉体受力特性及运动行为，进而直接改变粉体颗粒在粉床中的堆垛方式和松装密度。因此，建立激光粉末床熔融铺粉过程粉末流动物理模型，研究铺粉过程金属粉体材料物性参数（粉末球形度、粉末粒度、粒径分布）对粉末颗粒铺放运动特性和粉床堆垛行为的影响规律，为高性能金属材料构件的激光粉末床熔融铺粉工艺优化提供粉床质量调控理论依据。

LPBF 铺粉工艺基于时步差分离散单元法，将颗粒作用定义为颗粒体系内部趋于平衡动态过程，分析瞬态粉体颗粒力学行为并建立颗粒接触本构模型，铺粉过程粉体颗粒运动遵循牛顿第二定律且模式为滚动和平动。基于考虑颗粒间范德瓦耳斯力的 Hertz-Mindlin 非线性弹性接触本构模型，通过离散元技术构建介观尺度铺粉物理模型。

2）LPBF 粉末-激光交互作用物理模型

LPBF 成形激光入射惰性气体保护下的粉床及基板组成的多相物质系统，在粉末颗粒发生熔化前，激光与金属粉末进行复杂的能量吸收交互行为，根据能量守恒原理，金属粉末表面在受初始辐照能量后，会发生激光光线反射、吸收及透射行为，且在粉床中形成一定穿透深度并实现能量传导。然而，LPBF 激光高速扫描及介观尺度粉末颗粒均增加了试验追踪检测难度，且直接测量法无法明晰 LPBF 过程激光与粉末颗粒间的吸收作用机制，进而无法形成优化粉末物性参数和提升激光吸收率的方法。因此，为揭示介观尺度粉末颗粒激光能量吸收物理机制，需建立激光粉末床熔融粉末-激光交互作用物理模型。

基于光的传播规律，入射光线与法线形成的平面定义为入射平面，入射光线到达表面后，光线与表面发生的交互行为有反射、吸收、透射（均发生于入射平面内），入射光线与法线的角度定义为入射角 θ，并且遵循反射、吸收、透射守恒方程；激光光线与粉末颗粒交互作用遵循朗伯-比尔定律（Lambert-Beer's Law），并将此定律与透射辐射强度 I_{tr} 与穿透表面深度 Z_m 建立数学关系，通过定义复折射率（Complex Refractive Index）反映激光通过金属介质时的衰弱特性；引入光线强度与振动取向菲涅耳公式并计算 S/P 极偏振吸收率，S/P 极偏振吸收率的矢量和即为粉末颗粒表面吸收率。

3）LPBF 成形粉末熔化润湿铺展物理模型

LPBF 成形沉积体可定义为点、线、面和体，其最小沉积单元的稳定性直接影响着后续扫描迹线（线）、扫描层（面）和三维构件（体）的成形质量。通常激光成形构件以小时为时间单位，但激光与粉末交互及熔体存在时间均为毫秒级，直接监测非平衡熔体需具备极高分辨率和海量数据统计处理能力。介观尺度熔池温度分布、熔体非平衡流动、熔体润湿铺展行为、熔体界面/气相热质传输行为、致密化过程均显著影响 LPBF 成形构件表面粗糙度、成形精度、致密度和显微组织演变过程，但很难直接通过试验手段对熔池热/动力学行为进行定量研究。因此需建立激光粉末床熔融成形粉末熔化润湿铺展物理模型，考虑熔池内液相/固相耦合和液相/气界面热质传输行为，定量研究激光成形过程非平衡熔池内复杂且多形式的能量、动量和质量的传输行为。

LPBF 成形熔池内多相界面及耦合对应的质量、能量和动量处理方式需在控制方程源项进行代码编辑及边界条件加载，物理模型网格单元处理需考虑多相耦合介观尺度界面能量传输（温度场及温度梯度等）、动量传输（自由界面捕获、熔体流动、熔池表面波动等）、质量传输（熔体飞溅、材料汽化等）与宏观尺度成形表面形貌、致密度、残余孔隙尺寸及分布形态演变规律映射关系。

4）LPBF 成形构件精度控制热力耦合物理模型

LPBF 以较小尺寸的激光光斑，根据零件二维 CAD 信息沿轨迹进行扫描，扫描速度与熔池冷却速度均较大。由于激光热源局部不均匀加热，LPBF 过程产生较大的温度梯度，冷却后使制件产生残余应力及变形，进而影响构件尺寸精度，甚至导致构件发生翘曲及开裂现象。基于有限元分析软件，利用参数化设计语言编程实现激光热源循环移动，用"单元生死"技术实现不同时刻、不同单元的加载，建立合适的三维 LPBF 模型；考察 LPBF 成形过程瞬态温度场，获得激光高能辐照温度场分布状况、熔池尺寸等；基于热-力耦合分析方法，计算温度场-温度梯度引起的应力分布。

基于非线性瞬态热传导方程建立 LPBF 成形物理模型，定义四类边界条件（①已知边界处温度值；②已知边界处热流密度分布；③已知边界处的材料与周围介质的热交换值；④边界处发生热辐射）。利用有限单元方法求解上述传热问题，通常首先将微分问题转化为变分问题；其次将待求解连续介质划分为有限个小单元，在足够小的单元区域内可用相关非线性方程组表示变分问题，最后热传导问题可以通过求解耦合非线性方程组解决。在获得温度信息后，基于屈服准则、流动准则、强化准则建立热弹塑性方程，进而建立激光粉末床熔融成形构件精度控制热力耦合物理模型。

5. 成形工艺与材料性能

随着新材料的快速发展，以 Al、Ti 合金为代表的轻质高强合金、以 Ni 基高温合金为代表的承载耐热合金、以 W 合金为代表的难熔合金，成为各国新材料研发计划中重点发展的材料，也成为面向 LPBF 技术的重要应用材料。

1）LPBF 成形铝合金材料

铝合金特殊的物理性质（低密度、低激光吸收率、高热导率及易氧化等）决定了其是一种典型的难加工材料。铝合金的低密度特点不仅导致粉体流动性较差，还导致 LPBF 加工时铺粉均匀性较差。铝合金的激光吸收率低，未熔化前仅为 9%，而其热导率高达 237W/(m·K)，高热导率又将使输入热量急速传递而消耗掉，导致 LPBF 成形时熔池温度降低、熔池内液相的黏度增加；同时，高温下铝熔体与氧较强的亲和力，会降低熔体的润湿性和铺展性，引发球化效应及内部孔隙、裂纹的发生，显著降低构件的成形性。

LPBF 成形铝合金多集中在 Al-Si 系如 AlSi10Mg、AlSi12 等具有良好的铸造性能和焊接性能的铝合金上，并提出了"由线到体"的立体调控关键技术，以调控 LPBF 成形铝合金内部的显微组织、冶金缺陷、残余应力及成形性能。目前，Al-Si 系合金采用经优化的激光工艺参数成形，致密度超过 99%，但抗拉强度很难突破 400MPa，限制了其在航空航天等领域服役性能要求更高的承力构件上的使用。为提高铝合金性能，Al-Cu、Al-Mg 和 Al-Zn 等体系相继出现，但此类铝合金较高的合金元素含量和较宽的冷却凝固温度范围，使得沉淀强化合金在激光增材制造过程中易形成裂纹甚至发生开裂；并且相对于铝元素，镁等合金元素更易在高能激光的高温作用下发生气化蒸发，从而影响成形件的成分稳定性及力学性能。目前，华中科技大学通过对激光能量密度的调控获得了无裂纹缺陷的高致密度（99.8%）Al-Cu-Mg（2024铝合金），该合金组织由微细过饱和的胞状晶-树枝晶复合结构组成，在细晶强化机制和固溶强化机制的协同作用下，成形件的抗拉强度可达 402MPa，屈服强度可达 276MPa。中南大学基于 LPBF 技术开发出了高性能的 Al-Mg-Sc-Zr 合金，该 3D 打印铝合金经时效处理后拉伸强度达到 550MPa，延伸率超过 8%。此外，为提高铝合金性能，南京航空航天大学研制了陶瓷增强铝合金复合材料，利用纳米陶瓷增强和原位陶瓷增强可有效改善陶瓷/金属界面的润湿性及结合性，抑制界面上的微观孔隙及裂纹，提升激光成形件的力学性能，实现激光粉末床熔融铝基复合材料强度和韧性的协同提升。

2）LPBF 成形钛合金材料

Ti 基材料具有优异的比强度、耐蚀性和生物相容性，被广泛应用于航空航天、生物医疗等领域，是激光粉末床熔融常用的金属材料。目前激光粉末床熔融成形 Ti 基合金的挑战表现在以下三方面：①LPBF 成形过程易产生气孔、裂纹及球化等缺陷，造成裂纹萌生源，降低构件的力学性能；②激光加工时极大的冷却速度（$10^3 \sim 10^8$K/s）和温度梯度会诱发马氏体相变，造成构件内部较大的残余应力，导致裂纹形成和翘曲现象；③钛合金激光加工时初生 β-Ti 相易沿散热方向<001>择优生长，表现出很强的外延生长倾向，造成柱状晶组织粗大，导致构件力学性能各向异性。

目前 LPBF 成形 Ti 合金主要为 CP-Ti 及 TC4 等传统 Ti 基材料。由于激光增材制造过程中熔池冷却速度较快且沿着增材制造方向具有较大的温度梯度，所以 Ti 合金凝固组织往往呈柱状晶结构，导致成形件力学性能的各向异性。为改善钛合金激光增材制造过程中产生的各向异性，研究人员从材料设计和工艺优化两方面加以改进，制备了新型 Ti-Cu 合金（图 4-43），该合金具有细小的等轴原始 β-Ti 晶粒，成形件内部没有明显的孔隙及裂纹，且在打印方向上具有很高的化学成分均匀性。与激光增材制造 TC4 的凝固组织相比，Ti-Cu 合金的平均晶粒尺寸降至 9.6μm，且随 Cu 在 Ti 中质量分数的增加，晶粒细化效应更加显著。当 Cu 的加入量为 3.5wt%时，未经热处理的成形样件同时具有较高的抗拉强度（（867±8）MPa）和延伸率（（14.9±1.9）%）。

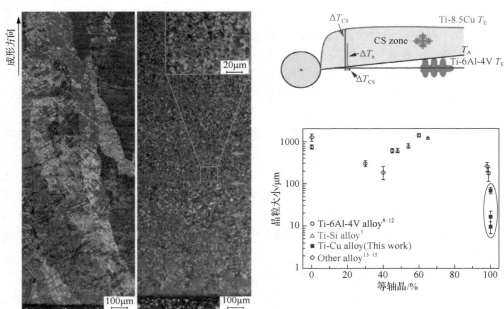

图 4-43　激光粉末床熔融成形高性能钛合金成分设计与调控

此外，基于陶瓷增强的 Ti 基复合材料也是提升 Ti 基构件力学性能的重要手段。其中，TiC 及 TiB$_2$ 被认为是最适合 Ti 基复合材料的陶瓷增强相；它们具有与 Ti 合金相近的密度及热膨胀系数，且具有较高的物理化学稳定性，可与 Ti 合金之间形成良好的物理化学兼容性。同时，激光增材制造特有的高能量输入、瞬间高温及超快熔化凝固过程，为 Ti 基复合材料增强体、基体的物相与组织调控提供了热力学条件和动力学条件，并可使激光增材制造构件具有显著区别于铸造和粉末冶金等工艺制备的构件的显微组织及力学性能。

3）LPBF 成形镍基高温合金材料

镍基高温合金因具有优异的室温/高温力学性能、高温抗氧化性能与耐蚀性能，在航空发动机、航天器关键热端部件、涡轮机叶片等部件中广泛应用。LPBF 成形镍基高温合金存在以下挑战：①镍基高温合金 LPBF 成形过程普遍存在元素偏析、裂纹敏感性强等问题。镍基高温合金中含 Cr、Al 等亲氧能力较强的元素，在高温下易与成形气氛中的氧元素作用，形成微细氧化物夹渣，导致与基体界面间的润湿性降低，产生裂纹并降低力学性能；另外，Mo、Nb、C 等元素极易在晶界偏析产生脆性相，从而导致热裂纹产生。②LPBF 成形镍基高温合金显微组织具有明显的各向异性。由于 LPBF 成形过程中激光热源加载方式，热流主要沿着成形方向传导，易形成较强的各向异性织构，导致力学性能可控性差。

目前，沉淀强化型 Inconel718 和固溶强化型 Inconel625 因可焊性强，被大量应用于 LPBF 成形。目前我国研究学者在 LPBF 成形 Inconel 系高温合金激光工艺参数调控、热处理工艺参数方面做了大量研究工作，形成了一系列工艺调控理论。LPBF 成形的 Inconel 系合金构件在成形方向呈明显的柱状晶，具有较强的<001>织构，而在水平方向则呈胞状组织，且合金易在晶界析出碳化物、Laves 等脆性相。因此 LPBF 成形镍基高温合金主要通过工艺参数优化改变熔池温度梯度、凝固速度和冷却速度来调控显微组织，并依托后续热处理工艺实现晶粒形貌和尺寸、析出相形态、含量及分布调控；此外，基于激光扫描策略优化也可改变晶粒生长织构，以期获得高强韧镍基高温合金。在材料设计方面，制备陶瓷增强 Ni 基复合材料是 Ni 基高温合金力学性能提升的另一个重要途径，复合材料在韧性不降低的前提下具有更高的比强度、比刚度及更强的耐热性。其中，基于纳米陶瓷复合及纳米改性的思路，通过 LPBF 非平衡快速熔化凝固过程调控，可实现对纳米颗粒空间分布、晶体生长组织和形态的调控与布局，实现 LPBF 成形 Ni 基复合材料构件强度和韧性协同提升。南京航空航天大学基于 LPBF 技术，通过激光工艺参数和复合材料组分调控，开发了 WC、TiC 等陶瓷颗粒增强 Ni 基复合材料，在陶瓷增强颗粒与 γ 基体间构建了(Ti, M)C (M = Nb, Mo)梯度界面层，有效控制并消除了界面残余应力、界面微孔及微裂纹等成形缺陷，解决了激光增材制造复合材料构件通常面临的强度升高、韧性降低这一对"强"与"韧"的矛盾。

4）LPBF 成形难熔钨材料

钨及其合金具有高熔点、高密度和高强度等特点，被广泛应用在服役环境严苛的领域，如火箭发动机喷管喉部内衬材料、动能穿甲弹材料等。然而，钨的本征脆性大，在室温下几乎无塑性，属于典型难加工金属。激光粉末床熔融成形钨材料在所有金属中最具挑战性。一方面，钨的高温黏度大，熔体的润湿铺展性差，导致激光增材制造成形时未能完全熔化形成良好的润湿，成形构件中孔隙较多；另一方面，激光加工过程不可避免地遇到钨的高韧脆转变温度区间，易形成裂纹。

针对 LPBF 成形钨材料的难点与挑战，我国研究人员在工艺调控和材料改性两个方面进行了大量研究，形成了 LPBF 成形钨材料工艺调控与缺陷抑制技术、材料改性与性能强韧化关键技术。在工艺调控方面，华中科技大学、南京航空航天大学等在纯钨的 LPBF 成形上开展了大量研究工作，提出了激光能量密度调控和扫描策略优化的工艺调控方法，获得了致密度高于 98%的纯钨构件。在材料改性方面，我国学者主要通过提高钨本身的位错迁移率和净化晶界杂质两种方法来提高晶界强度，形成了两类有效的方法：①通过添加合金元素形成固溶强化，即内在增韧；②通过添加第二相颗粒形成弥散强化，即外在增韧。其中，在内在增韧材料上，中南大学基于低熔点 Ni、Fe 元素的添加，开发了适用于 LPBF 成形的 W-Ni 系、W-Fe 系等钨合金，并提出了低熔点元素 LPBF 成形致密化提升机制。在外在增韧材料上，清华大学、南京航空航天大学等提出了纳米陶瓷改性的材料强化方法，利用纳米陶瓷颗粒的原位反应作用，净化晶界，提高材料的强韧性。

6. 成形精度与力学性能

1）成形精度

LPBF 成形构件的成形精度分为尺寸精度和表面精度。尺寸精度偏差一般由应力变形引起，表面精度偏差一般由表面成形缺陷引起，表面成形缺陷主要包括：黏结粉末、球化效应及"台阶"效应。理解各种缺陷的形成机制有助于通过调控激光加工工艺或优化结构构型尽可能减少缺陷的产生，提高 LPBF 成形构件的表面精度。

（1）黏结粉末：LPBF 过程中熔池边缘与粉床接触，金属粉末部分熔化并黏结在成形件表面形成黏结粉末（图 4-44（a））。黏结粉末使构件表面粗糙度增大，降低成形构件的尺寸精度及性能。高激光能量输入会使熔池温度升高，熔体黏度降低，进而减少黏结粉末量。通过机械加工、喷砂、化学抛光等后处理方法可有效去除黏结粉末，提高成形构件的表面精度。

（2）球化效应：LPBF 过程中金属粉末熔化后在基板或前一成形层上形成彼此不连续的金属球的现象称为球化效应（图 4-44（b））。球化的主要原因是熔融金属表面与环境介质表面形成的体系趋向于最小自由能，在重力及气、固介质共同作用下熔融金属收缩成球形。球化效应会影响下一层的铺粉质量，不利于层间连接，导致成形构件表面粗糙且内部出现孔隙等缺陷，严重影响构件的致密度及力学性能。过高的激光能量输入引起熔池温度梯度、表面张力梯度增大，导致熔体的液相流动加强，促进激光扫描熔道球化。因此，通过优化激光功率、扫描速度、层厚等参数、合理调控激光能量输入可有效减少球化效应。另外，建立 LPBF 工艺球化效应理论模型有助于更好地理解工艺参数对成形构件的影响机理。

（3）"台阶"效应：LPBF 成形件倾斜表面的大部分区域与金属粉床直接接触而不是与已成形层接触。金属粉床的导热率低于已成形层，激光产生的热量在粉床上不易传导会产生局部过热，形成较大的熔池尺寸，进而在倾斜表面产生"台阶"效应（图 4-44（c））。"台阶"效应导致构件表面粗糙，降低构件成形精度。较小的层厚可有效防止"台阶"效应发生，然而对于大型复杂构件，小层厚意味着需要更多的时间来完成打印。因此，通过优化构件的成形方向，尽量避免倾斜表面是防止"台阶"效应的最优选择。

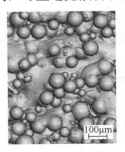 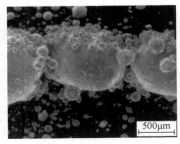 

（a）LPBF工艺过程中的黏结粉末　　（b）球化效应　　（c）"台阶"效应

图 4-44　LPBF 成形件表面

2）力学性能

材料的力学性能是指材料在不同环境（温度、介质、湿度）下，承受外加载荷时所表现出的力学特征。LPBF 成形构件常见的力学性能主要有拉伸性能、压缩性能、减振抗冲击性能等。

（1）拉伸性能。LPBF 成形构件的拉伸性能主要包括弹性模量、屈服强度、抗拉强度及延伸率，可通过静力拉伸试验获得。拉伸试验可根据服役环境的需求和试验环境温度的不同分为室温拉伸试验、高温拉伸试验及低温拉伸试验。LPBF 成形金属构件拉伸性能的影响因素主要有构件的成形质量、材料成分及显微组织。目前 LPBF 成形的典型钛基、镍基、铝基材料的抗拉强度及延伸率如表 4-3 所示。

表 4-3 LPBF 成形不同金属材料体系的拉伸性能

材料体系		抗拉强度/MPa	延伸率/%
钛基	Ti-6Al-4V	1140±10	8.2±0.3
	3.5wt%Cu+Ti	867	14.9
	1wt%TiC+Ti	912	16
镍基	Inconel718	1117	16
	Inconel625	955±6	41±1
	Inconel718+WC	1464.6	19.74
铝基	$AlSi_{10}Mg$	396±8	3.47±0.6
	$TiB_2+AlSi_{10}Mg$	530	15.5
	Al-Mg-Sc-Zr	515±16	24

（2）压缩性能。LPBF 成形构件的压缩性能一般通过静力压缩试验获得，通过压缩应力–应变曲线可获得构件的弹性模量、屈服强度、断裂强度等力学性能。典型静力压缩应力–应变曲线可分为三个阶段（图 4-45（a））。第一阶段为线弹性阶段：该阶段的构件变形主要是弹性可回复变形，线弹性阶段应力–应变曲线的斜率即为结构的弹性模量；第二阶段为平坦阶段：该阶段的应力–应变曲线形态表现为长平直形态；随后，应力–应变曲线进入致密化阶段：该阶段的构件发生较大变形使内表面相互接触导致结构刚度显著增加，应力–应变曲线快速上升，代表构件已完全破坏失效。能量吸收也常被用于评价构件的压缩性能，能量吸收性能可根据构件压缩力–位移曲线或应力–应变曲线与坐标轴围成的面积计算得出。对于能量吸收构件，压缩应力–应变曲线的期望形式是具有长直的平坦阶段。当应力–应变曲线达到致密化阶段后，构件对能量吸收的主要方式为力的传导，而不是本身对能量的吸收，因此，能量吸收结构需要有较高的致密化应变。

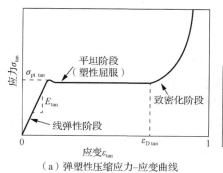

（a）弹塑性压缩应力–应变曲线　　　　　　　（b）冲击试验装置

图 4-45 典型静力压缩

（3）减振抗冲击性能。LPBF 成形构件的减振抗冲击性能一般通过动态压缩试验获得。对于金属材料的冲击性能测试，摆锤试验常用于测定材料的韧–脆转变温度，落锤试验常用于测定平板无凹口类型结构的抗冲击性能。对于 LPBF 成形的金属构件，如蜂窝结构、多孔结构，通常采用应变式 Kolsky 压力杆设备来测试抗冲击性能（图 4-45（b））。冲击试验过程中，通常采用速度超过 15000 帧/秒、图像分辨率超过 256 像素×256 像素的高速摄像机记录试验过程，试验得到的数据为冲击力和位移随时间的变化曲线。虽然冲击试验能较好地反映构件在受高速冲击载荷下的动态力学行为，但只能表征构件受冲击面周围区域而不是整体构件的能量吸收性能，静态压缩试验则能较好地反映整体构件的能量吸收性能。

3）功能结构一体化

现代工业对多功能构件的需求逐渐增加，发展金属结构的功能性是未来趋势。图 4-46（a）所示为采用增材制造技术成形的 Ti 合金气动控制义肢，证明了利用增材制造技术制备功能构件的潜力。目前，LPBF 成形金属构件多功能性主要有隔热/防热功能、智能变形功能、耐腐蚀功能。隔热/防热功能可通过结构创新设计（如梯度多孔结构）（图 4-46（b））和材料创新（如金属陶瓷层状多材料）（图 4-46（c））来实现；对于智能变形功能，NiTi 合金因其独特的形状记忆效应成为最有潜力的形变功能构件材料；LPBF 成形金属构件的耐腐蚀性可通过电化学试验获得。LPBF 成形的金属构件在具备一定力学性能的基础上，可进一步向高性能/多功能方向发展。

 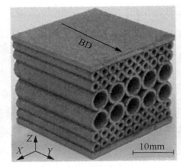 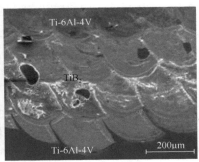

（a）增材制造气动控制义肢　　　（b）梯度多孔结构　　　（c）金属

图 4-46　多功能构件增材制造

4.2.2　金属电子束粉末床熔融技术

1. 技术原理

电子束粉末床熔融技术是指利用高能电子束流熔化粉末床上的金属粉末颗粒从而逐层融合材料完成零件实体的成形技术。国际标准化组织和美国材料与试验协会的标准文件 ISO/ASTM DIS 52911 将电子束粉末床熔融金属成形（Electron Beam Powder Bed Fusion of Metals，PBF-EB/M）归类为粉末床熔融增材制造技术之一，与激光粉末床熔融金属成形（Laser-based Powder Bed Fusion of Metals，LPBF-M）和激光粉末床熔融增材制造树脂（Laser-based Powder Bed Fusion of Polymers，LPBF-F）并列。在技术发展初期，该技术也曾称为电子束选区熔化（Electron Beam Selective Melting，EBSM 或写作 Electron Beam Melting，EBM）。

电子束粉末床熔融设备一般由电子枪系统、真空系统、供粉系统和铺粉系统构成，设备的基本组成如图 4-47（a）所示。

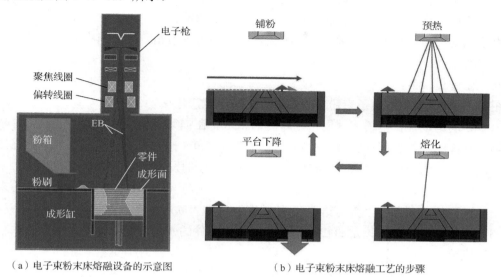

（a）电子束粉末床熔融设备的示意图　　　　（b）电子束粉末床熔融工艺的步骤

图 4-47　电子束粉末床熔融设备

电子枪系统包括电子枪和高压电源。电子枪由产生电子的阴极、与阴极一起构成加速电场的阳极、控制束流的栅极、聚焦线圈和偏转线圈构成。阴极需要加热到非常高的温度才能发射电子。根据加热的方式不同，电子枪分为：①直热式电子枪，在灯丝上施加大电流，产生电阻热加热灯丝；②间热式电子枪，通过在电子枪上层增加一个小型直热式电子枪，发射电子束加热阴极材料；③激光加热阴极电子枪，利用低功率激光加热阴极到指定温度。聚焦线圈和偏转线圈是打印过程控制电子束聚焦和扫描的部件，由工控机中信号发生卡控制，根据打印需要改变磁场大小，控制电子穿过磁场时受到的洛伦兹力大小，带来电子束偏转方向的变化。理论上磁场的变化无须时间，但在实际使用中，磁场变化的响应速度会受到信号放大器和信号发生卡的响应速度约束，二者的响应时间越短，不发生失真的扫描最大速度越高。

高压电源是电子束粉末床熔融装备的能量源，它通过内部的逆变和升压系统，将 380V/50Hz 的普通工业用交流电转变为 60kV 高压直流电。同时高压电源能够提供 0~2000V 的控制电压，加在栅极和阴极之间，控制电子束束流大小。用于电子束粉末床熔融装备的高压电源能够提供束流的反馈控制，可以维持束流稳定并快速响应束流变化。

真空系统由密封的成形室、枪室、多级真空泵、惰性气体回填装置及其控制系统构成，其作用是构建并维持真空环境。真空系统在成形过程开始前启动，首先通过机械泵抽出成形室、枪室的空气至气压到 10Pa 左右，之后启动分子泵或者扩散泵，进一步降低成形室和枪室的气压至 10~3Pa 以下。随后通过回填惰性气体，并且通过控制气体流量将成形室压力控制在一定值，常为 0.1Pa 左右。回填惰性气体的主要目的是抑制金属元素的蒸发，降低元素丢失的风险。在完成打印后，回填部分惰性气体，还可加快成形件的冷却。

成形平台是一个垂直运动台，在完成一层打印后，成形平台下降到指定高度。部分设备为了加速成形件的冷却，在成形平台底部会设水冷块。在打印完成后，将成形平台降到最低，使平台底部接触水冷块，使成形件的热量可以被冷却水快速带走。

铺粉系统由粉箱、铺粉机构、废粉箱构成。成形平台下降之后,粉箱释放一定质量的粉末,由铺粉机构将粉末均匀地铺展在粉末床上,常用的铺粉机构是粉刷,粉刷在电机的驱动下做直线运动。粉刷刮过成形区域后,剩余粉末将掉入废粉箱,废粉箱中的粉末通过回收处理可以继续使用。

其工艺过程如下。

图 4-47(b)展示了电子束粉末床熔融的工作步骤,包括以下内容。

(1)粉层铺设,在基板上铺展一定厚度的粉末。在铺第一层粉末之前,一般先对基板进行预热,基板的预热温度根据成形材料需求通常为 600~1000℃,这样有利于保持整体粉床的温度,以防止由于热应力而产生裂纹及"吹粉"现象的发生;

(2)粉末预热,利用散焦的电子束快速扫描粉床进行预热,粉床的预热温度视粉末材料而定,该过程使粉末产生"微烧结",防止粉末飞溅和"吹粉"现象发生;

(3)成形扫描,根据设定的扫描路径扫描成形零件的一层截面,使零件截面内的粉末充分熔化形成致密的结合;

(4)成形平台下降,其下降的高度决定了下一粉层的厚度,可以根据产品的形状特征调整每个粉层的厚度以实现成形速度和质量的最佳平衡。重复步骤(1)~(3)实现零件的制造。

电子束粉末床熔融技术和激光粉末床熔融技术的原理十分相似,二者最直接的区别在于采用了不同的高能束流。然而,束流源的区别带来了两种技术在细节上的更多差异。

电子束是通过强电场加速由热阴极释放的电子产生的,与光子相比,电子更重,所以在接触材料时,电子可以进入更深的位置,深度为微米量级,而光子只能穿透到纳米量级的深度;同时材料表面基本不会反射电子束,所以电子束的能量能够更多地传递到材料,铜一类的反射激光比较强的材料也能够高效成形。产生电子束的过程中,电能直接转化为电子束的动能,相对于电能转换为光能,能量转换率更好,因此,电子束粉末床熔融装备比激光粉末床熔融装备更节能。不过电子束粉末床熔融中电子束的束斑通常较大(200~1000μm),使用的粉末颗粒度和粉层厚度也比较大。因此,与激光粉末床熔融技术相比,电子束粉末床熔融具有更高的成形效率,但是,零部件尺寸精度和表面质量低于激光粉末床熔融技术生产的零部件。

电子束的聚焦和偏转分别由聚焦线圈和两个偏转线圈控制。没有了机械惯性的限制,电子束的扫描可以达到非常高的速度,最高可以达到 $10^4 m/s$ 的扫描速度,赋予了电子束粉末床熔融技术灵活设计加工策略的可能性。同时更高的能束功率及能量吸收率,结合更厚的粉层和更快的扫描速度使得电子束粉末床熔融的成形效率显著高于激光粉末床熔融工艺。

与其他电子束加工技术一样,电子束粉末床熔融的加工过程必须在真空室内进行,以防止空气中的分子对电子的碰撞,影响电子束传播。不过得益于在密闭的真空环境成形,能够避免在成形过程中气体的混入和材料氧化。因此,电子束粉末床熔融工艺可以获得致密度更高、质量更好的成形件。

由于电子束是由大量电子构成的,电子束作用到粉末床时,会使粉末床带上负电,同种电荷的相互排斥严重时会使粉末床瞬间吹散,也就是"吹粉"现象,成形将不得不中断。一方面,材料良好的导电性可以将过量的电子快速中和,降低粉末间的排斥力,所以,电子束粉末床熔融工艺一般只适用于金属等导电材料。另一方面，这种现象引出了电子束粉末床熔融中独特的预热工艺。电子束粉末床熔融工艺使用散焦电子束，通过高速扫描（几十米每秒），在不熔化金属粉末的前提下均匀加热整个粉末床。在整个打印过程中，粉末床会被加热并长期保温在略微低于材料熔点的温度。例如，镍基高温合金的预热温度通常在 1000℃ 左右，钛合金的预热温度在 700℃ 左右。预热可以使粉末床上相邻粉末间发生"微烧结"，在提高粉末床的导电性的同时，增加粉末床强度，起到固定粉床的作用。强度较高的粉末床一方面可以避免电子束粉末床熔融中危害较大的"吹粉"现象。另一方面对零部件中的悬空结构起到支撑作用，从而在制造具有悬臂结构的零部件时无须设计支撑结构。此外，较高的粉末床温度降低了零部件制造过程中的温度梯度和冷却速度，从而降低了打印过程中零部件的热应力，减少了打印过程中零部件的开裂和变形，也使得电子束粉末床熔融适用于打印低塑性和易热裂的难加工材料。

2. 技术发展现状与趋势

电子束粉末床熔融技术的思路最早于 2001 年由瑞典 Arcam 公司与瑞典查尔姆斯理工大学（Chalmers University of Technology）合作提出并申请了相关专利。该专利描述了一种通过用电子束逐层熔化导电粉末构建三维实体的技术方案。Arcam 公司成立于 1997 年，并于 2002 年发布了世界上首台电子束粉末床熔融商业化设备 EBM S12。随着商业化设备的推出，该技术引起了全球多家研究单位的重视，德国弗里德里希-亚历山大埃尔朗根-纽伦堡大学（Friedrich-Alexander-Universität Erlangen-Nürnberg）、美国北卡罗来纳州立大学（North Carolina State University）、美国橡树岭国家实验室（Oak Ridge National Laboratory）、日本大阪大学等单位开展了一系列试验和应用研究，推动了该技术的发展。

我国对该技术的自主研发开始于 2004 年，研究人员开展电子束粉末床熔融增材制造装备与技术的研发工作，并申请了中国第一个电子束选区熔化技术的专利，在国家自然科学基金的支持下对粉末铺送粉系统、电子束扫描控制等方面开展了深入的研究，开发了一系列试验系统，开启了我国电子束粉末床熔融金属制造领域的快速发展，如图 4-48 所示。

（a）EBSM-150（2004年）　　　（b）EBSM-250（2009年）　　　（c）EBSM-250-Ⅲ（2015年）

图 4-48　我国开发的电子束粉末床熔融试验系统

研究人员先后推出了 A1、A2、A2X、Q10、Q20、Q20plus、Spectra H、Spectra L 等不同型号的电子束粉末床熔融装备，如图 4-49 所示。目前，商业化电子束粉末床熔融装备的最大成形尺寸为 $\phi350\text{mm}\times430\text{mm}$，电子枪功率为 6kW，铺粉厚度约为 50μm，电子束聚焦尺寸为 100～200μm，最大跳扫速度为 8000m/s，熔化扫描速度为 10～100m/s，零件成形精度为 ±0.3mm。目前已经在航空航天、医疗卫生、汽车等多领域推广该项技术。

（a）Q20plus(ϕ250mm×430mm)　　　（b）Spectra H(ϕ250mm×430mm)　　　（c）Spectra L(ϕ350mm×430mm)

图 4-49　工业型电子束粉末床熔融装备

　　近年来，更多国际装备制造企业开始研发电子束粉末床熔融装备，并推出了多款工业化装备，开发了用于研究和开发增材制造金属材料的系统，如图 4-50（a）所示，该系统采用下置式送粉方式，仅需少量粉末材料即可运行，大大降低了材料开发的成本。英国研究团队通过"电中和"方式抑制电子束粉末床熔融技术的"吹粉"问题，随后将该技术应用于其最新的设备，如图 4-50（b）所示，由于不存在"吹粉"问题，该设备允许以较高的能量密度无须预热而直接打印零件。日本研究团队借鉴电子显微镜和电子束光刻系统中开发的半导体制造技术，开发了具有高功率、高密度和高扫描速度的电子束金属增材制造设备，如图 4-50（c）所示。该设备配备了粉末分散预防系统"e-Shield"，避免了打印过程的粉末散射现象，实现了无氦气的打印工艺，极大地延长了阴极寿命并提高了成形稳定性。

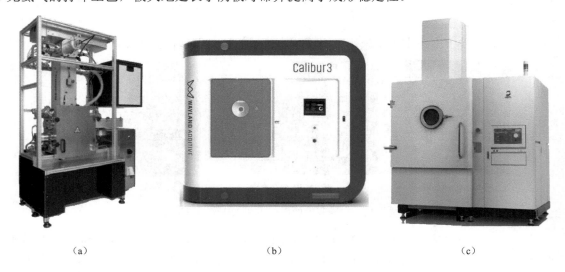

（a）　　　　　　　　　　　　（b）　　　　　　　　　　　　（c）

图 4-50　国外电子束粉末床熔融装备

　　2015 年，我国研究团队着手电子束粉末床熔融装备的产业化，针对研究领域用户研发，采用模块化设计，支持多材料快速替换和工艺参数自由修改，非常适合实验室、研究所进行新材料的研发及其电子束粉末床熔融工艺的开发。2018 年，采用单晶电子枪阴极，改善了电

680

子束的质量和稳定性，具有更高的制造精度和效率，适合植入体常用钛合金、Co-Cr 合金、钽合金的打印。目前研究人员瞄准航空航天领域开发的电子束粉末床熔融设备，其具有 350mm×350mm 成形平台，能够完成更大零件的直接成形，如图 4-51 所示。

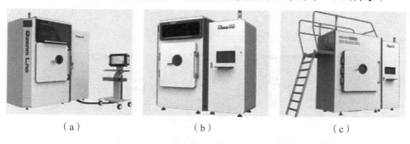

（a）　　　　　　　　（b）　　　　　　　　（c）

图 4-51　我国研发的电子束粉末床熔融装备

电子束粉末床熔融技术相对于其他金属增材制造技术具有诸多优势：①基于粉末床进行制造，因粉末颗粒的粒径小（45～110μm）且层厚小（小于 0.1mm），相对于同步送粉或送丝的定向能量沉积技术具有更高的成形精度。②使用电子束作为热源，相对于以激光为热源的金属增材制造技术，具有更高的加工能量密度和能量利用率，适合成形高熔点难熔合金，如钽合金、铌合金等。③采用电磁偏转的扫描方式，具有更高的扫描速度，可实现复杂扫描策略，在组织性能调控以及合金设计方面具有优势。④在真空环境下制造，制件的氧化污染概率小，适合成形具有亲氧活性元素的合金材料，如钛合金、铝合金等。⑤具有预热环节，能够维持较高的粉床温度，成形热应力低，适合成形难焊合金材料，如镍基高温合金、TiAl 金属间化合物等。

电子束粉末床熔融技术还处在发展中，尽管多型商业化装备已经问世，装备工作稳定性和成形件的质量也在逐步提高，但是，目前的技术依旧存在许多不足，如自动化程度不高，操作复杂；打印过程的智能化程度低，不能有效应对打印过程中出现的质量问题；对于大尺寸零件的打印支持不够；成形件的尺寸精度和表面粗糙度需要进一步提高。自动化、智能化、大型化、精细化将是电子束粉末床熔融增材制造装备的未来发展方向。

学术界和工业界的研究人员正在从装备的软硬件开发、工艺过程的机制研究、应用端工艺设计与优化等不同角度推动技术的不断更新。

3. 成形精度与性能

1）工艺优化与形性调控

电子束粉末床熔融技术在成形材料时可以通过对于工艺细节的精准控制实现对材料的微观组织、力学性能的调控。可调整的工艺参数包括预热目标温度、扫描束流功率、扫描速度、扫描线间距、层厚等。另外，零件尺寸、零件布局、支撑和摆放策略等也会对成形零件的组织和性能产生影响。电子束粉末床熔融工艺已成功用于多种合金材料，并且在钛合金、镍基高温合金、铜和铜合金、钛铝金属间化合物等材料中具有独特的优势。

钛合金具有比强度高、工作温度范围广、抗蚀能力强、生物相容性好等特性，在航空航天和医疗领域应用广泛。Ti-6Al-4V 是目前电子束粉末床熔融成形研究使用最多的金属材料。电子束粉末床熔融工艺中温度梯度主要沿着零件成形方向，因此，电子束粉末床熔融成形的 Ti-6Al-4V 中通常会沿沉积方向生长为粗大的柱状晶组织。由于扫描过程的快速凝固，β 相转变为马氏体，但是，在后续的沉积过程中，材料被多次加热，马氏体分解为 α/β 相（图 4-52）。β 柱状晶的生长方向同样会受成形件形状的影响，并且零件尺寸、零件摆放方向、摆放位置、能量输入、与底板距离等都会对微观组织产生显著影响。由此可知，电子束粉末床熔融在制造 Ti-6Al-4V 宏观零件的同时，可以通过改变成形参数达到微观组织控制的目的，从而获得特定的性能，实现宏观成形、微观组织调控和性能控制相统一。

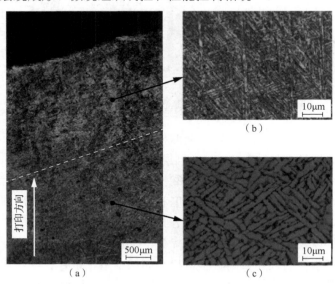

图 4-52　电子束粉末床熔融成形的钛合金（其微观组织沿高度方向具有差异）

镍基高温合金因为在高温环境下的极佳力学性能、蠕变性能、抗腐蚀和抗氧化能力，主要用于制造航空发动机在内的高端燃气轮机的高温部件，因此，受到增材制造领域学界和产业界的高度重视。

镍基高温合金可以分为两类，一类是以 Inconel718 为代表的可焊高温合金，预热到 700℃就能获得无裂纹的 Inconel718 制件，工艺参数范围相对于难焊高温合金宽很多。研究表明，通过调整成形参数，可以有效控制成形件内部组织，采用扫描策略可以改变凝固过程中温度梯度的方向，从而获得外延生长和杂散晶粒，进而对材料性能进行有效控制（图 4-53）。经过测试，Inconel718 电子束粉末床熔融成形件可以获得优异的力学性能。另一类是难焊高温合金，如 CM247、Inconel738、CMSX-4、DD5、DD6，这类合金由于具有大量强化相，容易在制造中产生裂纹，一般以铸造的方式进行成形。电子束粉末床熔融工艺由于具有很高的预热温度，可以降低成形过程中成形件受到的热应力，因此，在一定工艺参数下也可以实现此类高温合金的成形。2016 年，德国纽伦堡大学的研究团队报道了利用电子束粉末床熔融制备出了致密无裂纹的第二代镍基单晶材料 CMSX-4 的单晶试样（图 4-54（a））。我国研究团队利用国产化设备也完成了单晶状态的镍基高温合金的成形，并且通过关键工艺控制实现了不同尺寸的单晶试块制备（图 4-54（b））。这些研究成果证明了电子束粉末床熔融工艺对微观组织精准控制的效果，也显示了解决单晶叶片成形瓶颈难题的潜力。

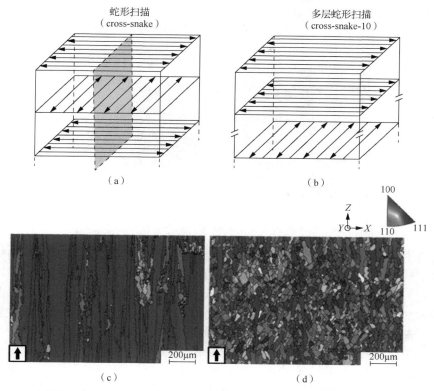

图 4-53　电子束粉末床熔融技术通过改变扫描策略实现柱状晶和等轴晶组织的 Inconel 718 合金

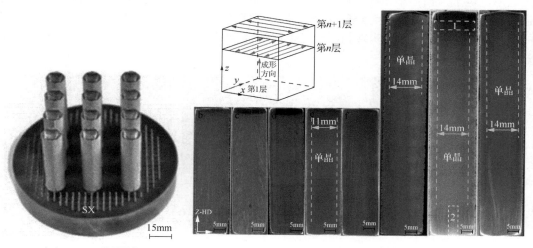

（a）CMSX-4单晶圆棒　　　　　　（b）不同尺寸的Inconel 738单晶试块

图 4-54　电子束粉末床熔融制备的单晶

　　铜和铜合金由于极佳的导电、导热性，是制造电流和热流传导结构的最佳材料。由于复杂换热结构的巨大需求，铜及铜合金的增材制造逐渐受到重视。不过铜对于激光有很高的反射率，电子束粉末床熔融成为铜和铜合金增材制造的理想工艺。图 4-55 展示了电子束粉末床熔融制备的铜合金样品。由于铜具有极佳的导热性，预热过程较短，因此其工艺效率很高，但是铜非常容易熔化，容易出现预热过度导致粉末床强度过高，难以从成形件上剥离。并且铜极易氧化，铜粉含氧量的上升会造成成形件的导热性能下降，如果循环使用粉末，预热参数和熔化参数需要进行调整才能达到新粉同等的粉末床温度和成形质量，因此，其工艺也存在一定难度。

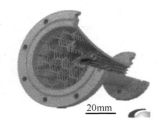

20mm

（a）铜合金试样　　　　　　　　　　（b）复杂结构

图 4-55　电子束粉末床熔融制备的铜合金试样和复杂结构

钛铝基合金（TiAl）或称钛铝基金属间化合物，是一种新型轻质的高温结构材料，被认为是最有希望代替镍基高温合金的备用材料。由于钛铝基合金的室温脆性大，采用传统的制造工艺成形钛铝基合金比较困难。电子束粉末床熔融通过预热获得了极高的成形温度，降低了成形过程的热应力，具有成形钛铝基合金的潜力。钛铝基合金因为铝元素含量和冷却凝固路线的不同可能具有如等轴晶、片层团、双态组织等不同的微观结构。相比于传统工艺成形钛铝基合金，电子束粉末床熔融成形的钛铝基合金的微观组织通常非常细小，呈现明显的快速熔凝特征。研究发现，采用多遍扫描工艺制备 Ti-47Al-2Cr-2Nb 钛铝基合金，得到如图 4-56 所示的细小的片层组织，而控制输入能量密度能够实现不同微观组织的制备。同时在多遍扫描工艺中，电子束扫描熔化截面后，会重复扫描截面 1 或 2 遍，起到热处理的作用。然而，钛铝基合金中 Al 元素由于熔点低，在成形时会大量蒸发，造成材料的化学成分变化，影响制件的最终性能。因此，为了实现制造合格钛铝基合金制件，需要考虑根据 Al 元素的蒸发情况针对性制造原材料粉末。

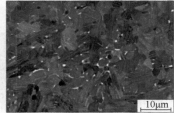
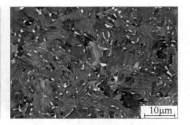

（a）近γ组织　　　　　　　　　　（b）双态组织　　　　　　　　　　（c）近全片组织

图 4-56　利用电子束粉末床熔融技术通过控制扫描工艺参数获得的不同微观组织的 TiAl 合金

2）成分控制与多金属复合成形

电子束粉末床熔融在高真空环境下进行，铝元素的蒸损会给钛铝基材料的成形造成不便，但也提供了一种梯度材料制造的思路，即依靠调整工艺参数诱导材料中特定元素比例的下降来调控材料成分，进而实现材料性能的调节。利用单一材料进行梯度材料的打印是一种极具发展潜力的技术，通过调整成形参数和成形环境，使得单一材料粉末中某种元素的含量降低，可以实现平行和垂直于成形方向的材料成分的梯度分布。

研究人员尝试了采用电子束粉末床熔融技术对 Ti-47Al-2Cr-2Nb 材料进行成分梯度成形。通过分析 TiAl 合金在电子束粉末床熔融成形过程中元素的极限蒸发状况，发现 Al 元素成分改变与电子束扫描累积输入能量存在对应关系。利用电子束多遍扫描控制累积输入能量的方法，可以将（$\alpha_2+\gamma$）相 TiAl 合金转化成（$\alpha+\beta$）相钛合金，从而大幅提高力学性能。该方法实现了选择性蒸发制备功能梯度材料（Functionally Gradient Materials，FGMs）新技术，即只用一种合金粉末材料制备出 FGMs 结构（图 4-57），提供了粉末床熔融增材制造技术制备复杂三维结构 FGMs 的新思路。

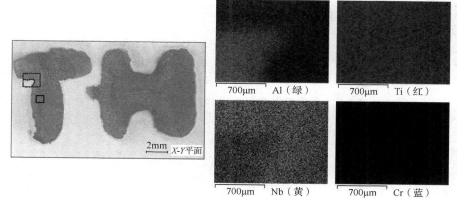

图 4-57　通过电子束粉末床熔融技术选择性蒸发铝元素实现梯度材料制备

电子束粉末床熔融技术不仅具有单一材料成分控制实现功能梯度材料制备的潜力，通过对装置的改进和工艺参数的优化还可以实现多金属的功能梯度成形。一方面，相比于激光等能量源，不同材料对电子束能量的吸收率差异较小，调控电子束功率保障不同成分材料的熔化均匀性较易实现。另一方面，电子束粉末床熔融工艺过程中的热应力水平较低，因此，材料的结合界面不易开裂。

我国研究团队设计了一种双金属定制化粉末供给装备并集成于电子束粉末床熔融设备中（图 4-58（a）和（b））。通过两套独立控制的振动送粉机构，可以在每一层打印中实现不同粉末特定比例掺杂的定制化供粉过程。研究人员利用该装备开展了钛合金和钛铝合金的单材料与多材料复合成形工艺研究，开发了不同掺杂比例的钛合金-钛铝合金电子束粉末床熔融工艺。通过动态调整工艺参数控制重熔深度与过渡区域设计，实现了具有良好界面结合性 Ti-47Al-2Cr-2Nb+Ti-6Al-4V 的双金属成形。由图 4-58（c）和（d）可以看出，在 300μm 厚的界面范围内，脆性材料钛铝合金与钛合金间没有出现裂纹，并且 Ti、Al 元素呈现阶梯式变化。这项探索验证了利用电子束粉末床熔融技术制备新型梯度材料以及金属复合材料的可行性。

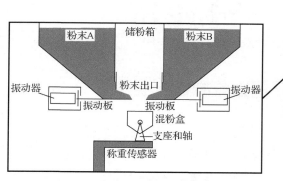

（a）定制化双金属供粉装置示意图

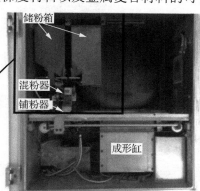

（b）成形装备实拍

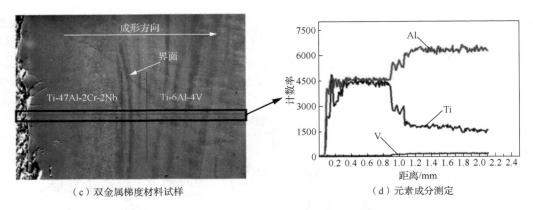

（c）双金属梯度材料试样　　　　　　　（d）元素成分测定

图 4-58　双金属定制化粉末供给实现的电子束粉末床熔融梯度材料制备

4. 典型案例

1）航空航天器零部件

电子束粉末床熔融不仅可以大大缩短成形时间，降低成本，还可以一次整体制造传统工艺难以实现或无法实现的复杂几何构造和复杂曲面特征，因此，电子束粉末床熔融系统被越来越多的航空航天企业所应用。

美国航空航天中心的马歇尔空间飞行中心、从事快速制造行业的 CalRAM 公司、波音公司先后购买 Arcam 公司的电子束粉末床熔融成形系统用于相关航空航天零部件的制造。图 4-59（a）是 CalRAM 公司利用 Ti-6Al-4V 粉末通过电子束粉末床熔融工艺为美国海军无人空战系统项目制造的火箭发动机叶轮，该叶轮具有复杂的内流道，尺寸为 $\phi 140\text{mm} \times 80\text{mm}$，制造时间仅为 16h。而莫斯科 Chernyshev 利用电子束粉末床熔融技术制造的火箭汽轮机压缩机承重体的尺寸为 $\phi 267\text{mm} \times 75\text{mm}$，制造时间为 30h（图 4-59（b））。叶片是航空发动机的主要做功部件，美国通用电气公司（GE）旗下的意大利航空航天引擎制造商 Avio Aero 利用电子束粉末床熔融技术实现了尺寸为 8mm×12mm×325mm 的 γ-TiAl 材料的涡轮叶片的制造（图 4-59（c）），重量为 0.5kg，比传统镍基高温合金轻 20%，平均每片叶片的制造时间仅需 7h。这种新型增材制造的涡轮叶片已经成功装备于 GEnX 系列发动机。

（a）火箭发动机叶轮　　　　　（b）火箭汽轮机部件

（c）涡轮发动机叶片

图 4-59　电子束粉末床熔融工艺制造的航空航天部件

上述的工业应用和研究成果表明，作为一种先进的金属直接制造技术，电子束粉末床熔融工艺能够完成航空航天领域关键、复杂零部件的制造，其在航空航天领域的应用前景十分广阔。

2）医疗植入体

医疗植入体是一种高度定制化的医疗产品，需要根据每位患者的骨骼结构和缺陷形态进行定制生产，如果依靠传统制造方式进行生产，成本高，周期长，患者需要忍受高额的医疗费用和漫长的等待时间。电子束粉末床熔融等增材制造工艺利用金属粉末可以根据医学影像分析获得的三维模型直接成形具有复杂结构的植入体，效率高，成本低，因此，被认为是医疗植入体制造最具前景的方式。

钛合金具有良好的生物相容性，在医疗领域应用广泛。国内外学者通过对电子束粉末床熔融工艺成形的实体或多孔钛合金植入体的生物相容性、力学性能、耐蚀性等性能的大量研究证明利用电子束粉末床熔融工艺成形的钛合金植入体具有应用可行性。目前，世界上已有多例电子束粉末床熔融成形的钛合金植入体在人体上临床应用，包括颅骨、踝关节、髋关节、骶骨等（图 4-60）。

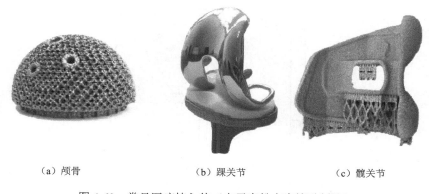

（a）颅骨　　　　　　　（b）踝关节　　　　　　　（c）髋关节

图 4-60　常见医疗植入体（电子束粉末床熔融制造）

在国外，电子束粉末床熔融成形的具有多孔外表面的髋臼杯钛合金植入体（图 4-61）产品目前已经进入了临床应用。2007 年，该产品通过 CE 认证；2010 年，获美国 FDA 批准，截至 2014 年，已有超过 4 万例植入手术。而在国内，北京爱康宜诚医疗器材有限公司在 2015 年利用电子束粉末床熔融系统制造的髋臼杯获得国家药品监督管理局（NMPA）批准，得到 CFDA 三类医疗器械上市许可证。未来，相信会有越来越多的电子束粉末床熔融技术制造的医疗产品如膝关节、腰椎融合器等进入临床应用。

图 4-61　电子束粉末床熔融技术制造的多孔外表面髋臼杯医疗植入体

4.3　金属黏结剂喷射技术

4.3.1　技术原理与关键技术

1. 金属黏结剂喷射 3D 打印的工作原理

金属黏结剂喷射 3D 打印技术采用阵列式喷墨打印喷头，是根据三维 CAD 模型切片得到的二维图形在金属粉末床上选择性喷射黏结剂来固化黏结成形的，多层叠加制作完成整个初胚零件。固化原理可以多种多样，可以是纯物理上的黏结剂干燥后黏结，也可能是黏结剂化学反应固化。初胚金属零件高温烧结最终形成高密度、高强度的金属零件。如图 4-62 所示，基本打印过程如下。

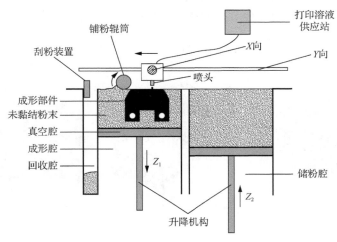

图 4-62　金属黏结剂喷射打印示意图

首先，铺粉系统在工作缸上铺上一层薄薄的粉末。然后，喷墨式打印头移动，选择性地将黏合剂液滴喷射到金属粉末床上。工作缸底板向下移动一个层厚，铺粉系统重新铺粉，并喷射另一层黏合剂。重复该过程，直到完成零件初胚成形。打印后，零件被封装在粉末床中。此时，零件在生胚状态下的力学性能较差（非常易碎）且孔隙率高，根据黏结剂固化原理不同，很多黏结剂需要进行几小时的低温（通常为 100～200℃）预烧结，之后清除未喷射到黏结剂的多余粉末。最后对零件进行高温烧结处理，最终获得高致密度的金属零件。

2018 年，该技术被 MIT Report 评为"全球十大突破性技术"之一，评价该技术"很可能会使制造业发生颠覆性改变"。从目前已有技术来看，黏结剂喷射 3D 打印技术可批量化工业生产应用，主要有以下优势。

（1）打印速度快。每一层的打印时间可以低到几秒钟，且成形缸中零件实体部分所占比例对打印速度没什么影响，适合于多个零件组合打印。

（2）成本低。由于没有昂贵的激光器和振镜扫描系统，机器设备的价格相对较低。另外，由于材料对粒径和形貌都没有非常特别严格的要求，粉末材料制备出粉率高，所以材料价格也相对较低。

（3）无支撑。未喷射黏结剂的粉末为零件提供支撑作用，无须额外添加支撑打印，减少材料浪费的同时简化了后处理。

2. 关键技术

金属黏结剂喷射 3D 打印技术非常复杂，其复杂在于不仅所涉及的基础科学领域太多，而且影响最终零件性能和精度的因素太多。除了常规的机械和控制技术外，还包括软件、化学、金属材料、粉末冶金等基础技术领域。同时，掌握黏结剂、金属材料、烧结工艺及其相互影响规律等都非常重要。特别是高温烧结技术，由于影响因素太多，高温烧结过程非常复杂。主要关键技术包括 5 个方面。

（1）数据处理软件。除了传统 3D 打印所需的切片软件之外，金属黏结剂喷射打印技术还需要根据切片数据生成专用的打印点阵数据。打印数据可以直接影响打印精度，打印数据处理软件应该具备以下 2 个基本功能。

① 在线数据处理。打印点阵数据分辨率越高，精度越高，但同时数据处理量越大，占用很大的存储空间。以 700mm×700mm 尺寸为例，当分辨率为 1200×1200DPI 时，单色点阵数据将超过 1GB，计算机运行时内存占用将达到 2GB 以上，如此庞大的数据量会使得计算机不堪重负。在线数据处理可以把整个一层分区域进行数据处理，在打印时才发送正在打印所需要的那部分区域数据，而不是一次处理整层的数据，即一边打印一边数据处理，实现"小内存处理大数据"。

② 全映射数据处理技术。在传统的数字喷绘里面，通常采用插值方法提高分辨率，该方法可以提高颜色的细腻度，但插值点无法保证点阵的实际物理位置精度。全映射数据处理技术提供高精度点阵数据，无损映射到喷孔实际喷射的每一个物理位置，不产生任何数据误差。

（2）精细化墨滴控制技术。喷墨的定位精度是黏结剂喷射 3D 打印技术独有的精度影响因素。定位精度会受到墨滴的大小和速度的影响。墨滴越大即墨滴越重，定位精度越高，在运动过程中更易控制，但大的墨滴对粉末床会有较大的冲击，会造成粉末床的表面粗糙，因此需要调整合适的墨滴大小和速度，减少冲击。通常通过喷墨驱动波形调节技术来控制喷墨打印头喷射的墨滴大小和速度，同时实现精细化墨量调节。

（3）高温烧结技术。金属黏结剂喷射技术涉及高温烧结才能制造高致密金属零件，所以整个工艺过程都是尽量实现后期烧结时收缩的均匀性和一致性。

① 收缩均匀性方面。烧结时如果收缩均匀，很容易通过软件进行补偿。造成非均匀收缩的影响因素非常多，目前主要从打印胚件的均匀性、高密度、保型性以及烧结过程中受热均匀性等方面解决。

② 零件一致性方面。烧结不仅是得到单一合格的零件，更需要批量制造多个零件都是一致的。因此，持续稳定地生产出合格的零件需要大量的试验才能总结出一套确定的工艺方法，即使相同的材料和打印参数，用同一烧结炉采用不同温度曲线，得到的零件性能也会不同，加之实际打印生产过程中任何其他环节发生变化，都可能造成金属粉末成分和粒径分布差异、黏结剂成分和比例差异、温度场差异、传热差异等，这些差异加上烧结时重力和摩擦影响，很容易造成最终零件的性能和尺寸相差很大。

（4）专用金属粉末。金属黏结剂喷射 3D 打印对粉末的选择范围较广，粒径不要求一定在某个严格范围，形貌也不要求高球形度，因此，粉末的制造方式可以有多种工艺。但是并不表示该技术对金属粉末没有要求。相反，合适的专用金属粉末可以提高打印过程的稳定性以及保证烧结之后零件的性能、精度和一致性。

首先，粉末需要具有较好的烧结活性。要保证最终零件有好的力学性能和较高的致密度，就需要粉末具有较好的烧结活性，能在较低温度下烧结得到高致密零件，这样晶粒长大较小，零件同时具有较好的力学性能。

另外，粉末要具有尽可能高的致密度。希望烧结过程中收缩尽可能小，那样更容易控制零件的精度和一致性，这就要求胚件具有较高的密度，所以在保证烧结性能的前提下，希望粉末的松装密度和振实密度都越高越好。一般来说，胚体的致密度越高，收缩率越小，变形可能性越低。同时，高致密度初胚件的烧结温度也相对较低。

通过组合不同形貌的粉末可提高粉末的保型性。高温烧结时，受到重力影响，零件悬空部位很可能出现塌陷。如果粉末具有较好的保型性，那么可以减少塌陷的出现。通常高球形度的粉末更容易塌陷。

调配粉末到合适的流动性。高烧结活性的粉末细粉通常占比较高，这类粉末的流动性就相对较差，同时球形度较差的粉末的流动性也相对较差，粉末太低的流动性不仅会影响铺粉的均匀性，同时会造成铺粉过程中两层之间铺粉摩擦力较大而出现推动现象。因此，需要调配粉末到合适的流动性以保证铺粉过程的顺利完成。

添加辅助添加剂改善烧结活性和零件力学性能。通常可以通过添加助烧剂降低烧结温度，添加晶粒细化剂减缓高温烧结时晶粒的长大。

（5）高强度低残余环保黏结剂。合适的黏结剂是黏结剂喷射金属 3D 打印技术的关键。在打印喷射阶段，黏结剂具有合适的黏度和张力，保证喷射的稳定性。在固化成形阶段，需要黏结剂具有较高的黏结强度。在高温烧结阶段，希望黏结剂完全分解，没有残余物。从生产级角度出发，需要黏结剂有较长的保质期和无环境污染风险，不仅黏结剂本身危害性低，同时分解物也可以排放。另外，黏结剂还需要在与粉末的结合过程中具有适当的渗透性，那样能保证打印精度和提高零件表面质量。

用于金属黏结剂喷射 3D 打印技术的黏结剂可分为有机黏结剂和无机黏结剂，目前主要以有机黏结剂为主。黏结剂也可分为酸碱黏结剂、金属盐黏结剂和溶剂黏结剂。酸碱黏结剂通过酸碱化学反应使粉末黏合，金属盐黏结剂通过盐的重结晶、盐结晶减少或者盐置换反应形成粉末间的黏结。溶剂黏结剂是在溶剂蒸发后形成固化。

4.3.2　国内外技术发展现状与趋势

金属黏结剂喷射 3D 打印技术是面向批量经济型金属零件的打印应用市场而诞生的，由于其高速度、低成本、高精度、无须支撑的显著优势，获得了业界的高度关注。基于该技术的国际上的创业公司如 Desktop Metal（收购 Exone）、Markforged 等公司，相继获得了谷歌、GE、宝马、福特、Stratasys、微软、西门子等世界级领先科技公司的投资。此外，传统国际巨头企业如 GE、HP 正在抓紧布局该技术领域，最近几年又有多家巨头企业如 Ricoh、Foxconn 等也在进入该领域。在国内，很长一段时间内商业化的黏结剂喷射金属 3D 打印厂商仅有武汉易制科技有限公司，近期国内诸多研发团队也宣布发布该技术。纵观全球，虽然该技术相对于其他 3D 打印技术是一种新型技术，但是从事该技术的主流厂商都有着至少超过五年的研发历史，有的甚至超过了十年，大家开展了广泛的材料测试。目前，可成形的材料较多，包括 304L、316L、M2 工具钢和 Ni718 合金、17-4PH、6061、铜、H13、钛、钨合金等，在铝合金方面也取得了一定突破。

金属黏结剂喷射 3D 打印的复杂度决定了研制该技术需要长时间大量的试验,该技术刚出现的时候,大家普遍怀疑该技术是否可以成形高致密度、高性能金属零件,这方面目前已经基本被认可。为了匹配批量化生产级应用,各厂商除了把重点放在提高设备自动化水平、丰富材料种类以及保证产品一致性等工作外,还需要在各应用场景进行大量测试,以证明其在能保证产品性能和精度的前提下,仍然能保证大批量产品制造的一致性。预计近年来就会逐步出现批量应用的场景,任意一个应用场景的突破都可能是几十亿上百亿的应用规模。

4.3.3 技术理论

黏结剂喷射金属 3D 打印技术的原理是通过黏结剂喷射和烧结工艺的相互结合来生产高致密度的金属零件的。除了黏结剂选择需要根据不同的固化原理进行设计外,打印过程中墨水的渗透和高温烧结具有更高的复杂度。

1. 黏结剂与粉末的渗透理论

基于不同的结合机理,存在粉末床黏结剂、相变黏结剂和烧结抑制黏结剂。粉末床黏结剂由于来自不同于一般的液态黏结剂,所以大部分黏结剂与粉末床混合后会通过喷嘴喷射液体与粉末作用产生黏结。相变黏结剂通过黏结剂的固化将粉末结合在一起,而烧结抑制黏结剂可以通过选择性喷射隔热材料控制烧结面积。在黏结剂喷射过程中,黏结剂与粉末床的相互作用直接影响打印件的几何精度、生胚强度和表面粗糙度。从喷嘴中喷出液态黏结剂后会发生一系列的渗透行为,如冲击、铺展和润湿。当黏结剂液滴撞击粉末床表面时,由于黏结剂润湿粉末会在黏结剂-粉末界面处形成接触角,一旦黏结剂与粉末接触,粉末颗粒间的孔会充当毛细管将黏结剂吸收到粉末中,接触角减小,随着黏结剂液滴润湿并渗入粉末床,多数孔隙空间充满黏结剂。根据黏结剂和粉末材料表面的极性不同,渗透的过程时间会相差较大,黏结强度也相差很远。

2. 烧结工艺

对黏结剂喷射金属 3D 打印初胚进行致密化最主要的方法是高温烧结。选择合理的烧结曲线是保证质量的关键之一。初胚在烧结过程中原子结合,产生一定程度的体积收缩,进而消除内部孔隙。

烧结温度和保温时间等工艺参数可能会影响最终产品的收缩率、微观结构等,增加烧结温度和时间通常会导致较高的收缩率,但是很可能造成晶粒长大,反而降低零件的力学性能。

太快的升温速度通常会造成较大的温差,容易产生变形。降低升温速度可以有效减少受热不均匀情况,从而减少不均匀变形。

烧结过程中随着温度的变化,有些材料可能出现金属材料组织转变,这会造成组织应力,通过改变温度曲线可以有效减小组织应力。

4.3.4 典型案例

金属黏结剂喷射 3D 打印技术可以广泛应用于各类产品制造,更应该把该技术当作一种通用性加工技术来看,它的应用场景绝不局限在某些特殊领域,它的应用场景将会如 CNC 机床一样广泛应用。但是,率先采用该技术的领域会根据产业环境的不同而不同。例如,国外已经首先在汽车行业开展批量应用,而国内很可能在模具、航空航天等领域率先开展批量应用。在鞋底注塑模具行业,鞋底模具整体尺寸在 400mm×380mm×120mm 左右,重量约为 40kg,

材料为铁。该模具的特点是结构复杂，表面精度相对不高，但是要求价格便宜，且生产周期短。采用传统精密铸造再 CNC 加工，生产周期约 20 天，生产成本为 5000 元左右。当采用金属黏结剂喷射技术来打印时，生产周期约 3 天，生产成本为 4000 元左右。当采用激光金属 3D 技术（SLM）来打印时，生产周期为 15～30 天，生产成本为 10 万元左右。

从该产品可以看出，金属黏结剂喷射技术已经具备与传统制造竞争的速度和成本，这在以往 3D 打印技术来看是不太可能的。

4.4　增减材复合制造技术

4.4.1　技术原理与关键技术

增材制造是一种基于材料累积的成形技术，不同于减材制造的去除加工，堆积成形原理决定了其成形精度和表面质量受成形单元分辨率限制而难以达到传统切削加工的同等水平。因此，在诸如航空、航天等领域的高精度零件制造中，增材制造虽然具有近净成形的特点，能够满足复杂结构零件的一体化成形要求，有效提升材料利用率，尤其是在产品研发和小批量试制阶段，能有效缩短零件加工及产品研发周期，但是，其加工精度和表面质量却往往难以满足设计需求，需进一步进行后处理加工。

增减材复合制造（Additive & Subtractive Hybrid Manufacturing，ASHM）技术是增材制造的进一步延伸，能够将增材制造适用于复杂零件成形及减材加工，保证加工精度和表面质量的优点有效结合，实现高精度复杂零件的高效一体化成形和修复。尤其对于具有内腔及复杂型面的难加工零件，若采用毛坯铸造或增材成形后再加工，可能存在刀具加工不到的内部盲区。现有加工工艺往往采用精密铸造+表面抛光或分体制造+焊接的方法，但是表面抛光改善不了型面精度，焊接又会引入热应力变形，质量一致性和加工效率均不易保证，制约了新产品的快速迭代开发和创新设计。增减材复合制造技术通过增材和减材的交替进行，恰好能解决复杂型面、内腔内流道结构零件的高精度一体化制造问题。

增减材复合制造可以通过增材制造一层或多层后，利用铣削等减材制造方法将零件精加工至设计尺寸和形状。目前，金属增减材复合制造技术主要有两种，一种是采用金属粉末床熔融和数控加工复合；另一种则采用金属定向能量沉积和数控加工复合。

1. 金属粉末床熔融和数控加工复合

粉末床金属增材成形工艺主要包括选区激光熔化和电子束熔化成形。现有研究中主要是采用选区激光熔化和三轴数控铣削加工进行复合加工，其工艺原理如图 4-63 所示。

在该工艺方法中，首先对零件沿竖直方向进行分层，采用逐层或多层的增/减材循环加工方式，根据分层轮廓沿竖直方向曲率变化情况确定增/减材加工的循环频次。对于分层轮廓沿竖直方向曲率变化较大的部分，在单层成形后对沉积层轮廓进行铣削；对于分层轮廓沿竖直方向曲率变化较小的部分，在多层成形后对沉积层轮廓进行铣削，最终，对零件型面进行必要的精加工。由于三轴数控铣削只能完成法线方向向上或水平的轮廓加工，在复杂内腔的轮廓加工中存在明显的局限性，适合于模具等分型面明确的复杂零件加工。

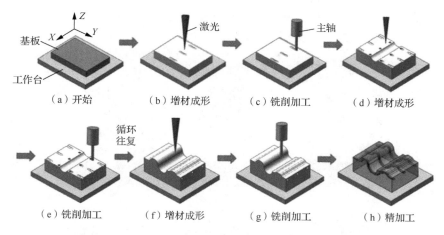

图 4-63　选区激光熔化-铣削复合制造工艺流程示意图

金属激光粉末床熔融和三轴数控铣削加工复合具有明确的沿竖直方向依次成形的特点，其工艺规划的要点体现在：循环频次的确定，铣削方式为等高轮廓铣削，增材和铣削的路径规划较为成熟，可采用成熟的商业化软件完成路径规划。在复合制造过程中，关键技术问题体现在以下方面。

1）成形零件的带温加工技术

由于增/减材加工的工艺切换频繁，若等待成形零件冷却后再进行铣削加工，势必影响复合制造效率。因此，与常规铣削加工不同，须在成形零件带温状态下进行干切削加工。由于热累积作用和工艺切换频次的变化，铣削加工的初始温度必然存在差异，而初始温度对零件切削性能、切削残余应力、表面完整性和刀具寿命都存在影响，其影响机制有待深入研究，复合制造效率与铣削初始工艺状态的兼顾是增减材复合制造工艺规划中需解决的关键技术。

2）切屑与粉末分离技术

粉末成分、粒径分布、球形度等材料性能直接影响选区激光熔化成形的制件缺陷和力学性能，而铣削加工的切屑具有不规则性，即使超高速及小吃刀量铣削的切屑细小，但和粉末的表面形态必然存在明显差异。在增减材复合制造过程中，铣削的切屑会落入粉末床内与成形粉末混合，所以会影响铺粉后粉末层的表面平整、零件性能和粉末的重复利用。因此，在铺粉过程和粉末回收过程中切屑和粉末的分离是保证复合制造零件质量及控制成本的关键技术。

3）全流程应力和变形控制技术

传统的金属增材制造通常需要在成形中预留加工余量来解决成形及后续热处理过程的应力变形问题。在增减材复合制造中，逐层或多层间的轮廓铣削已经将零件轮廓加工至公差范围，在后续的成形和最终热处理中，依然存在应力传递和释放问题，应力变形会直接影响零件尺寸和几何精度，需从材料改进、激光扫描参数及扫描策略优化、铣削工艺优化及热处理工装优化等方面探索复合制造应力调控技术，控制应力变形对制造精度的影响及残余应力对加工表面完整性的影响，形成复合制造全流程应力和变形控制技术。

2. 金属定向能量沉积和数控加工复合

定向能量沉积工艺主要包括激光熔融沉积（Laser Deposition Melting，LMD）和电弧增材成形，通过激光熔覆头/焊枪与减材刀具的切换，这两种工艺方法均可以与铣削等减材加工工艺实现增减材复合，具有增、减材工序灵活转换的特点，既能成形出复杂结构特征，又能通过减材加工保证精度。由于激光熔融沉积相对于电弧增材成形具有较小的熔池和热输入，成形过程的热应力相对较小，有利于增减材复合过程的变形和加工余量控制，因此，针对激光熔融沉积和铣削数控加工的研究较多，其工艺原理如图 4-64 所示。

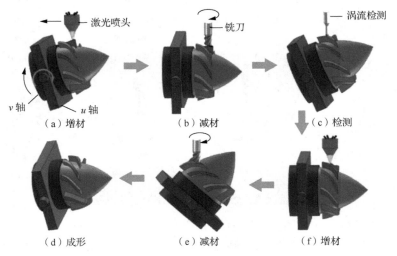

图 4-64　激光熔融沉积-铣削复合制造工艺流程示意图

在该工艺方法中，首先对零件进行特征分解，如图 4-64 所示的叶轮，将其分解为轮毂特征和不同的叶片特征，并依据刀具可达性原则对叶片特征进行分段。其轮廓特征可采用锻/铸造毛坯机加工的工艺方式，或采用激光熔融沉积后进行减材加工的方式，而后针对叶片特征分段形成的子特征，进行逐个子特征的增材和减材加工，直到所有特征完成加工。

由于激光熔融沉积-铣削复合工艺方法基于零件特征分解实现逐个特征的增、减材交替复合，与选区激光熔化-铣削复合不同，各个特征的成形堆积方向可能存在差异。因此，激光熔融沉积-铣削复合制造设备一般采用五轴联动数控设备，可实现零件坐标系内成形堆积方向的自由切换及复杂曲面的五轴联动加工。在复合制造过程中，关键技术问题体现在以下方面。

1）特征曲面分层及多轴联动激光熔融沉积-铣削路径规划技术

以叶轮的叶片特征为例，叶片与轮廓的结合面为曲面，同时沿堆积方向具有变截面的特点。为减少特征成形过程的"台阶"效应，在叶片特征成形时，采用与传统增材制造不同的曲面分层方法，在层内扫描成形时，采用五轴联动激光熔融沉积方法，保证熔池中心点法线方向与沉积方向一致。采用传统的分层和路径规划软件无法解决曲面分层和五轴联动激光熔融沉积路径规划问题，需在多轴联动铣削加工的 CAM 软件平台的基础上采用二次开发等方法实现多轴联动激光熔融沉积-铣削的路径规划。

2）热应力在线调控及自适应加工技术

激光熔融沉积相对于选区激光熔化具有更大的热应力累积，成形过程的热应力累积可能引起热裂纹及零件变形，也会作为残余应力影响后序铣削加工精度及表面完整性，且工序间热处理难以实现。同时，后序热输入不可避免地会引起前序已加工特征的形变，从而造成特征间过渡不平滑、加工基准偏移甚至加工超差等问题。因此，需解决适合五轴激光熔融沉积复杂路径的在线随行应力调控问题，同时，需在对前序特征加工型面进行在线测量的基础上解决后序特征的自适应加工技术，形成增减材复合制造精度控制关键技术。

3）沉积态制件多轴联动铣削参数优化技术

沉积态增材材料具有多晶体织构特征，其组织和力学性能具有明显的各向异性。因此，不同铣削进给方向的铣削力和切削性能存在一定的差异性。在复杂型面尤其是自由曲面加工中，铣削进给方向与特征沉积方向间的夹角关系具有瞬态变化特性，加工过程的铣削力和切削性能变化规律复杂，必然对铣削表面质量的一致性构成影响。因此，针对沉积态增材材料各向异性的特点，需解决多轴联动铣削的铣削参数优化及铣削进给方向与铣削参数的匹配问题，形成激光熔融沉积-铣削复合制造表面质量和完整性控制的关键技术。

4.4.2 国内外技术发展现状与趋势

1. 增减材复合制造技术的发展现状

自 20 世纪 90 年代增减材复合制造技术研究兴起后，国外已陆续出现了商业化的增减材复合制造装备，主要涉及直接能量沉积（DED）和粉末床熔化（PBF）两种增材成形工艺与减材加工复合的制造装备。美国 Hybrid Manufacturing Technologies 开发了可自动装夹的 Ambit 激光熔覆头，可在传统数控加工中心上进行集成实现增减材复合。DMG MORI 公司先后开发了 LASERTEC 65 3D 和 LASERTEC 4300 3D 两款增减材复合制造机床，其中，LASERTEC 65 3D 集成了激光熔融沉积与五轴数控加工，可实现叶轮及机匣等零件的增减材复合制造，LASERTEC 4300 3D 则实现了激光熔融沉积与车铣复合加工的功能复合。Hamuel 公司开发了 HYBRID HSTM 1000 型增减材复合制造设备，聚焦于汽轮机叶片等高附加值零件的修复。MAZAK 及 OPTOMEC 等公司也相继推出了激光熔融沉积与多轴数控加工的复合制造装备。其中，OPTOMEC 公司开发的 LENS 3D METAL HYBRID 实现了气氛保护环境下的增减材复合，可以满足钛合金等易氧化材料零件的制造。粉末床熔化与减材加工复合制造设备则以日本三井精机公司开发的 Lumex Advance-25 为代表，实现了选区激光熔化与三轴数控铣削的复合，用于模具等复杂结构零件的增减材复合制造，同样功能的设备还有日本 Sodick 公司开发的 OPM250E。表 4-4 列出了部分国外增减材复合制造设备的增材工艺方法和减材工艺方法，部分典型设备如图 4-65 所示。2018 年 DMG MORI 公司提出将 LT30 SLM 铺粉式增材制造设备与 LASERTEC 65 3D 相结合，应用于打印既有镂空网格结构又有厚壁实体结构的复杂工件，发挥 SLM 可成形复杂特征的优势和 LMD 效率较高的优势，为增减材复合制造提出了新的方向。

表 4-4 国外增减材复合制造设备现状

增减材设备，制造商	增材工艺	减材工艺
HYBRID HSTM 1000, Hamuel Reichenbacher	DED	五轴数控加工
LASERTEC 65 3D, DMG MORI Seiki		五轴数控加工
NT 4300 3D, DMG MORI Seiki		五轴数控加工/车削
INTEGR EXi-400AM, MAZAK		五轴数控加工/车削
Replicator, Cybaman Technologies, Traki-iski		六轴数控加工/磨削
WFL, WFL Millturn Technologies		五轴数控加工/车削
ZVH 45/L1600 ADD+PROCESS, Ibarmia		五轴数控加工/车削
Lens 3D METAL HYBRID, -Optomec	—	五轴数控加工
Lumex Advance-25, Matsuura Machinery	PBF	三轴数控加工
OPM250E, Sodick		三轴数控加工

（a）LASERTEC 65 3D（DMG MORI）

（b）HYBRID HSTM 1000（Hamuel）

（c）INTEGR EXi-400AM（MAZAK）

（d）Lens 3D METAL HYBRID（–Optomeo）

图 4-65　部分国外商业化增减材复合制造设备

国内各高校也相继开展了增减材复合制造设备的研发工作。2015 年底我国推出了 SVW80C-3D 增减材复合五轴加工中心，并于 2017 年底在五轴旋转工作台上增加空间温度调控系统，调控制件温度。2018 年，中国数控机床展览会（CCMT2018）展出了自动送丝式激光沉积的增减材复合机床 XKR40 Hybrid，其将增材制造和五轴铣削加工技术集于一体，在一次装夹的情况下实现复杂曲面零件（叶盘、叶轮、叶片等）的高效加工。LMDH 系列的增减材复合制造设备集成了气氛保护系统和低温气体射流冷却系统，实现了航空发动机机匣等多种复杂结构零件的增减材复合制造。上述部分设备如图 4-66 所示。

（a）SVW80C-3D

（b）XKR40 Hybrid

（c）LMDH600

图 4-66　部分国内商业化增减材复合制造设备

在增减材复合制造数控编程软件方面，NX、Dalcam、MasterCAM 等商业化的减材加工 CAM 软件相继推出多轴沉积增材成形的分层的路径规划功能模块，为增减材复合制造提供了数控编程工具。其中，SIEMENS 公司于 2018 年发布了具有增材制造工艺路径规划编程功能的 NX12.0 软件，具有 Multi Jet Fusion、Multi-Axis Deposition、MACH 3 Additive Deposition、

AM Fixed-Plane Additive 等增材制造相关模块，其多轴沉积模块可实现 Zig-Zag 及轮廓偏置等常用增材成形路径规划。另外，Vericut 公司也在 Vericut8.2 版数控加工仿真软件中增加了增材过程仿真功能，可实现多轴增减材复合加工的运动仿真，从而避免加工干涉。

2. 增减材复合制造的发展趋势

增减材复合制造作为增材制造技术的延伸，自 20 世纪 90 年代提出以来，在工艺技术研究和装备研发方面都吸引了广泛关注，在航空、航天、核动力等高端制造领域展现出重要的应用推广价值。2020 年 10 月，美国商务部将对美国国家安全起到至关重要作用的 6 项新型技术添加到《出口管理条例》的管制清单中，混合增材制造数控机床被列为首位。2020 年 12 月发布的中国工程院《全球工程前沿 2020》报告中，增减材复合制造方法被列为机械与运载工程领域前 10 项工程研究前沿技术的第二位。增减材复合制造技术的发展趋势体现在以下几个方面。

在工艺研究方面，金属增减材复合制造的瓶颈问题在于增、减材工序之间很难实现离线热处理，增材成形残余应力及沉积态材料的各向异性会影响铣削加工精度和表面质量的一致性。同时，后序特征增材热输入产生的热应力会对已加工型面的加工精度造成显著影响，对零件的力学性能和使用寿命也具有潜在的影响。因此，除通过工序特征"增、减量"和"增、减顺序"优化来控制后序特征增材热输入对前序特征的应力影响以外，在线应力和组织调控是金属增减材复合制造技术发展的必然趋势。

在装备及软件开发方面，增材成形工艺状态在线监测及减材加工精度在线检测的系统集成是增减材复合制造设备的发展趋势。基于此，增材成形过程的质量监控与回溯、减材加工路径的自适应修正及切削参数的自适应匹配是增减材复合制造装备控制系统及数控编程软件的发展趋势。

在工程应用方面，增减材复合制造技术解决了复杂型面及具有内孔、内腔和内流道零件的一体化制造难题，为设计提供了新的自由空间。同时，定向能量沉积可实现异质材料和梯度材料的直接成形。在定向能量沉积与减材复合制造的工艺驱动下，复杂结构零件的材料-结构-功能一体化设计将成为航空航天等领域的零件设计方向，也将成为增减材复合制造技术应用的发展方向。

4.4.3　典型案例

以如图 4-67 所示的变截面弯管为例，其材料为 GH4169 合金，内腔型面表面质量要求达到 $Ra1.6$。若采用传统加工方法，存在内腔型面加工的刀具不可及问题，难以实现该零件的一体化制造，则可对铸造毛坯内表面进行电火花加工及磨粒流等表面光整加工，或采用分体加工而后焊接的方法，但均存在加工效率低且质量一致性不易保证的问题。

图 4-67　变截面弯管结构模型

采用激光熔融沉积-铣削复合的制造方法可实现该零件的一体化制造，对弯管零件进行特征分解，将其分解为若干段，逐段进行增材成形和内腔型面的铣削加工。采用 LMDH600 五轴增减材复合加工中心（图 4-68）完成了该零件的增减材复合制造，制造过程如图 4-69 所示。

图 4-68　LMDH600 五轴增减材复合加工中心

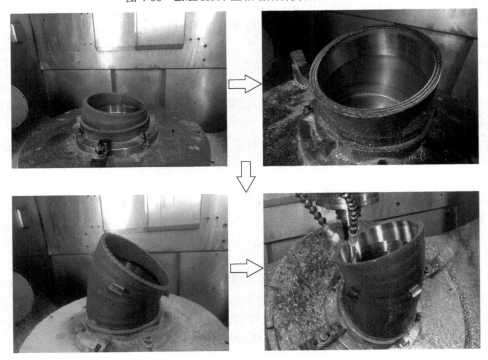

图 4-69　变截面弯管增减材复合制造过程

通过增减材复合制造所完成的变截面弯管如图 4-70 所示，可以看出，其内腔型面实现了完整加工，表面质量可达 $Ra1.6$ 以上，但在工序特征结合部存在过渡痕迹，这是因为后序特征增材成形的热输入引起了前序已加工型面的变形。在实际加工中，需对前序特征的已加工型面进行在线测量，并对后序特征进行模型重构和路径修正，以解决变形引起的加工基准偏移问题。

图 4-70　变截面弯管增减材复合制造零件

4.5　思　考　题

1. 根据美国材料与试验协会委员会颁布的增材制造技术标准用语 ASTM F2792-12，金属增材制造技术可以分为哪几类？

2. 粉末床熔融技术主要包括哪几种？

3. 采用金属激光粉末床熔融工艺所成形的金属构件中会出现哪些常见的缺陷？

4. 简述电子束粉末床熔融技术的工艺过程。

5. 什么是增减材复合制造？它具有哪些优势？目前，金属增减材复合制造技术主要有哪几种？

第5章 非金属增材制造

5.1 立体光固化成形技术

5.1.1 技术原理与关键技术

立体光固化（Vat Photo Polymerization，VPP），也称立体光刻成形和光固化成形（Stereolithography）。VPP以光敏树脂为原料，通过光化学反应使其一层一层固化堆积，最终制作出完整的模型，可采用点光源逐点扫描，也可采用面曝光式成形，获得较高的成形效率，如图5-1所示。该工艺集成了机械工程、计算机辅助设计及制造技术（CAD/CAM）、计算机数字控制（CNC）、精密伺服驱动、检测技术、激光技术及新型材料科学等多项关键技术。

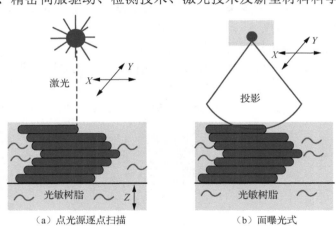

（a）点光源逐点扫描 （b）面曝光式

图5-1 立体光固化成形技术原理

第一种逐点扫描方式，也称为扫描法。如图5-2所示，该方法一般采用的是半导体固体激光器或者紫外汞灯作为光源。进行扫描固化时，通过一点一点地连续扫描，由点组成线，再由线组成面，最终固化一个薄层。由于该扫描方式需要激光扫描器、振镜，目前这些部件大多数使用的都是进口产品，因此设备的造价和运营成本都比较高。该工艺可以实现比较大的加工尺寸，精度也比较高。降低采用该类工艺的设备成本和提高其稳定性是近年来主要的研究方向。

第二种方式是基于掩膜工艺的面曝光的成形方法，也称整层曝光法，如图5-3所示，该技术采用DLP（Digital Light Processing）即数字光处理技术，这种技术主要使用DLP投影仪，一次将模型的一个截面直接投影到液态的光敏树脂上，每次固化一个截面。该工艺一般采用的都是底部投影的方式，所以不需要涂铺系统，层厚度最小能达到25μm，与其他工艺制作出的模型在相同的层厚下对比，DLP工艺看不到明显的层痕迹。由于这种方式每次固化一个截面，所以其加工效率非常高效。但由于目前主流的投影仪的分辨率尺寸有限，虽然这种工艺制作精度很高，但是制作幅面都比较小。该工艺具有速度快、精度高、设备成本低、体积小等特点，所以它在微小零件如珠宝首饰、工艺品行业得到了迅速发展。

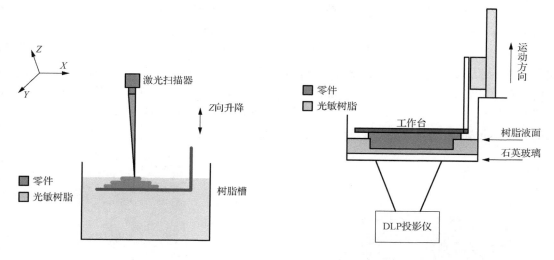

图 5-2　扫描法成形技术　　　　　　图 5-3　整层曝光法成形技术

在所有的增材制造技术中立体光固化是最早发展起来的，也是使用率最高的。从使用时间来讲它是第一个投入商业应用的增材制造技术，在所有增材制造工艺中，立体光固化成形技术的精度和表面光洁度都是最高的。在新产品研发阶段都需要先加工少量的样品，也称为新品试制，新品试制阶段一般都需要对模具进行修复或者重新加工，所以一款新品的开发周期非常长，耗费的精力和财力也相当大。而立体光固化技术不需要模具，也不需要机械加工，就可以制作复杂的原型，把原型的制造时间减少为几天、几小时，缩短了产品开发周期，相对于传统的制造加工可节约 70%以上的时间，降低开发成本。立体光固化成形技术特别适合于新产品的开发，尤其对于不规则或复杂形状零件制造（如具有复杂形面的飞行器模型和风洞模型）、动漫玩具、模具设计与制造、产品设计的外观评估和装配检验、快速反求与复制，也可通过该技术与其他技术（如铸造、喷涂等）的结合加工金属模型。这项技术不仅在制造业具有广泛的应用，而且在材料科学与工程、生物医学、教育培训、文化艺术、文物考古、建筑等领域也有广阔的应用前景。

5.1.2　国内外技术发展现状与趋势

1. 国内外技术发展现状

立体光固化成形技术从诞生到现在经历了几十年缓慢的发展，初期主要因激光器、振镜、材料性能较低发展缓慢，也和市场的需求密不可分。随着现代制造业的飞速发展，立体光固化成形技术也早已突破很多技术难题，如今已应用在各行各业。而作为 3D 打印最早发明的工艺，立体光固化成形技术又迎来了一次技术革新，如连续面曝光、回转轴向曝光等新技术。在设备方面，作为最大的 3D 打印设备生产商美国 3D Systems 公司，它最早在 1986 年就推出了世界上第一台商用立体光固化成形设备，现如今已推出几十种型号，其中 ProX950 是其最新的产品，堪称生产级的打印机。如图 5-4 所示，该设备的最大制作尺寸达到了 1500mm×750mm×550mm，使用两套扫描系统同时工作，而且采用了先进的变光斑扫描工艺，轮廓扫描光斑 0.13mm，填充扫描光斑 0.76mm，该技术可以有效地提高扫描效率。该设备还使用了新型的 ProsScanTM 数字扫描系统，以提供超光滑的表面成形和微细结构制作，重复精度高，可靠性好。由于使用了大功率激光器，填充速度最大可达 25m/s。另外，还采用了 ZephyrTM 涂覆系统，可实现刮刀的自动调平和自动校准，可实现 0.05mm 层厚。

　　德国的 EnvisionTEC 是全球著名 DLP 技术的生产商，其生产的高精度 Micro DDP 成形机，如图 5-5 所示，其精度可达到 0.03mm，材料也有多种选择。随着 DLP 投影技术的发展，其分辨率在不断提高，有望使该技术的加工精度达到微纳米级别。另外，日本的三菱集团、索尼公司、Unirapid 公司等，美国的 FSL3D 公司、SprintRay 公司、B9Creations 公司等，以色列的 Massivit 3D 公司都有自己的光固化成形设备。

图 5-4　立体光固化成形设备

图 5-5　DLP 成形设备

　　由于客户需求不同，2012 年 Formlabs 团队在众筹平台推出了一款基于 SLA 成形技术的桌面型 3D 打印机——Form 1，它使用精密镜面系统实现激光的二维扫描，大大降低了使用振镜带来的成本。由于主要面向家庭级消费者，该设备的特点是体积小，仅有 300mm×280mm×450mm，接近于一台微波炉的大小，可制作最小特征为 0.3mm。该公司在 2016 年将该设备升级到 Form 2，加工尺寸和精度都得到了大幅度提高。

　　我国有很多高校和研究所都对光固化增材制造技术做了大量的研究工作。由于大多数 SLA 设备使用的都是紫外激光配合振镜扫描实现工艺过程，所以设备的价格都比较高，西安交通大学研发了一种使用 LED 灯作为光源的 CPS 低成本型设备，使用大功率 UV-LED 为光源，此光源具有价格低、寿命长、能耗小等优点，大大降低了设备的价格，延长了光源的使用寿命。此外，3D 打印市场的强势发展带动了一大批企业投身于设备研发和生产。

　　2. 发展趋势

　　高精度、高效率和大幅面光固化技术是重要发展方向。连续和一次性体成形光固化技术的出现则大幅提高了光固化增材制造的效率，可将打印效率较传统光固化效率提升上百倍。近年来，具有突破性的光固化增材制造工艺主要有：基于氧阻聚效应的连续液面光固化成形技术（CLIP）；基于轴向计算光刻的光固化体成形技术（CAL）；基于移动液面的大面积高速光固化打印技术（HARP）；基于双色光聚合的光固化体成形技术（Xolography）。由于上述连续或体成形光固化技术在成形过程中不再引入物理成形单元的叠加，因此其打印精度特别是打印方向精度得到很大提升，这样也能够更有利于提高打印件表面光洁度和各向同性性能，具有极高的应用前景和价值。光固化材料是该技术发展的核心，当前光固化增材制造基本采用单一材料体系进行。由于其他不溶无机填料粉体在树脂中引发的分散性和光散射等问题，目前光固化技术在制造具有一定性能差异的多材料混合体系的应用方面还不成熟，随着当今工业科技发展对复杂材料组分陶瓷零部件需求的与日俱增，如何能够同时制造具有异种材料结构成为领域内的一个研究前沿。

5.1.3　光敏树脂材料

1. 立体光固化对光敏树脂的要求

随着光固化技术的广泛应用，作为立体光固化技术核心之一的光敏树脂，越来越显示出其重要性。应用于立体光固化的光敏树脂，通常由光引发剂、预聚物、活性单体、流平剂、抗氧化剂等组成，由于光固化的特殊性，对光敏树脂的要求也就不同于光固化涂料、UV 油墨等。具体地说，用于立体光固化的光敏树脂应具备以下性能。

1）高感光性

高感光性是指光敏树脂对激光要有很高的固化响应性，即光固化速度要快。这是由于在激光扫描固化成形中，零件的每一层面都是由激光束逐点、逐线扫描而成的，因此希望在保证其他性能不变的情况下，扫描速度越高越好，否则制造一个零件，需耗费很长的时间，这就要求树脂在激光扫描到液面时，应立即固化，而当光束离开后，聚合反应必须立刻终止，不能向周围扩散，否则零件边界精度会受到影响。另外，由于激光管的寿命是有限的（He-cd激光器的寿命约 2000h），所以这是造成光固化运行费用高的主要原因之一。如果光敏树脂的感光性差，必然要降低扫描速度，延长制造时间，从而造成制造成本上升。因此，要求树脂要有足够高的感光性，以便提高工作效率，降低制作成本。光固化树脂感光性能常用临界曝光能量表示。临界曝光能量越大，则说明要引发聚合反应的能量越高，感光性越差。

2）低收缩、低翘曲性

在影响立体光固化零件精度的诸多因素中，如扫描线控制精度、升降平台每层升降的定位精度、刮平程度、光斑大小及激光能量的稳定程度等，树脂在固化过程中所产生的体积收缩是引起成形零件尺寸精度误差的一个主要原因，这种收缩造成的不仅是成形零件的尺寸误差，而且造成零件的翘曲变形，特别是对于悬臂和大平面零件，更易造成层间开裂和刮平障碍而使制作过程中断。

为了成形出高精度零件，快速成形机对光敏树脂提出了越来越高的要求，即光敏树脂应具有低收缩和低翘曲性，而且从目前立体光固化的应用情况来看，低收缩、低翘曲性已成为阻碍立体光固化成形技术推广与发展的瓶颈问题。

3）固化程度要高

在立体光固化成形过程中，树脂固化一般是分两次进行的，第一次在工作平台上经激光扫描固化后，由于零件固化程度还不够，零件中还有部分处于扫描间隙液态的残余树脂未固化或未完全固化，零件的力学性能和物理性能尚未达到最佳值。为提高零件的力学性能、表面质量和尺寸稳定性，必须对成形零件进行第二次固化，即后固化，使未完全固化的树脂充分固化，以达到使用目的。而在后固化的过程中，零件经常还要发生更大程度的翘曲变形，这是因为后固化过程中的树脂收缩受到的网状交联结构限制更大，这种收缩应力的最终平衡即表现为零件的进一步翘曲。因此，必须尽可能提高零件的一次性固化程度，以减小后固化部分树脂的比例，减少零件的后固化变形。

4）黏度低

在立体光固化成形过程中，较大的树脂黏度经常造成流平时间的延长以及刮平操作的困难，从而导致加工时间的延长和零件制作精度的下降，虽然升高温度可以使树脂黏度降低，但过高的温度容易导致光敏树脂体系的不稳定。此外，由于立体光固化成形零件中的"台阶"效应与层厚有很大的关系，即成形层越厚，"台阶"效应越明显，为了减小这种"台阶"效应给零件造成的尺寸误差，立体光固化制作层厚已由原来的每层 0.2mm 降到 0.1mm，甚至更小，这对于高黏度树脂来说几乎是不可能的，小的成形层厚要求光敏树脂必须具有很低的黏度，以使每次刮涂后能在很短时间内流平，从而提高可控精度，缩短制作时间，降低制作成本。

5）湿态强度高

在立体光固化成形过程中，经激光扫描固化后的固态树脂在制作过程中必须具有足够高的强度以支持其湿态（未完全固化态）原型，这种强度即湿态强度，它包括衡量抗变形能力的弹性模量（杨氏模量）以及拉伸强度和抗挠曲强度。没有足够高的湿态强度，在制作中湿态零件将会由于树脂的收缩力和重力作用而发生错位或变形，而且在将成形零件从工作平台上取出时零件的尺寸也会发生变化，如在重力作用下发生下垂和弯曲等。

6）稳定性好

立体光固化成形过程中，一次性注入大量树脂到工作槽中，不再取出，以后随着使用中的消耗，要求给工作槽不断补充新的光敏树脂，这样液态光敏树脂长期储存于工作槽内，要求在使用环境下基本保持各项性能不变。这无疑对光固化树脂的稳定性提出了更高的要求，如在长期灯光和自然光照下不会发生缓慢聚合反应，在使用条件（湿度、温度等）下不发生聚合以及组分挥发，在空气中长期暴露不发生氧化变色等。

7）毒性低

在立体光固化成形过程中，操作者不可避免地要与光敏树脂频繁接触，因此要求光敏树脂低毒或无毒、无味、低刺激，以利于操作者的健康和不造成环境污染。

2. 光敏材料的固化特性及测定

1）单一光敏树脂体系

在测定光敏树脂固化特性前先介绍两个重要的参数，即透射深度 D_p（Depth of Penetration）和临界曝光量 E_c（Critical Exposure Energy）。D_p 是光敏树脂特有的参数，表示树脂对紫外光吸收的强弱，单位是毫米（mm）；E_c 是用来表征光敏树脂固化时的光敏性指标，单位为毫焦/平方厘米（mJ/cm²），它是指在透射深度下单位面积的树脂达到凝胶状态所需的最小曝光能量，其实也就是能使单位面积光敏树脂固化需要的最小能量。

在扫描法光固化技术中，激光光斑以一定的速度照射光敏树脂表面，当被照射区域内单位面积吸收的能量大于临界曝光量 E_c 时，被照射的区域树脂发生固化反应，并形成一个固化点。激光束继续移动，进而形成一条固化单线。固化区域内的固化单线以一定量的重叠黏合在一起形成一个固化截面，固化截面逐层累加最终固化成为模型。整个固化过程其实就由很多固化的截面连续黏合组成模型，也称这种扫描为平面扫描法。固化单线有两个衡量指标，即宽度和厚度。宽度也称固化线宽，用 L_w 表示，厚度则用固化厚度 C_d 表示，可分别由式（5-1）、式（5-2）计算得出：

$$C_{\mathrm{d}} = D_{\mathrm{p}} \times \ln\left(\sqrt{\frac{2}{\pi}} \cdot \frac{P}{\omega_0 \cdot V_{\mathrm{s}} \cdot E_{\mathrm{c}}} \right) \tag{5-1}$$

$$L_{\mathrm{w}} = 2\omega_0 \sqrt{\frac{C_{\mathrm{d}}}{2D_{\mathrm{p}}}} \tag{5-2}$$

式中，C_{d} 为单线固化厚度，mm；D_{p} 为光敏树脂的透射深度，mm；ω_0 为照射液面光斑半径，mm；P 为激光功率，mW；V_{s} 为扫描速度，mm/s；E_{c} 为树脂临界曝光量，mJ/cm^2；L_{w} 为固化线宽，mm。

由式（5-1）、式（5-2）进一步可得固化线宽的计算公式为

$$L_{\mathrm{w}} = \omega_0 \sqrt{2\ln\left(\sqrt{\frac{2}{\pi}} \frac{P_{\mathrm{L}}}{\omega_0 \cdot V_{\mathrm{s}} \cdot E_{\mathrm{c}}} \right)} \tag{5-3}$$

光敏树脂对紫外激光的吸收一般符合朗伯-比尔定律，即紫外激光的能量沿照射深度呈负指数衰减，可由式（5-4）表示：

$$E(z) = E\exp(-z/D_{\mathrm{p}}) \tag{5-4}$$

当液态光敏树脂接受紫外光的能量 E 超过临界曝光量 E_{c} 时，可由式（5-5）、式（5-6）表示：

$$E\exp(-z/D_{\mathrm{p}}) > E_{\mathrm{c}} \tag{5-5}$$

$$z < D_{\mathrm{p}}\ln\left(\frac{E}{E_{\mathrm{c}}}\right) \tag{5-6}$$

此时液态的光敏树脂也逐步聚合为固态，所以固化深度也可用式（5-7）表达：

$$C_{\mathrm{d}} = D_{\mathrm{p}}\ln E - D_{\mathrm{p}}\ln E_{\mathrm{c}} \tag{5-7}$$

从式（5-7）可知，如果以 $\ln E$ 为横坐标，C_{d} 为纵坐标，则固化方程即为一条直线，D_{p} 为直线的斜率，$\ln E_{\mathrm{c}}$ 即为直线与横坐标轴的交点。当需要确定某种光敏树脂的透射深度 D_{p} 和临界曝光量 E_{c} 这两个重要参数时，只需要测量一组固化深度和曝光量即可通过直线方程求出这两个参数。一般选用单层固化的方式测量固化厚度，所以曝光量 E 可由式（5-8）计算得出：

$$E_{\mathrm{c}} = \frac{100P \cdot h_{\mathrm{s}}}{V_{\mathrm{s}}} \tag{5-8}$$

式中，E_{c} 为树脂临界曝光能量，mJ/cm^2；P 为激光功率，mW；V_{s} 为扫描速度，mm/s；h_{s} 为扫描间距，mm。

2）光固化陶瓷浆料体系

在光敏树脂或水基浆料中加入陶瓷颗粒，可制备光固化陶瓷浆料，用于立体光固化成形工艺中，紫外光穿透一定深度的陶瓷浆料而引发光敏单体发生固化交联反应。然而，紫外光在照射到浆料中的陶瓷颗粒时，会发生一定程度的散射和被吸收现象。这种现象往往会使得实际单层固化陶瓷尺寸和设计光固化单元尺寸不匹配。因此，紫外光在某种陶瓷浆料的穿透性能，是衡量一种陶瓷材料是否满足光固化增材制造技术要求的必要条件。

陶瓷浆料固化特性及其测定方法与单一光敏树脂一致，同样遵循朗伯-比尔定律，但由于陶瓷浆料中陶瓷颗粒与光敏树脂之间折射率的差异，入射浆料液面的紫外光发生了双侧散射

（图 5-6），从而使陶瓷浆料相对于光敏树脂其固化厚度变小而固化宽度增大，固化截面呈扁平的半圆状（图 5-7），这与设计的形状不一致，最终影响成形精度与陶瓷表面质量。

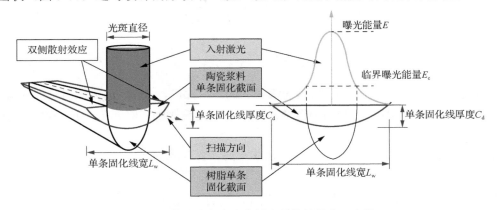

图 5-6　紫外光在陶瓷浆料中的散射效应示意图

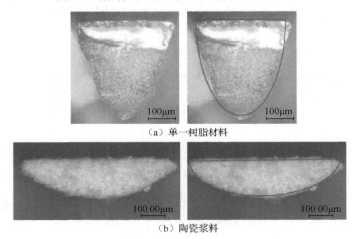

（a）单一树脂材料

（b）陶瓷浆料

图 5-7　光固化成形单条固化线截面

5.1.4　典型案例

陶瓷光固化成形技术以光敏树脂-陶瓷粉体混合浆料或者有机前驱体陶瓷树脂为原料，已成功应用于能源环保领域（如多孔催化剂载体结构）、生物医疗领域（如牙齿和骨骼植入物）、机械电子领域（如传感器、压电元件及光子晶体）及高温结构部件（如涡轮叶片）等。目前国内外陶瓷光固化增材制造设备厂商较多，成形的形性可控精密多孔复杂陶瓷结构如图 5-8 所示。与传统的制造技术相比，当前光固化增材制造技术所用的陶瓷原料存在品种较少、品质较低且制备成本较高等问题，难以满足陶瓷零件增材制造的需求。对我国来说，在高性能陶瓷粉体方面仍然依赖进口。陶瓷增材制造工艺还不够成熟，陶瓷零件增材制造工艺直接影响着制品的宏微观结构、性能以及生产周期和成本。陶瓷粉体与树脂之间的折射率差异大、紫外线吸收强，且陶瓷颗粒容易发生散射和沉淀，导致高精度复杂陶瓷构件成形难、尺寸小、易开裂。

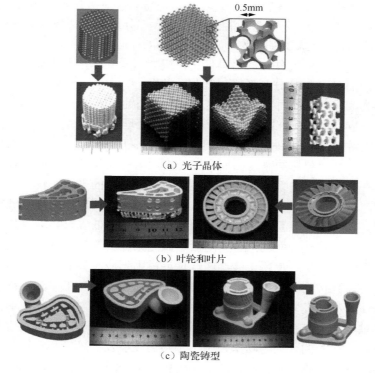

（a）光子晶体

（b）叶轮和叶片

（c）陶瓷铸型

图 5-8　基于陶瓷光固化工艺制造的陶瓷零件

5.2　非金属激光粉末床熔融技术

5.2.1　技术原理与关键技术

1. 技术原理

非金属激光粉末床熔融成形工艺，又称为选区激光烧结（SLS），是增材制造的一个重要组成部分，它以激光作为热源，由计算机控制激光束对每一层截面内的粉末材料进行扫描烧结，逐层叠加最终得到三维零件或产品。SLS 技术的基本组成与工作原理如图 5-9 所示。整

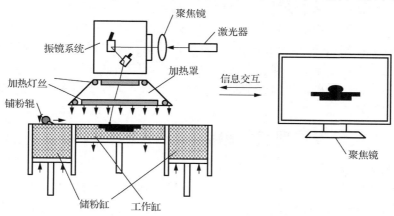

图 5-9　SLS 技术的基本组成与工作原理示意图

个系统由激光器、光路系统（聚焦镜、振镜）、送铺粉系统（储粉缸、铺粉辊）、工作缸、预热系统（加热灯丝、加热罩）和计算机控制系统六大部分组成，其基本制造过程如下：

（1）设计建造零件的 CAD 模型；

（2）将模型转化为 STL 文件（即将零件三维模型以系列三角面片拟合）；

（3）将 STL 文件逐层切片分割形成二维截面数据；

（4）激光根据零件二维截面数据信息逐层烧结预先铺好的粉末，实现单层制造；

（5）逐层累积成形形成三维零件，进行清粉等后处理完成制造。

SLS 成形过程中，激光束每完成一层切片的扫描，工作缸相对于激光束焦平面（成形平面）相应地下降一个切片层厚的高度，而与铺粉辊同侧的储粉缸会对应上升一定高度，该高度与切片层厚存在一定比例关系。随着铺粉辊向工作缸方向的平动与转动，储粉缸中超出焦平面高度的粉末层被推移并填补到工作缸粉末的表面，即前一层的扫描区域被覆盖，覆盖的厚度为切片层厚。此时，预热系统将铺置好的粉末加热至略低于材料玻璃化温度或熔点，以减少热变形，并利于与前一层面的结合。随后，激光束在计算机控制系统的精确引导下，按照零件的分层轮廓选区烧结，使粉末烧结或熔化后凝固形成零件的一个层面，没有扫过的地方仍保持粉末状态，并作为下一层烧结的支撑部分。完成烧结后工作缸下移一个层厚并进行下一层的扫描烧结。如此反复，层层叠加，直到完成最后截面层的烧结成形。当全部截面烧结完成后除去未被烧结的多余粉末，再进行打磨、烘干等后处理，便得到所需的三维实体零件。激光扫描过程、激光的开关与功率控制、预热温度以及铺粉辊和粉缸移动等都是在计算机系统的精确控制下完成的，具有显著的自动化和数字化制造特征。

2. 关键技术

烧结一般是指将粉末材料变为致密体的过程。根据成形材料不同，SLS 烧结机理主要分为固相烧结、化学反应连接、完全熔融和部分熔融。固相烧结一般发生在材料的熔点以下，通过固态原子扩散（体积扩散、界面扩散或表面扩散）形成烧结颈，然后随着时间的延长，烧结颈长大进而发生固结。这种烧结机理要求激光扫描的速度非常慢，适用于早期 SLS 成形低熔点金属和陶瓷材料。化学反应连接是指在 SLS 成形过程中，通过激光诱导粉末内部或与外部气氛发生原位反应，从而实现烧结。完全熔融和部分熔融是 SLS 成形高分子材料的主要烧结机理。完全熔融是指将粉末材料加热到其熔点以上，使之发生熔融、铺展、流动和熔合，从而实现致密化。半晶态高分子材料熔融黏度低，当激光能量足够时，可以实现完全熔融。部分熔融一般是指粉末材料中的部分组分发生熔融，而其他部分仍保持固态，发生熔融的部分铺展、润湿并连接固体颗粒。其中低熔点的材料称为黏结剂（Binder），高熔点的材料称为骨架材料（Structure Material）。部分熔融也发生在单相材料中，如非晶态高分子材料，在达到玻璃化转变温度时，由于其熔融黏度大，只发生局部的黏性流动，流动和烧结速率低，呈现出部分熔融的特点。另外，当激光能量不足时，半晶态高分子粉末中的较大颗粒很难完全熔融，也表现为部分熔融。

5.2.2　国内外技术发展现状与趋势

1. 国内外技术发展现状

激光选区烧结技术诞生于 1986 年，在 1988 年研制成功第一台 SLS 样机。1992 年，美国 DTM 公司推出系列商品化 SLS 成形机，随后分别于 1996 年、1998 年推出了经过改进的 SLS 成形机，同时开发出多种烧结材料，可制造蜡模及塑料、陶瓷和金属零件。由于该技术在新产品的研制开发、模具制造、小批量产品的生产等方面均显示出广阔的应用前景，因此，SLS 技术在十多年时间内得到迅速发展，现已成为技术最成熟、应用最广泛的增材制造技术。

另一个在 SLS 技术产业化方面具有重要影响的是德国 EOS 公司。该公司于 1994 年先后推出了三个系列的 SLS 成形机，其中 EOSINT P 用于烧结热塑性塑料粉末，制造塑料功能件及熔模铸造和真空铸造的原型；EOSINT M 用于金属粉末的直接烧结，制造金属模具和金属零件；EOSINT S 用于直接烧结树脂砂，制造复杂的铸造砂型和砂芯。为了扩展打印材料范围，EOS 公司于 2008 年推出世界上第一台高温 SLS 成形机 EOSINT P800，预热温度可达 385℃，并于 2018 年推出了高温 SLS 成形机 P810，可打印碳纤维增强 PEKK 高温塑料。

我国从 20 世纪 90 年代初开始研究 SLS 技术，于 1995 年初研制成功第一台国产化 SLS 成形机。随后，开发了具有自主知识产权的 SLS 技术与设备，实现了商品化生产和销售。2005 年，通过对高强度成形材料、大台面预热技术以及多激光高效扫描等关键技术的研究，陆续推出了 1m×1m、1.2m×1.2m、1.4m×0.7m 等系列大台面 SLS 成形机，在成形尺寸方面远远领先国外同类技术，在成形大尺寸构件方面具有世界领先水平。

SLS 作为 3D 打印最为成熟的技术，目前已被广泛应用于汽车、航空航天、建筑、造船和医学等领域。SLS 技术可快速制造出所需零件的原型，用于对产品的评价与优化设计；适合形状复杂零件的小批量定制化制作、快速模具与工具制作；此外，SLS 技术还可以用于开发新材料。SLS 技术在医学领域的应用发展迅速，如颅骨模型、植入体和组织工程支架等，不仅能够实现个性化设计和加工，满足不同患者的个性化需求，而且能通过调节其工艺参数和后处理方法灵活控制生物医用材料的微观组织结构和力学性能。图 5-10 给出了 SLS 技术制作的代表性非金属零件。

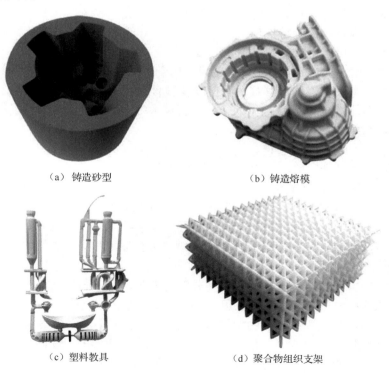

（a）铸造砂型　　　　　　　　　　　　　（b）铸造熔模

（c）塑料教具　　　　　　　　　　　　　（d）聚合物组织支架

图 5-10　SLS 成形技术的代表性非金属零件

2. 技术发展趋势

SLS 技术能够制造复杂非金属零件,目前已被广泛应用于航天航空、机械制造、建筑设计、工业设计、医疗、汽车和家电等行业。随着应用范围和深度的不断加大,实际应用也对 SLS 技术提出了更多需求,促使 SLS 技术不断发展与进步。主要的发展趋势归纳如下。

(1)多激光大台面 SLS 成形技术与设备。航空航天等领域仍存在着大尺寸零件无法一体成形或加工后内部性能达不到应用标准的问题,一些较大尺寸零件由于交货时间紧张,必须同一台设备同一批次打印以节约制造时间,并保证零件整体制造具有更高的力学性能和成形精度。因此,提高生产力、降低生产成本以及大尺寸零件的批量化生产是应用端一直以来的追求。传统的单激光扫描方式效率低下,在成形大尺寸零件时,需要系统长时间稳定运行,任何一个微小的故障都有可能导致零件制造失败,造成时间和材料的极大浪费,采用多个激光束同时进行扫描的方式可以有效提升打印效率,实现大尺寸零件的整体打印。因此,大尺寸、多激光扫描是 SLS 技术的重要发展趋势。

(2)高温塑料选区激光烧结。目前越来越多的复杂结构工业零部件要求承受更高的机械负载以及热稳定性,传统高分子材料已经不足以满足这些高性能要求,这就导致了 SLS 技术在诸多工业领域的应用受到限制。高温热塑性塑料具有更高的热变形温度、玻璃化转变温度和连续使用温度。由于其非凡的性能,可用于多种行业,如电气、医疗设备、汽车、航空航天、电信、环境监测和许多其他专业应用。超高温 HT-SLS 技术应运而生,并且未来具有广泛的发展前景。

(3)智能化技术如在线监测、工艺数据库等。影响 SLS 的因素繁多,而且缺陷大多产生在增材制造的中途,造成产品修复成本较高,甚至是不可修复。对制造过程进行实时监测、在线检测缺陷乃至实现过程修复,可极大提升制件的质量,从而消除对该技术应用及发展的限制,是目前的一个研究热点。同时建立工艺数据库系统,准确记录下产品成形过程中产生的工艺参数信息及成形产品的特性信息,对成形质量好的产品所用的工艺参数形成工艺参数方案,可以有效减小后续试错率,提高生产效率。

(4)多领域应用。SLS 成形技术目前已经应用于人们生活生产的很多方面,如珠宝首饰、工艺品生产领域、包装容器成形领域、医疗以及教育领域等,随着科技的进一步发展以及专业人员数量的增多,SLS 成形技术作为一种高新技术将被用于更多的领域,从而促进相关领域乃至经济社会的持续发展。

5.2.3　材料与工艺参数对成形质量的影响

影响 SLS 成形质量的因素可分为材料和工艺两大类。材料因素主要是粉末特性,决定了粉末床质量、初胚密度和致密化效果。工艺参数包括激光功率、激光扫描速度、激光扫描间距、层厚和预热温度等。不同的材料成形工艺区别非常明显,且表现出不同的成形特性和性能。为此,下面分别介绍几种典型 SLS 成形材料与工艺参数对成形质量的影响规律。

1. 覆膜砂

传统方法制造铸型(芯)时,常将砂型分成几部分,将砂芯分别拔出后组装,成形过程复杂且需要考虑装配定位及精度问题。用 SLS 技术制造覆膜砂型(芯),在铸造中有着广阔的前景。由于 SLS 成形过程中激光的扫描速度很快,树脂来不及完全熔化流动,其砂型(芯)的强度比用壳型覆膜方法的砂型(芯)的强度略低。SLS 成形的覆膜砂试样强度主要源于低熔点树脂烧结,与树脂含量基本呈线性关系,即随着树脂含量的增加,试样的强度增加。树脂含量为 3.5% 和 4% 的覆膜砂 SLS 制件的强度分别为 0.34MPa 和 0.37MPa。

SLS 成形工艺参数对覆膜砂的性能也有着重要的影响，将 SLS 试样做成标准的 "8" 字形试样，测试不同激光功率、扫描速度对 SLS 试样拉伸强度的影响。在激光能量较低时，SLS 制件激光烧结强度随激光能量的增加而增加，但不呈线性关系，在较低激光功率下的斜率大，而随着激光功率的增加，斜率减小，说明在较低功率下激光功率对烧结强度的影响更加显著。当激光能量达到 32W 时，其 SLS 试样激光烧结达到最大值 0.42MPa，若激光能量继续增加，则 SLS 制件发生翘曲变形，此时 SLS 试样表面的颜色也由浅黄色变成褐色，说明覆膜砂表面的树脂已经部分碳化分解。从图 5-11 可以看出，SLS 制件的激光烧结强度随激光扫描速度的增加而降低，但过低的扫描速度会使覆膜砂表面发生碳化。而当激光扫描速度高于 2000mm/s 后，SLS 制件的激光烧结强度迅速降低，激光烧结部分的颜色与未烧结的砂一样，说明激光烧结温度低于树脂的固化温度。图 5-12 所示为利用 SLS 技术制造的覆膜砂型（芯）的案例，可以实现铸型的整体制造，不仅简化了分离模块的过程，铸件的精度也得到提高。

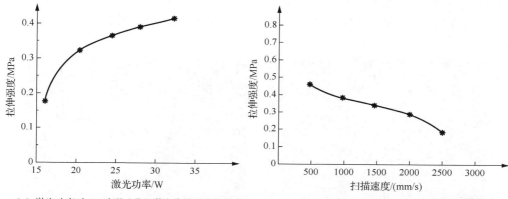

（a）激光功率对SLS砂型（芯）激光烧结强度的影响 （扫描速度为1000mm/s，扫描间距为0.1mm）　　（b）扫描速度对SLS砂型（芯）激光烧结强度的影响 （激光功率为24W，扫描间距为0.1mm）

图 5-11　SLS 砂型（芯）激光烧结强度随成形参数的变化规律

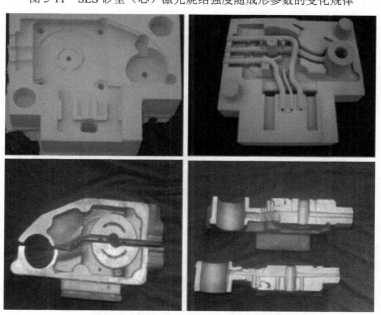

图 5-12　SLS 成形的砂型及其铸件

2. 聚苯乙烯/PS 熔模

SLS 成形铸造用熔模也是最常见的应用方向。以聚苯乙烯（Polystyrene，PS）为基体的粉末烧结材料同尼龙（PA）和聚碳酸酯（PC）等塑料相比，烧结温度更低，烧结变形小，成形性能优良，因此比较适合用作铸造熔模。

SLS 成形 PS 制件的孔隙率超过了 50%，不仅强度较低而且表面粗糙，容易掉粉，不能满足熔模铸造的需要。因此，必须对其进行后处理增强，目前常采用的办法是在多孔的制件中渗入低温蜡料，以提高制件的强度并利于后续的打磨抛光。当把制件浸入蜡液后，蜡在毛细管的作用下渗入制件的孔隙。经后处理后，大部分孔隙可被蜡所填充，孔隙率降到 10% 以下。从冲击断面来看（图 5-13），PS 制件存在大量孔隙，在断口可观察到烧结颈，烧结颈面积决定了制件的力学性能。经浸渗蜡后，孔隙被填充，PS 与蜡界面结合良好，说明蜡与 PS 有较好的相容性。SLS 成形 PS 制件经浸渗蜡后拉伸强度可达 4.34MPa，弯曲强度达 6.89MPa，冲击强度达 $3.56kJ/m^2$，满足熔模铸造要求。图 5-14 所示为 SLS 技术制备的熔模，以及用其浇铸的铝合金铸件。

图 5-13　PS 烧结试样（左）和后处理试样（右）的 SEM 照片

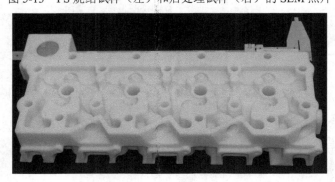

图 5-14　SLS 成形的气缸头铸件熔模

3. 尼龙/PA

尼龙是目前 SLS 成形塑料功能零件的最常用材料，但是相比于铸造覆膜砂和熔模 PS 打印，SLS 成形尼龙材料的温度更高，变形问题更为突出，所以材料优化和工艺优化尤为重要。

目前 SLS 成形纯尼龙 12 原型件的力学性能比模塑成形还低，不能满足更高塑料功能件的要求，且收缩率大，精度不高，激光烧结过程易发生翘曲变形。采用尼龙 12 包覆钛酸钾（钛

酸钾晶须（PTW）作为增强材料）能够改善烧结性能，获得力学性能优良的烧结制件。含 20%
PTW 的尼龙 12 复合粉末的激光烧结性良好（图 5-15（a）），与纯尼龙 12 基本一致，表面平
整光滑，含 30% PTW 的尼龙 12 复合粉末在扫描的表面平整，但边角处有卷曲现象，边界呈
锯齿状（图 5-15（b）），但仍可成形，激光烧结体侧面不光滑（图 5-15（c））。PTW 与尼龙 12
粉末直接共混，单层激光扫描如图 5-15（d）所示，激光烧结体颜色较浅，说明 PTW 的分散
不好（PTW 为黄色），表面不光滑，其中有大量的缩孔，边界不整齐，向中心严重卷曲和收
缩，激光烧结过程根本无法进行。图 5-15（e）、（f）分别为尼龙 12/PTW（20%）和尼龙 12/PTW
（30%）粉末激光烧结试样冲击断面的扫描电镜（SEM）图。说明 PTW 含量不能过多，否则
未完全包覆部分裸露的 PTW 明显团聚，在团聚部位出现孔洞（图 5-15（f）），这个孔洞不是
由冲击产生的，而是试样中原有的孔洞，缺陷的出现使得密度降低、力学性能下降。SLS 直
接成形的尼龙功能零件如图 5-16 所示。

（a）含20% PTW的尼龙12复合粉末的单层激光扫描照片

（b）含30%PTW的尼龙12复合粉末的单层激光扫描照片

（c）含30% PTW的尼龙12复合粉末的激光烧结体照片

（d）20% PTW与尼龙12粉末共混的单层激光扫描照片

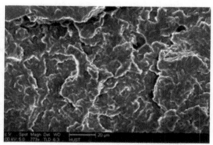
（e）尼龙12/PTW（20%）复合粉末
激光烧结试样冲击断面的SEM

（f）尼龙12/PTW（30%）复合粉末
激光烧结试样冲击断面的SEM

图 5-15　力学性能优良的尼龙烧结制件

图 5-16　SLS 成形的尼龙功能零件

4. 聚醚醚酮/PEEK 高温塑料

聚醚醚酮/PEEK 具有比尼龙等塑料更高的熔点，可以替代一些低熔点金属，在航空航天等领域具有重要的应用潜力。同时，该材料还具有非常优异的生物相容性，也是重要的人体植入材料。当前 SLS 成形 PEEK 材料是一个前沿发展方向。

由于 PEEK 材料具有较高的熔点，为防止 SLS 成形过程中零件翘曲变形，要求预热温度设置在 330℃左右。打印参数包括激光填充速度和激光填充功率等均影响成形 PEEK 材料的力学性能。在激光填充速度为定值的情况下，研究了 PEEK 材料拉伸强度与激光填充功率的影响关系（图 5-17（a）），发现随着激光填充功率的逐渐提升，PEEK 的拉伸强度呈现上升趋势。当激光填充功率固定在 15W 时，研究激光填充速度对 PEEK 拉伸强度的影响（图 5-17（b）），发现随着激光填充速度的提升，PEEK 的拉伸强度大体呈现下降的趋势。图 5-17（c）、（d）、（e）、（f）分别是图 5-17（a）对应激光功率分别为 20W、25W、30W、35W 时制件的整

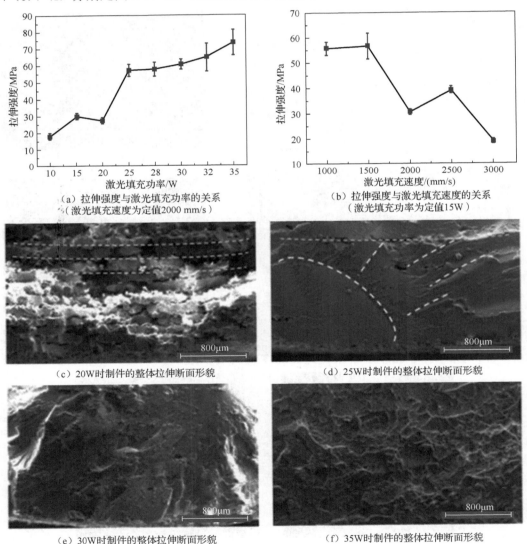

（a）拉伸强度与激光填充功率的关系
（激光填充速度为定值2000 mm/s）

（b）拉伸强度与激光填充速度的关系
（激光填充功率为定值15W）

（c）20W时制件的整体拉伸断面形貌

（d）25W时制件的整体拉伸断面形貌

（e）30W时制件的整体拉伸断面形貌

（f）35W时制件的整体拉伸断面形貌

图 5-17　激光填充功率和填充速度对 PEEK 成形件的影响

体拉伸断面形貌，激光功率为 20W 时输入的能量不能形成有效的层间穿透，而层内粉末间能够形成明显的烧结颈，其断裂特征具有显著的粉末颗粒拔出现象。当激光功率提高到 25W 时层间已逐渐形成有效的结合，但制件上方仍存在小部分层间结合不牢的现象。激光功率继续提高，层与层之间已形成牢固的结合，制件的断裂行为发生转变，制件的断裂行为从脆性断裂形式变为具有韧窝的塑性断裂。

图 5-18 所示为 SLS 成形的 PEEK 样件，上面两结构分别为 Gyriod 与 Diamond 极小曲面点阵结构，两者均为直径为 5mm、高度为 10mm 的圆柱，杆直径为 400～500μm；图 5-18（c）为椎间融合器的固定部位及部分组合零件。

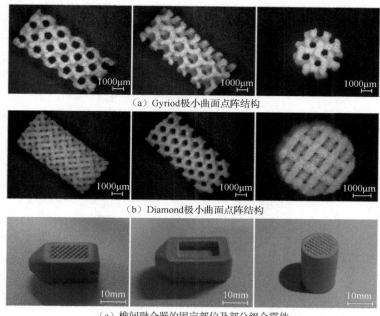

（a）Gyriod 极小曲面点阵结构

（b）Diamond 极小曲面点阵结构

（c）椎间融合器的固定部位及部分组合零件

图 5-18　PEEK 的高温激光烧结制件示意图

5.2.4　大尺寸零件 SLS 成形与变形控制

SLS 成形过程中热源具有集中和移动的特性，在不同扫描策略下，成形件经历周期性加热和冷却，产生不均匀温度场且温度梯度大，易在构件内部形成复杂的残余应力，对成形构件的应力变形、尺寸精度和服役性能有着重要的影响。在大尺寸零件成形过程中，主要面临两方面挑战：

（1）单激光扫描效率低，在成形大尺寸零件时需要长时间稳定运行，任何一个微小故障都有可能导致零件制造失败；

（2）由于大尺寸零件的复杂度高、尺寸大、单道扫描线较长，相邻扫描线间温度梯度大，对成形质量和精度均有不利影响。

针对上述问题，从两个角度出发提出了优化成形工艺，解决大尺寸零件成形问题：①开发多激光分区扫描工艺，采用多个激光束同时进行扫描的方式提升打印效率；②对成形面温度分布进行调控，开发自动控温工艺等，确保温度场的均匀性，从而避免成形件的翘曲和变形问题。

1. 多激光扫描工艺

成形效率低是制约 SLS 技术进一步发展的重要因素之一,针对此问题最有效的解决方案就是采用多激光扫描成形工艺。

多激光扫描成形是采用多个小功率激光器对成形区域进行分割打印的方案,硬件平台采用多个激光器配合,即采用低能量、小光斑激光束对成形区域边界进行扫描,保证零件成形精度;采用高能量、大光斑激光束对成形区域内部进行扫描,在保证打印精度的前提下提升成形制造效率,或者将打印区域根据光束数量进行划分,每个激光束负责扫描熔化每一个划分区域,同时在划分的区域边界处有一定的搭接,并由对应的激光进行搭接处扫描熔化,最终提高打印效率。

在进行多激光分区扫描时,搭接区域成形质量一般要低于主体区域,这会导致零件性能的不稳定性。对此,需要研究优化的区域搭接方式。对一个零件轮廓进行分区处理后,形成的多个分区轮廓如图 5-19(a)所示。传统激光分区方法中,为了保证区域间的搭接,往往需要将扫描线延长一小截以确保彼此连接,但该方法往往使搭接区域过长,导致成形质量差,如图 5-19(b)所示。如图 5-19(c)所示,搭接区域使用随机曲线,可减小搭接区域面积 20%~70%,据此提高了零件的成形精度与质量。

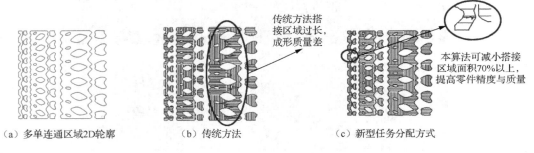

（a）多单连通区域2D轮廓　　　　（b）传统方法　　　　（c）新型任务分配方式

图 5-19　多激光扫描下随机曲线搭接与传统搭接的对比示意图

2. 自动控温工艺

当前 SLS 技术的发展趋势是由加工原型件直接转变为直接使用的功能件,这对 SLS 成形的精度提出了很高的要求,特别是在成形大尺寸零件时对于精度的控制要求更为严格。虽然 SLS 技术理论上可以加工任意复杂形状的零件,然而制件的精度控制问题却一直是一个难点,其根源在于 SLS 局部加工过程中温度场和热应力场分布的不均匀性。

当开始加工时,粉床的预热温度要比正常加工时的预热温度高 20~30℃,维持在半结晶聚合物熔点温度的 10~20℃。这是因为较高的预热温度可以使粉末有轻微的结块倾向,这样激光烧结粉末时粉末的温度不会急剧上升,从而减少粉末的收缩并且防止零件翘曲和变形。随着加工的继续进行,预热温度必须逐步下降到正常加工时的预热温度,否则较高的预热温度会使未烧结的粉末和已烧结的粉末牢固地黏结在一起,为后处理工作带来很大的困难。

为提高温度场的均匀性和零件加工精度,在加工过程中可以采用类似于初始加工阶段所采用的升温方法。当遇到没有底部热源的加工层面时,先提高粉床的预热温度使温度场更均匀,同时使粉末轻微结块,然后开始加工,加工几层之后再降低到原来的预热温度,即自动控温工艺。

　　为了提高加工过程中粉床上温度场的均匀性，可以对没有底部热源的区域进行激光烧结，从而使其具有底部热源。这是因为在加工某一区域之前轻微地烧结该区域内的粉末可以为后面的加工提供底部热源。由于类似于为需要底部热源的区域添加支撑，因此这种热源补偿被定义为热源平衡支撑（Heat Balance Support，HBS）。

　　图 5-20 为热源平衡支撑结构的示意案例，对于侧面突出的圆柱体结构，其下表面属于典型的悬臂面。在传统的成形过程中，直接扫描圆柱体结构会导致下表面出现黏粉、欠熔等现象，表面质量极差。而通过添加 HBS 结构，对圆柱体下表面成形提供一定的支撑作用，这样烧结效果较差的支撑结构可以在后期进行去除，而保证了实体区域的成形质量。

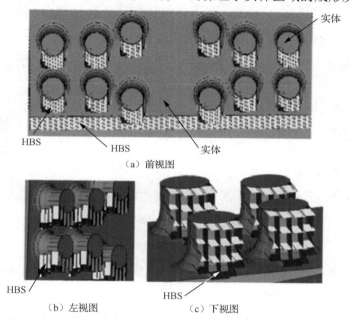

（a）前视图

（b）左视图　　　　　　（c）下视图

图 5-20　热源平衡支撑结构的示意案例

3. 典型案例——大尺寸航空发动机机匣铸造熔模成形

　　机匣是航空发动机中充当支撑结构的关键部件，一般为筒形结构，外形尺寸大，但壁厚小，且在内外壁面上还有异形凸台等复杂结构特征。为了保证机匣优异的力学性能，通常采用锻坯机加工方式完成机匣制造，材料利用率仅有 10% 左右，大量贵重材料（一般为轻质高强钛合金或镍基高温合金）被切屑浪费掉。为此，精密熔模铸造也被尝试用作机匣整体成形，在材料利用率上大幅提升，且可以解决复杂结构难制造的问题。但是熔模铸造需要先制作熔模，成形零件越复杂熔模制作难度就越大，因此往往需要借助模具完成，成本高，周期长。利用 SLS 技术可以实现复杂熔模的快速无模制造，可以极大提升铸造工艺能力。目前，用于 SLS 熔模材料的主要是热塑性非晶态聚合物，应用最多的是聚苯乙烯和高抗冲聚苯乙烯（High Impact Polystyrene，HIPS）。

　　本案例成形的机匣由 Rolls-Royce 公司提供数模，在中欧合作项目支持下开展相关工作。机器采用武汉华科三维科技有限公司的 HKS1000 设备，配备了 100W CO_2 激光器，成形台面为 1000mm（长度）×1000mm（宽度）。为保证最终成形构件的精度，设备采用 81 点标准板进行扫描校正，成形精度达到±0.1mm。该机匣外周面上分布了大量圆柱凸台，在加工时成为悬空结构，容易产生翘曲变形。为此，在凸台下方添加热源支撑，减小成形过程中突变部位的温度变化梯度，以抑制该部位的翘曲变形（图 5-21）。

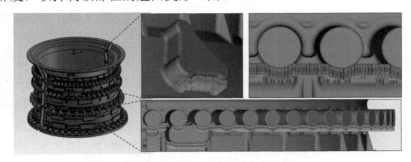

（a）机匣数模与添加热源支撑图

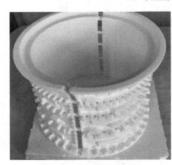 

（b）SLS 成形的 PS 机匣熔模

图 5-21　SLS 成形机匣

除添加热源支撑外，还通过模型优化提高成形精度。为了保证机匣形状精度，将零件分为两半，分别采取肋式和法兰两种连接（图 5-22）。

（a）肋式连接　　　　　　　　　　　　　　　　（b）法兰连接

图 5-22　机匣模型优化

材料为聚苯乙烯粉末，工艺参数为：激光功率为 17W，扫描速度为 400mm/s，扫描间隔为 0.2mm，层厚度为 0.2mm。图 5-23 为成形的肋式连接熔模中间截面的形状误差。最大 X 向偏差值为 0.136mm，最小 X 向偏差值为 -0.449mm，差值为 0.585mm，不能满足航空件的精度要求。造成该误差的原因是熔模存在多处缺口，两个半机匣由 10 根小圆柱连接，导致径向变形不均匀。对比相同高度处两种成形方案下熔模的变形曲线，如图 5-24 所示。法兰连接熔模的圆度优于原蜡模，径向成形精度提升。

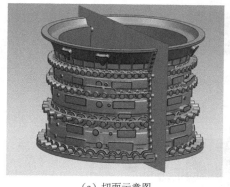

（a）切面示意图

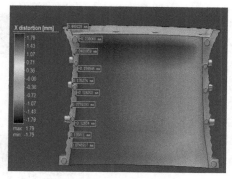

（b）半机匣安装面 X 向偏差图

图 5-23　半机匣安装面取点示意图

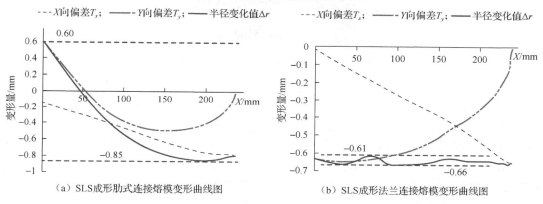

（a）SLS成形肋式连接熔模变形曲线图　　　　（b）SLS成形法兰连接熔模变形曲线图

图 5-24　相同高度处两种成形方案下熔模横截面变形曲线图

　　最终采用优化方案快速制造了钛合金机匣零件，由于无须制造模具成形熔模，可使制造周期大幅缩短。另外，利用 SLS 制作整体复杂结构的优势，实现了复杂熔模的整体制造，为提高铸件精度提供了先决条件。

5.2.5　陶瓷材料粉末床熔融成形

1. 工艺原理与研究进展

　　粉末床熔融工艺成形原理如图 5-25 所示，PBF 工艺使用高能量激光作为能量源，在每层的相应区域上选择性地熔融聚合物材料、陶瓷材料、金属材料或复合粉末，然后将相邻层黏结在一起形成零件。按照工艺过程和零件的成形原理，PBF 制造陶瓷可分为直接成形法和间接成形法，直接成形法的原料粉末中无黏结剂，利用高能量密度的激光完成陶瓷材料粉体的熔融，实现陶瓷的致密化；间接成形法需要在粉体中添加黏结剂，激光将低熔点的黏结剂熔化，而后黏结剂将陶瓷粉体黏结成形，通过高温烧结后处理实现陶瓷致密化。PBF 工艺制备陶瓷件通常是采用间接成形法进行的，先熔化牺牲相黏结剂制备初胚，然后在马弗炉中进行脱脂、烧结后处理，得到所需的陶瓷件。大多数关于陶瓷 PBF 成形的研究都强调了高致密零件的生产，因为粉末的不充分熔化会导致零件内部多孔的微观结构和降低力学性能。虽然关于采用 PBF 成形多孔陶瓷的报道较少，但是利用 PBF 工艺容易产生多层级孔隙结构的特点可为多孔陶瓷的制备提供一种新的策略。

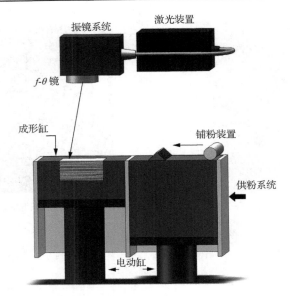

图 5-25　粉末床熔融工艺成形原理示意图

　　目前，采用 PBF 制备多孔陶瓷在生物医学中有着较广泛的应用，例如，制备具有复杂结构且良好生物相容性的支架，用陶瓷-聚合物混合粉末制成的骨植入物，所用材料体系有羟基磷灰石-聚醚醚酮（HA-PEEK）、二氧化硅-聚酰胺（SiO_2-PA）、羟基磷灰石-磷酸三钙（HA-TCP）和羟基磷灰石-聚碳酸酯（HA-PC）等。在面向工程应用研究方面，魏青松等以堇青石为原料，选取环氧树脂作为黏结剂，采用机械混合法混合粉末，通过 PBF 工艺制造了压缩强度为8.92MPa、孔隙率为 62.3%的多孔堇青石陶瓷，如图 5-26（a）所示。An-Nan Chen 等以粉煤灰空心球为原料（其中含有约 50wt%的 SiO_2 烧结助剂），制备了抗压强度为 6.7MPa、孔隙率为 79.9%的高孔隙率莫来石陶瓷泡沫，如图 5-26（b）所示。An-Nan Chen 等用 MnO_2 作为烧结助剂，制造了抗压强度为 22.1MPa、孔隙率为 44.7%的多孔莫来石陶瓷。A. Danezan 等使用由高岭石、石英和钾长石组成的商用陶瓷粉，通过 PBF 制备了孔隙率为 60%的陶瓷制品，如图 5-26（c）所示。Rong-Zhen Liu 等采用 B_4C 作为无机添加剂，采用 PBF 工艺直接制备的多孔氧化铝陶瓷即使烧结后的压缩强度也只有 3MPa。在上述研究中，都利用 PBF 工艺制备了多孔陶瓷，孔隙多分布在 32.9μm～1mm 范围内，无法实现纳米和微米尺度上的孔隙率和对孔径分布的控制以及调整，很难同时获得良好的力学性能和高孔隙率，对成孔机理和材料配方优化的研究不够深入。

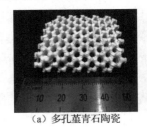  

　　（a）多孔堇青石陶瓷　　　　　　（b）多孔莫来石陶瓷　　　　　（c）SLS直接烧结的陶瓷

图 5-26　PBF 工艺制造的多孔陶瓷零件

2. 关键技术与挑战

采用 PBF 制备多孔陶瓷一般采用间接成形法，其具有以下优势：①材料兼容性强，可使用多种材料组合，从而在功能性和结构陶瓷制造中具有广泛的应用前景；②制造过程不需要支撑结构，可以制造复杂结构的多孔零件；③本工艺产生的气孔更利于多孔陶瓷的制备。PBF采用间接成形法制备多孔陶瓷具有以下问题：①对于粉末床熔融、黏结剂喷射等基于粉末床的工艺，粉末床的粉末填集密度较低，导致零件强度较低；②对原料粉末的流动性要求高，为了避免粉末的团聚，一般粉末粒径应大于 5μm，最好选用球形粉末以及合适的粒径级配（能提升粉末的填集密度）；③因为 PBF 成形过程中一般都使用有机黏结剂，需要的脱脂温度较高，很难制备纳米孔；④激光能量的扩散和传导会导致相邻粉末发生不必要的熔化，成形件的精度及表面粗糙度较差。

除了间接成形法的所有优势外，PBF 采用直接成形法制备多孔陶瓷还具有以下优势：①激光扫描，打印精度高；②制造周期短，可实现多孔陶瓷的快速制造。PBF 采用直接成形法制备多孔陶瓷具有以下问题：①与间接成形法相同，即粉末的填集密度较低、对原料粉末的流动性要求高；②高功率激光扫描时的急剧加热和快速冷却会引起热应力。因为成形过程中不再有黏结剂，所以需要使用极高的功率密度直接将陶瓷颗粒烧结在一起。对于直接成形法来说，由于陶瓷材料有限的耐热冲击性，这种热应力会导致在烧结部件中形成裂纹和变形。短的相互作用时间也可能导致熔融不足或者过度，从而导致零件表面质量变差，零件中产生较大的孔隙。因此对激光烧结过程、粉床温度场进行理论仿真，提出相应的控制策略对制造高质量的多孔陶瓷至关重要。

3. 典型案例——PBF 成形氧化铝陶瓷催化剂载体

针对以上 PBF 工艺制备多孔陶瓷的研究现状，我国研究团队以三水合氧化铝、环氧树脂 E12 和二氧化硅粉末为原料，以粉末床熔融（PBF）作为成形工艺，设计和制造了高强度、纳米与微米孔可同时调控的多级孔隙氧化铝陶瓷催化剂载体。为了提高打印的精度，采用光纤激光器，光斑直径为 38μm，优化了 PBF 工艺参数，结合氢氧化铝的脱羟基反应、PBF 和高温烧结工艺，实现了纳米级和微米级的可控调节的多层级孔隙特征。系统研究了原料组成（不同二氧化硅含量）和工艺参数（高温烧结温度）对压碎强度、孔隙率、比表面积和孔径分布的影响。所制备的多孔陶瓷主要用作催化剂载体，根据美国标准 ASTM D4179 测得多孔陶瓷的压碎强度为（86.03±18.10）N/cm。所得的多孔陶瓷的比表面积为（1.958±0.123）m²/g，孔隙率为（64.85±1.15）%，孔径在（95±1.23）nm 和（17.76±0.14）μm 处呈双峰分布，如图 5-27

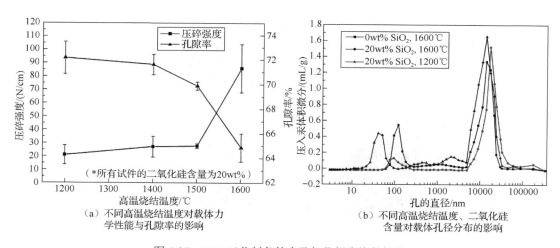

（a）不同高温烧结温度对载体力　　　　　　（b）不同高温烧结温度、二氧化硅
　　学性能与孔隙率的影响　　　　　　　　　　　含量对载体孔径分布的影响

图 5-27　PBF 工艺制备的多孔氧化铝陶瓷的性能

所示。创新性地利用三水合氧化铝材料进行造孔，结合人工设计、脱脂、工艺本身产生的孔隙，采用 PBF 实现了低比表面积多孔氧化铝陶瓷催化剂载体的制备，设计并制备了具有仿生叶脉特征的复杂结构整体式陶瓷催化剂载体结构，并开展了应用探索研究，如图 5-28 所示。

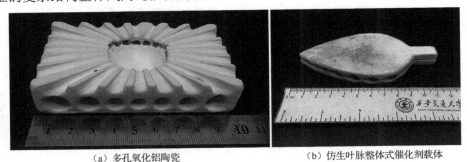

（a）多孔氧化铝陶瓷　　　　　　　（b）仿生叶脉整体式催化剂载体

图 5-28　PBF 工艺制造的多孔氧化铝陶瓷零件

PBF 工艺采用间接成形法制备陶瓷一般含有有机黏结剂，往往需要很高的脱脂温度（≥700℃）才能将黏结剂完全脱去。同时，因为粉床的堆积密度较低，需要采用较高的烧结温度（≥1400℃）实现液相烧结（莫来石、镁铝尖晶石相等），才能促进多孔陶瓷的局部致密化，提高力学性能。然而，烧结温度（≥1000℃）的升高往往会导致氧化铝陶瓷的比表面积快速降低，因此采用 PBF 工艺间接方法难以制备具有高比表面积的氧化铝多孔陶瓷。采用更低分解温度或不影响陶瓷使用功能的黏结剂、提升粉末床的堆积密度等方法，有望实现高强度、高比表面积多孔氧化铝陶瓷的 PBF 制备。

5.3　材料挤出成形技术

材料挤出（Material Extrusion，MEX）是增材制造最常用的工艺，主要包括两种类型的成形方法：一是采用热塑性丝材及其复合材料熔融沉积成形（Fused Deposition Modeling，FDM），直接制备三维零件；二是采用膏体状材料，通过机械挤出方式，进行挤出成形（又称为墨水直写，Direct Ink Writing，DIW），而后采用热固化/光固化方法进行定型，也可用于陶瓷等难熔材料的间接成形，其工艺原理如图 5-29 所示。

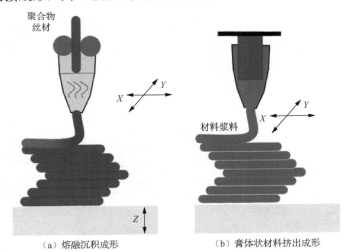

（a）熔融沉积成形　　　　　　　（b）膏体状材料挤出成形

图 5-29　材料挤出成形工艺原理

5.3.1　技术原理与关键技术

1. 热塑性丝材熔融挤出成形

热塑性丝材熔融挤出成形工艺又称为熔融沉积成形（Fused Deposition Modeling，FDM）或熔融挤出成形（Melt Extrusion Manufacturing，MEM），是增材制造工艺技术中原材料形态为丝材的一个类别，是目前装备成本和运行成本相对较低、市场上和生活中最为常见的增材制造技术。丝材熔融挤出增材制造技术原理如图 5-30 所示，该工艺采用热塑性丝材，通过送丝机构送进 3D 打印头，在 3D 打印头中加热从固态熔化至液态，并在流道内向前流动，并在喷嘴处被挤出；同时，3D 打印头在计算机的控制下根据预先处理的运动数据沿着零件截面轮廓和填充轨迹运动，并将已经熔化的热塑性材料挤附在打印基台上或周围已经冷却固化成形的材料上，随后冷却固化，其中如聚醚醚酮等半结晶材料，还伴随着材料结晶（晶核形成与长大）过程；挤出材料由点到线、线线黏结、层层累加，最终堆积成形，完成制件制造。丝材熔融挤出增材制造作为典型的增材制造工艺方法，不仅具有全数字化驱动的宏/微结构一体化集成制造能力，还具有单件小批量定制化快速制造的优势，并且该工艺成本较低、材料适用范围较广、工艺过程简单、制件性能更易可控，更容易被广泛应用于各个领域。

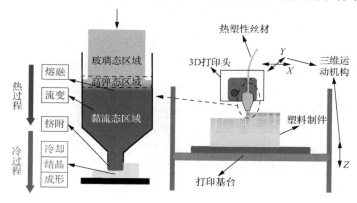

图 5-30　丝材熔融挤出增材制造技术原理示意图

而从高分子材料物相变化和高分子链运动本质角度出发，可以发现在整个熔融挤出增材制造过程中，高分子材料经历了熔融-流变-挤出的热历史过程，以及冷却-结晶（对于半结晶高分子材料）-成形的冷历史过程。

（1）熔融-流变-挤出的热历史过程。当高分子材料吸收热量，并使其温度高于其玻璃化转变温度时，高分子链的链节开始活动，材料进入高弹态，再继续吸收热量直到材料的温度高于熔点（无定形材料无固定熔点）时，高分子链产生自由运动，导致结晶区域的晶体结构的解构（对于半结晶高分子材料）和高分子链的流动，转变为黏流状态，通常黏流状态的高分子材料为假塑性非牛顿流体，其黏度变化规律会使熔体的流动规律变得复杂。随后，高分子材料熔体将在出口处被后续压力挤出，挤出材料的流动会受到周边材料的黏性作用以及材料本身的弹性作用的影响，从而形成不同的半熔临界形态，其与周边材料融合的效果将直接决定它们之间的界面强度。由此可见，高分子材料的熔点与玻璃化转变温度等材料特征、温度特性和半结晶特性，丝材的尺寸、模量等性质，熔融挤出增材制造装备的 3D 打印头模块，以及打印温度、打印速度、打印路径等关键工艺参数会极大影响熔融挤出增材制造的热过程。

（2）冷却-结晶-成形的冷历史过程。高分子材料熔体的冷却过程是熔融的逆过程，其高分子链也从自由活动状态趋向于稳定状态，并在此过程中，新挤出的高分子熔体在出口压力降的作用与周边成形材料的限制下发生塑性流动，其活跃的高分子链将与之前已成形的接触区和热影响区中的高分子链发生穿插和缠结，随后冷却凝固成形。而对于半结晶高分子材料，在该过程其部分高分子链在冷却时的排列将趋向于一定的规整性，即部分高分子链节形成高度有序的晶格，组成高分子材料的晶区，而其他无序排列的高分子链将组成无定形部分，即该半结晶型材料的非晶区，而晶区的占比与形态受工艺条件的影响巨大，晶区和非晶区所体现出的宏观性能存在较大差距，通常晶区带来更高的强度、模量和硬度，而非晶区则相反。连续的高分子材料熔体在熔融挤出增材制造过程中经历以上这些材料变化冷历史过程，最后会累加成一个宏观的挤出沉积成形过程，由于不同时间熔融挤出的高分子材料之间可能拥有不同的材料变化过程（热历史过程），最后形成制件的高分子链聚集态和宏观性能可以是非均质的。由此可见，高分子材料的热流变特性和半结晶特性，增材制造装备的温度控制模块，以及打印路径、打印速度、环境温度、冷却方式等关键工艺参数会极大影响熔融挤出增材制造的冷过程。

2. 连续纤维增强树脂基复合材料挤出成形

纤维增强树脂基复合材料具有高比强度、高比模量、耐腐蚀、热稳定性好、可设计性强等优点，自 20 世纪 40 年代问世以来已在航空航天、汽车交通等各个领域得到越来越多的应用，成为制备高性能结构件的先进材料之一。以航空飞机为例，复合材料已成功应用于机身、尾翼等大量飞机结构上，带来明显的减重效果和综合性能的显著提升，目前军用飞机中复合材料占飞机结构重量的 20%～50%，例如，美国的 F-22 战斗机上使用量达到 25% 左右；民用大飞机中，美国波音公司的 B787 用量达到 50%，欧洲空客公司的 A350XWB 用量已达到 52%，我国自主研发的 C919 用量达到 12% 左右。在工业 4.0 时代，先进复合材料已逐渐成为衡量国家科技竞争力的重要指标之一，具有广阔的应用空间与发展前景。

纤维增强树脂基复合材料根据基体种类的不同可以分为热固性复合材料与热塑性复合材料，长久以来，热固性复合材料的用量始终占据主导地位，绝大部分复合材料构件采用的是热固性树脂基体如环氧树脂、酚醛树脂等，但热固性复合材料一直面临的制造成本高、难以回收再利用等共性问题成为复合材料进一步发展应用的瓶颈。在制造方面，传统热固性复合材料采用的都是基于模具的成形工艺，对于不同的构件都需要开发专用的模具，生产周期与过程冗杂。为满足传统复合材料的发展需求，学者提出了一种新的纤维增强热塑性复合材料挤出成形技术，该技术能够继承 3D 打印本身的技术优势实现复合材料的无模自由成形，摆脱高昂的模具价格限制与冗长的工艺流程，大大降低复合材料的加工成本与时间成本，同时具备更好地一体化制造复合材料复杂结构的能力，特别是近年来出现的连续纤维增强热塑性复合材料 3D 打印技术更是将 3D 打印复合材料的力学性能提升到了更高的水平，表现出更大的工程应用价值与发展潜力，同时 3D 打印多采用热塑性塑料，使其又具备了良好的回收再利用能力。

连续纤维增强热塑性复合材料挤出成形工艺原理如图 5-31 所示，该工艺是在材料挤出成形工艺的基础上结合传统复合材料制造技术如纤维铺放等创新而来的，打印流程与 MEX 工艺相似，最大的区别在于该技术是将连续纤维与热塑性树脂丝材同时送入 3D 打印头内，主要包括熔融浸渍、挤出沉积与堆积成形三个过程，熔融浸渍过程为复合材料的制备过程，分别以连续纤维与热塑性树脂丝材为原材料，二者同时送入同一个 3D 打印头，在打印头内部树脂加热熔融之后浸渍纤维束形成复合材料，之后从喷嘴出口处挤出沉积在打印平面上，随后树脂基体在空气中迅速冷却固结，一方面黏附在打印工作台上，另一方面将纤维固定防止被拉出，已经固定的纤维束会对后续挤出的熔融树脂中的纤维产生轴向拉力，在该拉力作用下，连续纤维能够不断地从喷嘴中被拉出；堆积成形过程是按照打印路径控制由 3D 打印头挤出复合材料由线到面、由面到体逐渐堆积成形三维零件。

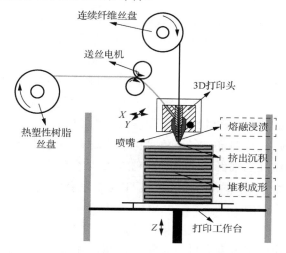

图 5-31　连续纤维增强热塑性复合材料挤出成形工艺原理图

连续纤维增强热塑性复合材料挤出成形工艺展示出了良好的发展潜力，近年来逐渐成为复合材料领域与 3D 打印领域的研究热点，但作为一种新型的复合材料制造技术，仍然存在诸多的问题与挑战亟待解决，主要体现在以下几个方面。

1）成形工艺与装备

针对连续纤维增强热塑性复合材料挤出成形机理与工艺过程仍缺乏比较系统的研究，在传统复合材料中每种成形工艺都会存在特定的工艺参数，复合材料的性能与选择的工艺参数息息相关，而对于连续纤维增强热塑性复合材料挤出成形技术的工艺参数类别及其如何影响打印复合材料的质量与性能的作用机理尚不明晰，缺乏系统的工艺控制策略。

2）多层级界面与性能优化

针对连续纤维增强热塑性复合材料挤出成形工艺的界面研究是保证其优异性能的关键科学问题，但目前尚未得到全面深入的研究。材料挤出成形独特的成形工艺特征使得复合材料的界面形成过程及界面组成等相较于传统复合材料都有所不同，因此需要建立专门用于挤出成形连续纤维复合材料的界面模型，为开展更进一步的研究工作奠定基础；热塑性聚合物具有高的熔融黏度，且材料挤出成形工艺难以提供长时间的高温高压条件，使得树脂渗透纤维阻力变大，成形过程难以保证良好的浸渍。此外，热塑性树脂与惰性纤维表面难以形成化学键等有效结合，黏性较差。以上问题的存在容易导致界面微观缺陷的产生，如何克服材料物化性质以及成形工艺上的限制，从多个尺度开发适用于 3D 打印的界面改性与增强方法，是需要解决的核心问题。

3）连续纤维增强复合材料结构设计技术

设计要充分考虑制造工艺的约束，否则设计结果与制造工艺容易出现矛盾，使设计结果难以被制造。目前,基于连续纤维增强复合材料挤出成形 3D 打印的设计还没有被系统研究。一些基于其他制造工艺的设计方法可以被借鉴,但由于制造约束不同,其设计结果不能被 3D 打印制造或不能充分发挥连续纤维增强复合材料挤出成形 3D 打印高灵活性优势,因此,亟须系统开展基于连续纤维增强复合材料挤出成形 3D 打印的变刚度结构设计研究。开展基于连续纤维增强复合材料挤出成形 3D 打印的变刚度结构设计研究,需要考虑材料特性、力学分析方法和设计方法三个方面。

在材料特性方面,连续纤维增强复合材料是一种各向异性材料,充分认识它在不同纤维含量时的力学响应行为及失效行为是对其优化设计的基础。然而,3D 打印与传统工艺制备的连续纤维增强复合材料在各向异性性能上有很大的差别,主要原因是 3D 打印在制造过程中不能提供较大的压实力,使 3D 打印连续纤维增强复合材料的孔隙含量较高或孔隙分布不均匀。因此,传统连续纤维增强复合材料的性能响应规律不能被借鉴。

在力学分析方法方面,由于连续纤维增强复合材料 3D 打印多尺度界面和连续纤维增强复合材料各向异性的性质,3D 打印连续纤维增强复合材料的力学分析过程和损伤过程非常复杂,再加上变刚度设计使其局部纤维方向和纤维含量动态变化,如何建立 3D 打印不同纤维含量连续纤维增强复合材料的本构模型和连续纤维增强变刚度结构的力学分析模型是一个难点。

在设计方法方面,连续纤维增强复合材料 3D 打印为纤维方向和纤维含量的自由调控提供了技术手段,如何协调纤维方向和纤维含量的分布,使其在一定工况载荷下发挥最大的性能优势,是本书的一个重要研究内容。此外,如何在设计中考虑 3D 打印的约束,使设计结果可以被制造,是需要解决的重要问题。

5.3.2　国内外技术发展现状与趋势

1. 国内外技术发展现状

1988 年,美国的 Scott Crump 等发明了熔融沉积成形增材制造技术,并在此技术的基础上创建了美国 Stratasys 公司,并由该公司研发并推出了首台商用的 MEX 增材制造设备。由此至今的三十多年里,国内外学者主要针对 MEX 技术所涉及的材料、装备和工艺进行广泛而系统的研究,有效地推动了 MEX 技术的发展与应用。

1) 适用于 MEX 技术的材料体系

基于 MEX 的材料熔融挤出原理,其采用的原材料主要为热塑性高分子材料,或者以其为基体的复合材料,根据目前国内外的技术研究现状,用于 MEX 的热塑性高分子材料主要如表 5-1 所示,而增强相材料主要如表 5-2 所示,不同热塑性高分子材料的性能不同,其与不同种类、不同含量增强相材料的结合与分布方式不同,会形成不同性能和不同功能的复合材料,进而满足不同场景的应用需求。我国研究团队率先将连续纤维与热塑性材料基体相结合,采用 MEX 工艺技术,成功获得了增材制造的、可达到直接应用级别的连续纤维复合材料制件,大幅提高了制件的力学性能(超过基体材料本体性能 5~15 倍),并成功在我国国际空间站进行了在轨 MEX 制造试验。

表 5-1 用于 MEX 的热塑性高分子材料

材料名称	英文名称	工艺适用	力学性能	打印温度/℃
聚乳酸	PLA (Polylactic Acid)	+++	+	190~210
丙烯腈-丁二烯-苯乙烯共聚物	ABS (Acrylonitrile-Butadiene-Styrene Copolymer)	+++	+	210~250
尼龙	Nylon	+	++	235~260
聚苯乙烯/高抗冲聚苯乙烯	PS/HIPS (Polystyrene/High Impact Polystyrene)	++	+	240
二醇类改性聚酯	PETG (Polyethylene Terephthalate Glycol-Modified)	+++	+	230~250
聚对苯二甲酸丁二酯	PBT (Polybutylene Terephthalate)	++	++	220~250
聚丁二酸丁二醇酯	PBS (Poly-Butylene-Succinate)	+	++	120~140
聚碳酸酯	PC (Polycarbonate)	+++	+++	275~285
聚甲基丙烯酸甲酯	PMMA (Polymethyl Methacrylate)	+	++	180~250
高密度聚乙烯	HDPE (High Density Polyethylene)	+	++	120~150
聚丙烯	PP (Polypropylene)	+	++	130~170
聚氯乙烯	PVC (Polyvinyl Chloride)	+	+++	200~300
热塑性聚氨酯弹性体	TPU (Thermoplastic Polyurethane elastomer)	+++	+	210~225
聚醚酰亚胺	PEI (Polyetherimide)	+	+++	350~390
聚醚醚酮	PEEK (Poly-Ether-Ether-Ketone)	+	+++	360~450
聚苯砜	PPSU (Polyphenylene Sulfone)	+	+++	350
聚醚酮酮	PEKK (Poly-Ether-Ketone-Ketone)	+	+++	350
丙烯酸酯类橡胶体与丙烯腈、苯乙烯的接枝共聚物	ASA (Acrylonitrile Styrene Acrylate)	+	++	170~230
聚对苯二甲酸乙二醇酯	PET (Polyethylene Terephthalate)	+	++	280~320

注："+"表示程度。

表 5-2 用于 MEX 的增强相材料

类别	示例	常用含量	性能或功能增强
短切纤维	碳纤维、玻璃纤维、天然纤维等	(10~60)vol%	力学性能增强
连续纤维	碳纤维、芳纶纤维等	(10~60)vol%	力学性能大幅增强
生物陶瓷	羟基磷灰石、磷酸三钙等	(5~40)wt%	生物活性化
压电陶瓷	氧化锶等	(5~40)wt%	压电功能
其他陶瓷	氧化钛、氧化铁、硫酸钡等	—	调色、耐磨、显影等功能
吸波材料	铁氧体等	(20~60)wt%	电磁功能
金属材料	铅、铁等	(20~80)wt%	耐辐射、介电功能
功能材料	石墨烯、碳纳米管等	(5~20)wt%	电性能、力学性能等
发泡材料	氯化钠等	(10~60)vol%	造孔功能
含能材料	全氮化合物等	—	含能功能

2）基于 MEX 技术的增材制造装备

对于 MEX 技术装备的研究较为成熟，主要的研究工作由许多装备厂商开展，主要集中于

3D 打印挤出头、环境控制模块、运动模块等核心部件。目前，国外在该领域主要的领先单位为美国 Stratasys 公司，其于 1993 年开发出第一台 FDM-1650 机型后，于 1998 年推出最大造型体积为 600mm×500mm×600mm 的、率先采用双挤出头的高效率 MEX 设备，并于 2002 年发布了面向工业领域的 Dimension 系列，将 MEX 技术的精度、效率、性能大幅提高，并促进了该技术的应用普及。另外，美国的 MakerBot 公司和 3D Systems 公司等都不断地研发出更稳定、更高精度、更大尺寸、更多材料兼容的 MEX 设备，尤其是促进了桌面 MEX 的低成本化和简便操作，使熔丝制造成形（FFF）技术成为市场普及率最高的增材制造技术。

　　国内的科研院所相继于 1991 年开始研究 MEX 技术，并开发出相应的装备，优化了基于摩擦轮送丝的直流道双挤出头，进一步提高了国内 MEX 装备的挤出成形能力。随后，国内企业推出了多款成熟的 MEX 装备，并能够自动调节平台水平和喷头高度，在消费级市场上具有较大影响力，并广泛应用于教育、原型制造、文创等领域。2017 年以来，我国企业和科研院所突破并研发出了面向 PEEK、PEI 等高性能材料的高温 FFF 装备，制件性能和装备水平达到国际领先水平，其所制造的高性能制件在航天航空、国防军事等领域得到率先应用，如图 5-32 所示。

图 5-32　基于 MEX 技术的增材制造装备与多材料工业制件

　　另外，随着 MEX 装备技术的发展，国内外的相关研究者或是企业工程人员提出了新的 MEX 装备类型，并不断地迭代优化和日趋成熟，进一步丰富 MEX 装备的技术能力与应用潜力，典型代表有：可以实现多材料混合打印的 MEX 装备；增减材制造一体化的大型 MEX 装备；连续纤维增强复合材料 MEX 装备；基于 MEX 原理的 3D 打印笔。而且，无论是在这些新兴的还是已有的消费级 MEX 装备领域上，我国的研究水平与产业化程度已经追赶并不断超越国外相应的技术水平，在全球市场份额上取得领先。

　　3）MEX 工艺技术现状

　　MEX 工艺技术的研究一直是国内外该领域学者的研究重点，其研究内容主要是通过各种所设计的工艺试验，进而建立温度、速度等工艺前处理、制造过程和后处理参数与最终制件某些精度或性能指标之间的定性或定量的内在关系。目前 MEX 工艺技术的研究现状可以大致参考表 5-3。由此可见，MEX 的工艺参数众多，其需要明确关系的制件指标也包含多个方面，而且互相之间又有复杂的耦合影响关系，因此，目前采用数学建模、数值仿真、大数据技术和人工智能等技术进行 MEX 工艺技术研究是有效的。其中，我国学者已经采用模糊理论、神经网络等数值计算方法，对 MEX 常见的工艺参数过程进行机器学习与预测，得到了可靠性较高的理论模型，获得了国际同行学者的广泛认可。

表 5-3　MEX 工艺参数对性能的影响关系表

工艺参数	精度	表面质量	静态性能	动态性能	功能性	结晶特性	各向异性	经济性
	尺寸精度、变形、收缩、翘曲等	粗糙度等	密度、拉伸、压缩、耐磨等	蠕变、疲劳、断裂扩展等	稳定性、电/磁/热性能等	结晶度、晶体形态等	力学、功能的不一致性	制造时间与成本
模型精度	+++	++						+
丝材质量	++	++	++	++				+
丝材密度	++	++	+++	+++	+			
喷嘴温度	+	++	+	+	+	+		
底板温度	+++	+	++			++	++	
环境温度	+++	+	+++	+++	+	+++		+
喷嘴直径	+	++						++
摆放位置	+	+					+++	++
路径角度	+		+		++		+++	
路径宽度	+		+		+		+	+++
路径形式	+			++			++	+
分层厚度	+							+++
轮廓情况	++	++	+		+		+	++
打印间距	+		++		++	+		++
送丝速度	+	+						+++
打印速度	++	++				++		+++
填充率	+	+	+++	+++	+++	+		+++
后处理	打磨、热处理、机械加工是常用于 FFF 的后处理方式，其对于最终制品的改变影响巨大							

4）连续纤维增强复合材料挤出成形工艺

研究人员自 2012 年开始相继提出了一系列连续纤维 MEX 工艺，根据原材料与打印方式的不同主要可以分为两种方式。一种方式是连续纤维预浸丝 MEX 工艺，首先制备纤维预浸丝，再利用预浸丝进行 3D 打印，典型代表包括美国 Markforged 公司，Markforged 公司自 2014 年开始陆续推出 Mark 系列打印机，该系列打印机主要采用两个独立喷头，一个喷头进给热塑性树脂丝材，另一个进给连续纤维预浸丝材，两个喷头配合工作分别铺放熔融树脂与纤维预浸束进行构件轮廓与内部填充结构的制造，实现复合材料的 3D 打印，如图 5-33 所示，打印碳纤维增强尼龙复合材料拉伸强度与模量分别达到 700MPa 与 54GPa。连续纤维预浸丝 MEX 工艺的关键是纤维预浸丝材的制备，目前主要借鉴传统复合材料热塑性预浸料的制备技术，Hu 等开发了利用螺杆挤出熔融浸渍的方式制备碳纤维增强 PLA 预浸丝，如图 5-34 所示，熔融树脂的流动性在螺杆旋转剪切作用下得到改善，同时在螺杆压缩作用下产生较大的压力，更容易渗透到纤维束内部形成具有良好界面的预浸丝，其中螺杆的压力、温度、抽丝速度等参数会直接影响预浸丝的质量。Zhang、Matsuzaki 等利用溶液浸渍的方式制备了不同树脂基体的连续碳纤维预浸丝用于 3D 打印。然而，目前大部分预浸丝内部的孔隙等缺陷仍无法避免，对预浸丝质量的稳定性控制方面有待提高，对于预浸丝的几何参数与打印工艺间的关系缺乏深入的研究。

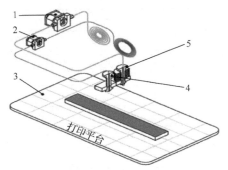

（a）成形原理

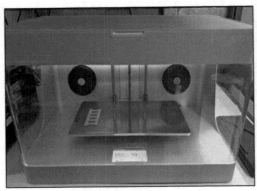

（b）MarkOne打印机　　　　　　（c）成形零件

图 5-33　Markforged 连续纤维预浸丝 MEX 工艺

1-尼龙挤出机；2-纤维挤出机；3-打印平台；4-纤维打印头；5-尼龙打印头

（a）干纤维束　　　　　　（c）螺杆挤出机　　　　　　（e）预浸丝

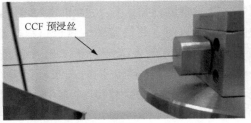

（b）粒料　　　　　　（d）模头　　　　　　（f）微观结构

图 5-34　3D 打印连续纤维预浸丝制备技术

另一种方式是干丝原位浸渍 MEX 工艺,它与预浸丝打印最大的区别在于连续纤维直接采用纤维干丝,打印过程中纤维与树脂同时送入同一个 3D 打印头内,在加热作用下树脂熔化与纤维复合,之后复合材料挤出堆积成形三维零件,如图 5-35 所示。西安交通大学是国内外最早开始研究连续纤维 3D 打印技术的团队之一,于 2014 年率先提出了一种连续纤维原位浸渍 MEX 工艺,成功实现了连续碳纤维增强 ABS 复合材料的打印,当纤维含量为 10%左右时,拉伸强度与模量分别达到了 147MPa 与 4.185GPa,是纯 ABS 试样的 5 倍与 2 倍左右。2015 年,东京理科大学 Matsuzaki 等开发出原位浸渍 MEX 工艺,实现了连续碳纤维增强聚乳酸复合材料的打印,当纤维含量为 6.6%时,拉伸强度与模量分别达到了 200MPa 与 20GPa。Bettini 等在 2016 年研究了连续芳纶纤维增强聚乳酸原位浸渍 MEX 工艺过程。在国内,南京航空航天大学、武汉理工大学等高校也相继开展了相关研究。

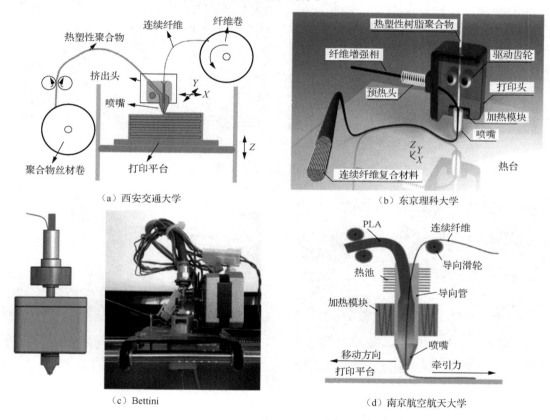

（a）西安交通大学　　　　（b）东京理科大学

（c）Bettini　　　　（d）南京航空航天大学

图 5-35　连续纤维干丝原位浸渍 3D 打印工艺研究团队

利用以上两种连续纤维 MEX 制造技术,研究人员开展了一系列有关工艺、结构设计与应用方面的探索。对于典型的层合板结构,Naranjo-Lozada、Peng 等学者利用连续纤维 MEX 工艺分别实现了纤维分布层的自由选择以及纤维所在层的填充路径与取向的自由规划,而不同的纤维分布会引起复合材料力学性能的变化,如图 5-36（a）所示,而传统复合材料层合板一般只能做到层与层之间的纤维铺放角度不同而在每一层的纤维都具有统一的取向。实际上,连续纤维 MEX 工艺在实现对纤维走向的任意控制方面具有更加明显的优势,Zhang 等通过提取带孔板受载荷时的主应力方向进行曲线纤维的设计,在利用连续纤维原位浸渍 MEX 工艺成形时通过实时改变树脂的进给量实现纤维含量的动态调控，相比于传统采用单一方向铺放层合板之后再进行钻孔的方式，曲线纤维能够减少纤维损伤与孔边缘的应力集中，在纤维含量为 27.2vol%时，单一轴向拉伸载荷作用下的应力集中系数最高降低 62.5%，刚度提升 24.6% 左右，如图 5-36（b）所示，而 Marouene 等在利用传统的自动铺放技术制备曲线纤维时由于制造工艺的约束往往会出现间隙、重叠以及褶皱等不可避免的缺陷。Hou、Azarov 等分别利用开发的连续纤维 MEX 工艺实现了波纹板结构、无人机框架等轻质复杂结构的制造，验证了该技术实现复合材料低成本一体化快速制造的能力，如图 5-37 所示。

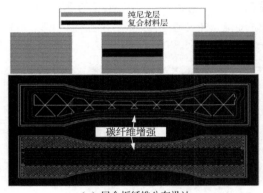

（a）层合板纤维分布设计

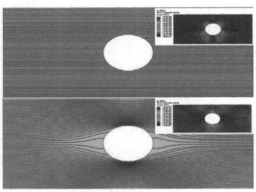

（b）带孔板曲线纤维设计

图 5-36　基于连续纤维 MEX 工艺的纤维分布与取向设计

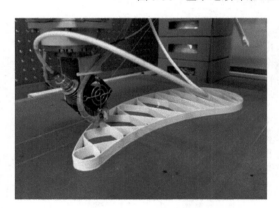

（a）波纹板结构

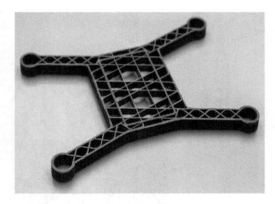

（b）无人机支架

图 5-37　复合材料轻质复杂结构连续纤维 MEX 工艺一体化设计制造

对以上研究现状进行综合分析，并重点对比不同成形工艺制备复合材料的力学性能，可以发现，相比于 3D 打印纯树脂材料，短纤维的引入能够提升材料的力学性能，但增加的幅度往往非常有限，主要是由较低的纤维含量以及难以进行纤维取向引起的。3D 打印连续纤维复合材料具有更高的纤维含量与更加优异的力学性能，拉伸强度与模量最高能在纯树脂材料的 10 倍以上，材料挤出工艺过程相对简单、成本低，更容易实现复杂构件的一体化成形，目前的两种技术形式各存在优缺点，预浸丝 3D 打印过程中树脂与纤维的浸渍以及二者之间界面的形成主要发生在预浸丝制备过程中，能够形成较为理想的微观结构，但针对不同的材料体系都需要开发相应的预浸丝制备工艺，会对 3D 打印材料种类造成限制，而对于干丝原位浸渍

3D 打印，理论上适用于任何热塑性材料体系，成形过程简单，且可以实现纤维含量的动态调控，但树脂与纤维束的浸渍效果较差，内部微观缺陷较多。然而，3D 打印连续纤维复合材料的纤维含量与力学性能相较于传统复合材料仍然存在比较大的差距，有待进一步提高。

2. 发展趋势

目前，MEX 技术的发展趋势主要朝着大尺寸、高效率、高精度、复合材料等方向发展，旨在形成挤出成形增材制造新能力。大尺寸、高效率发展方向，主要面向汽车整车、家具整件、航空航天大尺寸塑料配件等制件的快速制造；高精度发展方向，主要面向口腔医疗假体、复杂多孔结构等制件的精密制造；复合材料发展方向，主要实现高性能（力学性能和物化性能）工业和医疗零件的匹配制造。我国 MEX 工艺方法的技术成熟度和应用普遍性与国外略有差距，主要体现在设备和工艺的稳定性、软件和控制的自主性，以及标准和知识产权的丰富性方面。但是，对于高性能和功能化挤出成形增材制造工艺技术，国内与国外的水平相近，甚至在生物医疗和航空航天领域的技术与应用有所超越。因此，在我国增材制造发展战略中，已经提出持续支持 MEX 设备和工艺的稳定性研究和产业转化，支持核心算法的开发，以及国产软件和控制系统的发展，支持国家/行业标准的制定和知识产权多样化发展，弥补国内这些领域的差距，并进一步支持高性能和功能化 MEX 工艺技术的发展，包括大尺寸、高效率、高精度、复合材料等先进方向的发展，以及在工业和医学上的应用研究，以达到国际领先水平。

在复合材料增材制造方面，经过多年的技术研发与积累，连续纤维增强热塑性复合材料 3D 打印的各项技术瓶颈已经逐步突破，建立起相对成熟完善的材料体系、装备系统与工艺方法，使其具备了工程化应用的条件；作为一种创新型的复合材料制造技术，为实现复合材料低成本一体化快速制造提供了一条新的技术途径；近年来得到了越来越多的关注与快速的发展，从 3D 打印技术以及高性能复合材料的发展与应用趋势分析，有待从以下几个方面继续深入研究。

（1）复合材料纤维含量有待进一步提高。连续纤维增强热塑性复合材料 MEX3D 打印的力学性能仍然达不到传统复合材料制造技术的水平，主要是由于纤维含量相对较低，目前纤维体积分数最高只能达到 50%左右，而传统复合材料一般能够达到 60%～70%甚至更高，原因是 3D 打印主要采用的是低纤度的纤维束如 1K、3K，而传统复合材料通常使用的是高纤度的纤维束如 6K、12K 等，如何将高纤度的纤维束应用于 3D 打印技术中提高复合材料纤维含量与力学性能，并同时保证良好的打印精度，是本技术亟待解决的问题之一。

（2）连续纤维增强热塑性复合材料 MEX3D 打印 Z 向增强技术。熔融沉积 3D 打印层层堆积的工艺特点造成构件力学性能的各向异性，Z 向强度一般低于 XY 方向强度，特别是对于连续纤维 3D 打印仅仅在每一层面内添加纤维，增强作用只体现在 XY 方向，导致各向异性问题更加明显。随着应用领域的不断扩展，对于 3D 打印基体树脂的要求越来越高，一些高性能树脂如 PEEK、PEI 等的应用潜力巨大，但由于熔融温度高、结晶应力收缩大等导致其层间结合性能差，加剧了 3D 打印力学性能的各向异性。研究 Z 向增强技术，解决高性能树脂的层间结合问题以及实现连续纤维的 Z 向分布，是本技术面临的一大挑战。

（3）结构功能一体化与智能复合材料的设计制造技术。随着复合材料技术的不断发展与应用的不断深入，复合材料已不再只停留在发挥其优异力学性能的层面，还需要能够完成一定的功能。连续纤维增强热塑性复合材料 3D 打印技术突破了模具制造的限制，能够实现更加复杂多变的结构，赋予了复合材料在设计上更高的自由度，因此利用该技术探索创新型复合材料构件设计理念，将材料设计、工艺设计、宏/微结构设计、功能设计等多个方面相结合，实现复合材料结构与功能一体化甚至智能复合材料的制造，是本技术在未来需要重点突破的方向。

5.3.3　材料熔融挤出成形机理模型

影响 MEX 装备设计与制造的因素较多，主要需要考虑高分子材料的熔融、热力学性能、流变特性、收缩特性、受限流动特性、热融合特性、流动取向、冷却结晶与重结晶等材料特性，这些特性不仅对打印头和环境模块有要求，也对增材制造工艺过程的连续熔融、进料、稳定流动、冷却沉积、挤出形态、挤附黏结、路径规划、冷却结晶和热处理方法等环节造成极大的影响，因此只有合适的 MEX 装备才可以实现熔融与冷却基本过程的稳定性与一致性。考虑到 MEX 工艺技术是高分子丝材熔融-冷却的塑性成形过程，可以分析出 MEX 装备最关键的核心部件为 3D 打印挤出头，而在打印头中的关键机理过程是高分子材料的连续进料、连续熔融、稳定流动与挤出成形过程，因此需要建立相应的机理模型进行关键环节的表征，进而确定 MEX 装备的关键硬件。

1. 连续进料与稳定流动机理模型

如图 5-38 所示，MEX 工艺制造过程中，需要在外界压力下让熔体通过 3D 打印挤出头内部的管道并挤出，这是一个典型的压力流动过程，在此过程中 3D 打印头典型的通道结构为圆管通道-圆锥通道-圆管通道的结合。为了保证稳定的流动与挤出效果，需要设计送丝机构，工程上通常采用主动送丝轮和从动夹持轮配合挤压按需将丝材送入进料管。

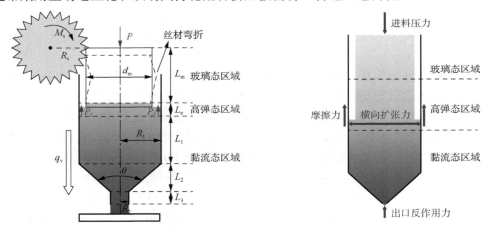

图 5-38　连续进料与稳定流动机理模型（左）与高弹区横向扩张冷却胀大（右）

通过送丝电机的静力矩 M_s 和送丝轮半径 R_s 可计算出所施加的进料驱动力 P，然而对于一般应用丝材作为原材料的 MEX 工艺，进料驱动力 P 并不是可以无限增大的，过大的驱动力会使丝材发生弯折。根据欧拉弯折分析，可以给出使圆柱 PEEK 材料发生弯折的临界作用力 P_{cr}：

$$\begin{cases} P = \dfrac{M_s}{R_s} \leqslant P_{cr} \\ P_{cr} = \dfrac{\pi^2 E d_m^2}{16 L_m^2} \end{cases} \tag{5-9}$$

式中，E 为材料的弹性模量，MPa；d_m 为丝材的直径，mm；L_m 为丝材的受力区间距离，mm。

高分子材料在熔融过程中，伴随着物相的改变，其力学性能也会发生变化，材料从玻璃态到高弹态，以及从高弹态到黏流态，弹性模量会发生两次突降。因此，在一定的进料压力下，高弹态与黏流态的较低模量会引起更大的横向形变，形变程度与材料的泊松比有关。如果出口反作用力或者材料流动的压力降较大，高弹态区域的材料会发生更大的横向扩张，直到与管壁接触，不同于已经成为流体的黏流态的横向扩张，高弹态区域的材料会与管壁发生较大的硬摩擦以及黏阻，进而要求更大的进料压力，如果进料压力不能克服这里的摩擦力，那么该区阻力将阻碍后续材料的正常持续进入，即发生堵塞与卡丝现象。尤其在高弹态区的末端，即既有黏流态又有高弹态的黏弹转变区域，其黏阻效果最为明显。

为了保证稳定的流动与挤出效果，需要外界施加一定的进料驱动力 P，根据流体力学理论，可以判断所提供的进料驱动力 P 主要用来克服流体总压力降ΔP（包括挤出口处压力降）和高弹态区的摩擦压力降 P_f，即可得到它们所需的 P 不可以超过临界作用应力 P_{cr}。而且在连续、匀速、稳定的熔融挤出增材制造过程中，系统会处于力平衡状态，可在高弹态区处列受力平衡方程，为

$$P\frac{\pi d_m^2}{4} = \Delta P\pi R_1^2 + 2\pi R_1 L_e P_f \qquad (5\text{-}10)$$

式中，R_1 为流道半径，mm；L_e 为材料的导热距离，mm；P_f 为高弹区的摩擦压力降，N。

摩擦压力降 P_f 的产生主要因为高弹态区材料的模量小，在材料沿着管道方向的较大正应力作用下，引起了较大的横向扩张应力，从而使横向扩张的程度较大，根据材料弹性力学，一般可以假设材料的横向扩张应力与此时材料的正压力呈线性关系，又根据摩擦力公式，可认为高弹态区的摩擦压力降 P_f 也与高弹态区的横向扩张应力呈线性关系。而此时高弹态区的正压力为 P，因此，可以将高弹态区的摩擦压力降 P_f 表达成 bP，b 为无量纲的摩擦压力降系数，可见其与材料的泊松比、材料与管壁的摩擦系数、实际接触摩擦区域与导热距离 L_e 的比例等有密切关系，其数值需要根据实际增材制造过程进行工艺试验来标定。为了使式（5-10）成立，则要求：

$$L_e b \leqslant \frac{d_m^2}{8R_1} \qquad (5\text{-}11)$$

即只有满足式（5-11）的条件，才能保证 FFF 工艺中材料的连续进料，否则，即使采用再大的进丝驱动力，也容易出现高弹态区域黏阻效应造成的堵塞问题。为了降低 $L_e b$ 的数值，即降低材料在熔融挤出打印过程中的高弹态区域黏阻效应，可行的措施有：通过冷却、保温等方法来调整出合适的、非均匀的熔融温度场来减少高弹态区黏阻长度；降低管壁的粗糙度，减小接触界面的摩擦系数；减小对于高弹态区的作用力，这需要降低进料压力以及出口的反作用力，但是这可能会造成对材料挤附过程的不利影响，需要综合考虑。同时，应该考虑的是，随着打印头的长期使用，管壁的磨损或者残留的高分子材料会越来越多，将逐渐增大高弹态区域黏阻效应，存在一个使用寿命的问题。

2. 连续熔融机理模型

如图 5-39 所示，高分子材料从常温 T_0 进入挤出头，升温至打印温度 T_p 熔融再挤出，整个过程需要外界源源不断地提供能量，同时也会不断消耗能量，在达到热平衡（即达到稳态的、选定的打印温度）的前提下，从能量守恒的角度出发，可建立热学平衡关系式。首先判

断能量消耗端，高分子材料进料的熔融过程需要消耗的能量，即高分子材料从常温升温至打印温度 T_p 的升温能耗 P_m。

除此之外，还存在着散热过程，包括为了保证合适的温度场所施加主动冷却造成的能耗 P_c，以及被动散热的能耗 P_d。而能量提供端主要为外界的加热功率 P_h，推导公式（5-12）为

$$P_h = P_m + P_c + P_d \tag{5-12}$$

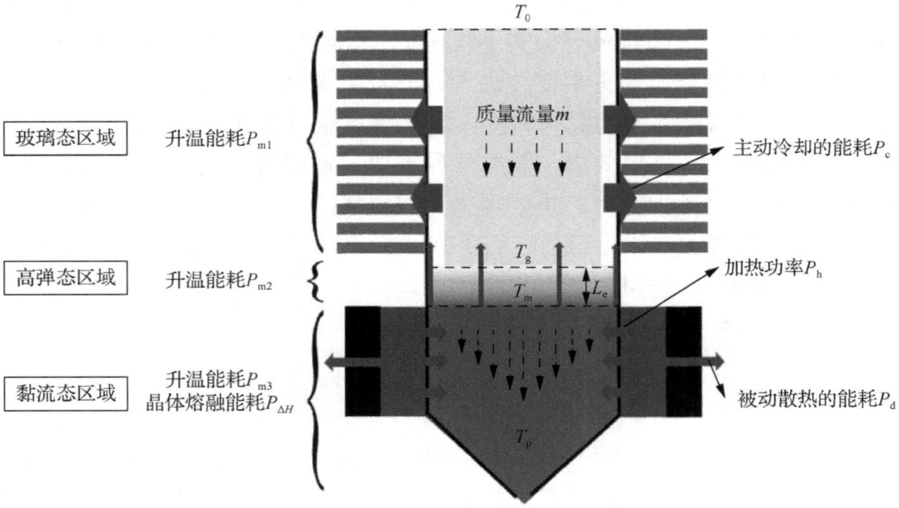

图 5-39　连续熔融机理模型

总能耗 P_m 与打印温度 T_p 以及质量流量 $\dot{m}$ 密切有关，所施加主动冷却造成的能耗 P_c 是为了使冷却区域内的材料与管壁温度维持在 T_g 以下，被动散热的能耗 P_d 与打印喷嘴的保温效果有直接关系，外界施加给打印头的加热功率 P_h 需要能够充分满足以上能耗。被动散热的能耗 P_d 与高温区域的保温效果有关，工程上可定义为加热功率 P_h 的无效部分，表示为（$1-\alpha$）P_h，保温效果越好，保温系数 α 越高。根据传热学理论，材料升温所需的热量与温差有一定的函数关系，并假设 T_0 为室温 25℃，可以表达为

$$P_h = \frac{\dot{m}(T_p - 25)c_p + P_c}{\alpha} \tag{5-13}$$

式中，$\dot{m}$ 为材料的质量流量，g/s；c_p 为综合比热容，J/（g·℃）。

而在式（5-13）中，c_p 为高分子材料的特性参数常量，通过相关材料手册或标定试验可以获得。由此可见，质量流量 $\dot{m}$、打印温度 T_p 越大，主动冷却的能耗 P_c 越高，保温系数 α 越小，那么显然所需的加热功率 P_h 越大，其中 $\dot{m}$、α 的数值对其影响较大。质量流量 $\dot{m}$ 需要考虑高分子材料在 FFF 工艺中稳定流动的限制，主动冷却的能耗 P_c 还需要考虑连续进料的限制。

3. 材料挤出成形复合材料界面模型

无论是传统复合材料制造工艺还是 3D 打印工艺，工艺参数的不同会引起复合材料微观结构的变化，由于组元材料的多样性以及制造工艺的不稳定性造成复合材料微观结构的复杂性，而其中最核心、最本质的是增强纤维与基体树脂复合形成的界面。根据载荷传递机理，复合材料所承受的外部载荷主要通过树脂与纤维的界面剪切作用进行传递，良好的界面是保证复合材料优异力学性能的必要条件。

　　根据连续纤维增强热塑性复合材料 3D 打印成形工艺原理以及对成形 CCF/PLA 微观结构的分析，建立了其界面形成机理，如图 5-40 所示，3D 打印复合材料的界面结构既具有传统意义上复合材料树脂与纤维的结合界面特征又具有因 3D 打印工艺造成的层间与线间结合界面特征，其中树脂与纤维的结合界面是在打印过程中熔融树脂分子浸渍到纤维束内部将纤维单丝包覆，随后树脂冷却与纤维丝嵌套在一起形成的接触界面，该界面存在两重含义：一重含义是树脂渗透到纤维束内部，与单根纤维发生接触，该界面的形成是物理渗透过程，本书称为“界面浸渍”；另一重含义是树脂与纤维接触之后二者之间产生相互作用黏结在一起，这种界面相互作用一般是分子层面的物理扩散或者化学交联等，是传统意义上复合材料的界面，本书称为“界面黏结”；对于线间与层间结合界面，指的是相邻沉积线或层之间的结合界面，理想状态下，在堆积过程中纤维束应该处于堆积线的正中央位置，层间与线间的结合界面应该是通过包裹在纤维束外围的树脂基体结合在一起而形成的，在堆积过程中喷嘴出口处对材料的挤压作用导致纤维束向上偏移，这样在堆积时除了树脂基体之间的结合外，前一层上方的纤维也会与后一层下方的树脂进行结合，因此层间结合界面是由树脂与树脂的结合以及纤维与树脂的结合共同组成的。综上所述，连续纤维增强热塑性复合材料 3D 打印具有多重界面特征，试样的力学性能由该多重界面共同决定。

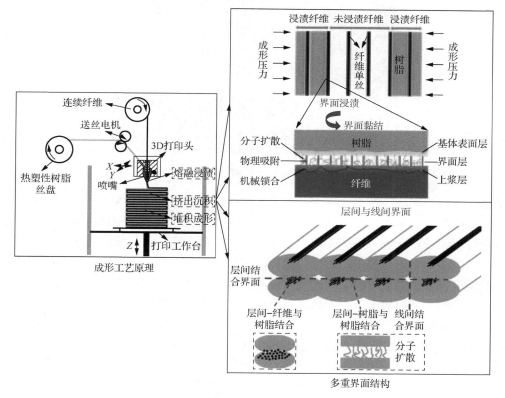

图 5-40　连续纤维增强热塑性复合材料 3D 打印多重界面形成机理

　　对连续纤维增强热塑性复合材料 3D 打印多重界面的影响因素进行分析。首先，界面浸渍是形成界面黏结的前提条件，只有树脂与纤维发生接触之后二者才有可能发生相互作用。然而，由于 3D 打印树脂基体采用的热塑性材料，相比于传统的热固性基体材料具有更长的分子链结构，加热熔融黏度大，流动性差，浸渍纤维束的能力不足，外部的温度与压力是影响浸渍效果的主要工艺条件，虽然各工艺参数的变化能够引起成形过程中温度与压力的变化从而改善界面浸渍，但由于纤维在喷嘴熔融腔内部的浸渍时间非常短，且打印头内温度与压力的变化也十分有限，再加上纤维干丝的集束性好等因素，即使工艺参数达到极限值也无法实现树脂与纤维的完全浸渍，纤维孤岛始终存在，形成内部孔隙缺陷。

其次，对于界面黏结，通过观察不同工艺参数下复合材料样件的微观结构与断裂模式可以发现，无论工艺参数如何变化，样件在断裂时都会发生纤维拔出现象，即使是已经发生浸渍的区域仍然存在纤维拔出，且拔出纤维表面都比较光滑，如图 5-41 所示。这说明树脂与纤维之间的相互作用比较弱，黏结界面的性能比较差，因而打印过程中各工艺参数的变化引起温度与压力的变化对黏结界面的改善作用并不明显，这主要是由于碳纤维干丝表面活性官能团往往呈现出化学惰性与树脂分子的润湿性差，且纤维表面存在一层热固性的环氧上浆层，其与热塑性树脂基体不相容无法产生分子扩散等现象，并且在高温打印时容易老化，因此树脂与纤维的黏结界面性能差，破坏时容易发生纤维拔出现象。

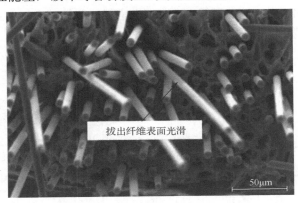

图 5-41　复合材料纤维拔出现象

最后，对于层间与线间结合界面，一方面在树脂与树脂结合区域，打印温度的增加使得熔融树脂流动性以及分子活性提高，打印压力的提高也能够增加堆积材料间的热挤压作用，以上两个过程都能够促进树脂分子间的相互扩散，从而提高层间与线间树脂材料间的界面结合性能，但需要注意的是在堆积过程中相邻沉积线或层之间会存在温度差异，特别是对于一些高熔融温度以及结晶型材料，大的温度差异与结晶会造成层内收缩产生内应力，更容易造成层间分离；另一方面对于纤维与树脂结合区域，二者之间的浸渍与黏结性能不足时也容易造成层间分离破坏。

综上所述，连续纤维增强热塑性复合材料 3D 打印具有特殊的多重界面结构，但由于原材料属性以及制造工艺的约束，仍存在诸多界面缺陷，虽然通过工艺参数能够对界面结合性能进行改善，但程度始终非常有限，亟须开发针对连续纤维增强热塑性复合材料 3D 打印的界面强化方法，提升界面结合性能，以获得优异的力学性能。

5.3.4　热塑性丝材熔融挤出工艺与性能

MEX 工艺技术是典型的逐点制造、线线累积、层层堆积的增材制造过程，因此其普遍存在各向异性，其形成的主要原因为存在线间和层间界面的影响，这种界面包括冷却收缩，尤其是半结晶材料的结晶收缩造成的宏观微孔界面,以及高分子链高取向、少缠结的微观界面。界面的数量、大小和结合强度,决定了垂直打印方向的力学性能与沿着打印方向的力学性能的差距。而且,这种差距是三维各向异性的,即垂直打印路径的 X 方向分别有横向 Y 与竖直 Z 两个方向。

1. MEX 制件各向异性原因分析

1)冷却收缩和结晶收缩造成的宏观界面

图 5-42 所示为各向异性程度较高的 MEX 制件断面的扫描电镜图片,可以发现零件内部存在排列规则的微孔/微流道,这些微孔/微流道的形成可以是因为材料挤出量不充分或者材料流动性不足,进而未能完全填充,其可以通过适当的熔融挤出和挤附流动过程的优化进行改善。然而,即使是完全填充的密实熔融沉积增材制造制件,由于冷却收缩,尤其是半结晶材料的结晶收缩的作用,也可能存在这些宏观界面。

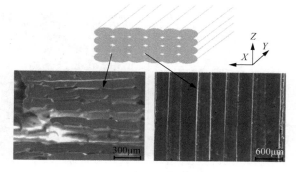

图 5-42　FFF 制件内部微孔和微流道

如图 5-43 所示,从高分子材料高分子链的聚集态变化角度出发,依据高分子材料"自由体积"理论,高分子材料的宏观体积由固有体积(分子链实际占有的体积)和自由体积(分子链之间的体积)所组成。高分子材料的熔体在玻璃化转变温度以上冷却时,将会发生自由体积的下降(冷却收缩)以及固有体积的下降(冷却收缩和结晶收缩),在玻璃化转变温度以下冷却时,自由体积几乎不变而固有体积继续下降(冷却收缩)。可以通过采用快速冷却的方式,调低半结晶材料熔融成形后的结晶度,较低的结晶度代表着较少的高分子链有序排列结晶区,进而可以降低高分子链有序排列后带来的结晶收缩;也可以采用外力限制收缩方式,这是由于高分子材料在 MEX 过程中经历黏流态-高弹态-玻璃态的持续转变,在黏流态转变高弹态或者高弹态区中,材料模量较低,此时可以提供较大的外力来强行限制材料的收缩而保留原始沉积成形形状,然而,这种方式会带来较大的残余内应力等不利影响。

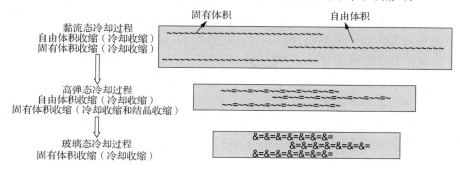

图 5-43　材料冷却收缩和结晶收缩过程

　　2）高分子链高取向与纤维状结晶造成的微观界面

　　为了测定 MEX 制件高分子取向情况，对其进行广角 X 射线衍射试验，典型的试验结果如图 5-44 所示，根据面积法计算，其高分子链在沿着打印方向上的取向度达到了 90%以上，符合高分子材料熔融挤出高分子链发生拉伸取向的普遍规律，而这种高取向现象使侧向线间、层间的高分子链穿插减少。此外，对于半结晶材料，可能存在明显的纤维状取向晶体，这是因为高取向度的高分子材料的熵会降低，因而取向态结晶的熵变也就减小，由平衡熔点的热力学方程可得其平衡熔点会相对提高，这就使得取向态结晶发生的有效过冷度比无序态结晶的过冷度大，可优先发生结晶，形成特殊的纤维晶。以上这些会进一步加强高分子链取向的效果，而取向后，由于在取向方向上原子之间的作用力以化学键为主，而在与之垂直的方向上，原子之间的作用力以范德瓦耳斯力为主，造成线间和层间在高分子链层面上的微观界面，因而呈现更加强烈的各向异性。

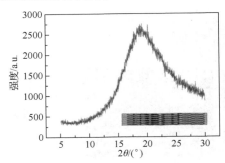 

　　图 5-44　FF 制件广角 X 射线衍射试验的典型结果（左）与半结晶材料的纤维状结晶（右）

2. 高分子焊接与界面结晶方法

　　如图 5-45 所示，高分子材料固体丝材进入 3D 打印挤出头熔融，然后在压力的作用下，再被挤附在基底或者之前已成形的高分子材料上。从二维横截面处观测，熔体材料挤附过程为一个出口，底边受限两边自由（轮廓打印、非致密填充等情况），或者底边与单边受限而另一单边自由（致密打印等情况）。由于材料的黏弹性，在挤出胀大与受限压力的作用下，所挤附的高分子材料熔体半宽度 $W/2$ 通常比出口处半径 R_2 要大，它们之间的比值为挤出胀大系数。在高致密度的要求下，一般需要 W 大于填充间距 D，但是过大的 W 会造成材料过多而阻碍打印过程的进行，所以需要控制进料速度和打印速度的比值，来保证合适的 W。高分子材料在 MEX 中经历熔融与流动后，将在出口处被后续的材料所挤出，然后被挤压并附着在先前已经成形的材料上，两个部分的高分子链在温度、压力和时间的作用下，开始相互扩散并发生缠结，对于无定形区域而言，高分子链的缠结程度决定了材料界面的黏结强度，这个过程是典型的高分子焊接行为。对于半结晶材料而言，在冷却的过程中会发生结晶行为，尤其是在接触面上发生界面结晶，这种界面结晶行为也会较大程度影响材料的界面结合效果。根据高分子结晶学原理，可以认为，已冷却的半结晶材料为新挤出的熔体材料提供了外来基表面，从而减少了成核的侧表面能，使结晶行为优先在其附近被引发，自由能位垒减少的程度不同，导致界面生长结晶的程度和形态也不同，可以在一定程度上形成跨区结晶，这种跨区晶体可以为界面提供更紧密的界面强度，可以适当降低其各向异性程度。

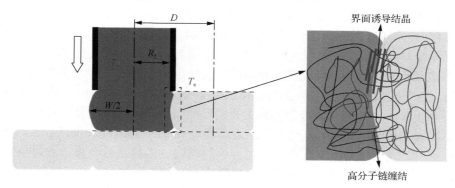

图 5-45　高分子焊接与界面结晶模型

　　然而，无论是无定形区域的高分子缠结行为或是结晶区的界面诱导结晶行为，其都受到界面面积、界面温度、界面压力、有效接触时间等因素的影响。在相同分层厚度、填充间距、打印速度的条件下，高分子材料的界面面积和界面压力变化相对较小，因此，主要影响因素为界面上的温度变化和有效的接触时间（即冷却至玻璃化转变温度以下之前的热历程时间）。

　　（1）界面温度。在挤附过程中，挤出熔体的温度可以近似认为是打印温度 T_p，而被挤附的目标物体的温度可以认为是表层的局部微环境温度 T_e，当两者接触时，假设忽略热平衡的时间，那么可以认为挤附的界面温度为（T_p+T_e）/2，这也是界面的结晶温度，可以发现，更高的打印温度以及环境温度可以增加挤附的界面温度。当该温度大于材料的玻璃化接触温度 T_g 时，可以促使两者高分子的链段互相穿插，接触面处高分子相互缠结，并发生界面诱导结晶行为，然而随着时间界面温度也会发生变化，通常最终会冷却至环境温度 T_e。

　　（2）有效接触时间。有效接触时间指的是高分子熔体材料挤附时界面温度 T_t 在 T_g 以上的时间，也就是材料的界面结晶时间，所以，越高的界面温度 T_t，越低的冷却速度对于挤附界面融合越有利，而冷却速度与环境温度、冷却方式和打印速度有关，越高的环境温度、越慢的打印速度，以及该点附近的往复短路径，会带来更低的冷却速度，从而增加了有效接触时间。

3. MEX 成形复合材料界面性能

　　复合材料界面作用机制一般可以总结为两个方面，一方面是传递效应，即外部载荷通过界面剪切作用由基体传递给纤维，使纤维能充分发挥增强作用，为此既需要树脂与纤维之间形成完全的浸渍发生接触，又需要在二者之间形成完整、稳定、连续的界面层，尽量减少微观缺陷，改善界面结合强度；另一方面是阻断效应，复合材料的界面结合强度并不是越高越好而是存在最佳的状态，适当的结合强度能够增加界面层韧性，在构件断裂过程中起到将裂纹局域化防止发生失稳扩展以及减缓应力集中的作用，反而会提高复合材料的承载能力。连续纤维增强热塑性复合材料 3D 打印的结合界面一般可以分为弱结合界面、适中结合界面与强结合界面三种类型，其中 VCF/PA6-$H_{1.0}/L_{0.3}$ 是典型的弱结合界面特征，其传递效应与阻断效应发挥都有限，造成大量的纤维拔出与层间破坏现象，SCF/PA6-$H_{0.5}/L_{0.2}$ 则为典型的强结合界面特征，虽然可以发挥良好的传递效应但几乎不存在阻断效应，导致构件发生低应力脆断，而 SCF/PA6-$H_{1.0}/L_{0.3}$ 具有适中结合界面特征，能够同时有效地发挥传递效应与阻断效应，促使复合材料发生渐进损伤失效过程，表现出一定的断裂韧性。

　　根据以上的试验结果与讨论分析，建立了针对连续纤维增强热塑性复合材料 3D 打印的结合界面性能调控机理。总体来说，连续纤维增强热塑性复合材料 3D 打印的界面是在纤维上浆预处理与 3D 打印工艺等多过程、多因素条件协同作用下的结果，上浆预处理使纤维获得了与热塑性树脂基体良好的相容性以及初步的预浸渍,而之后 3D 打印过程中的工艺参数主要改变的是成形过程中的温度与压力,会进一步影响复合材料结合界面性能。VCF/PA6 复合材料的界面仅受到温度与压力变化的影响,而 SCF/PA6 则受到上浆预处理以及温度与压力的双重作用。$H×L$ 代表堆积空间越小喷嘴对挤出材料的挤压作用越大即成形压力越高,当工艺参数为 $H_{1.0}/L_{0.3}$ 时,成形压力较小,它对界面的增强效果不明显,对于 VCF/PA6 容易形成弱结合界面特征,而 SCF/PA6 中上浆预处理将起到主要的界面强化作用,两种复合材料界面结合性能间的差距非常大,因此 SCF/PA6 复合材料的力学性能较 VCF/PA6 提升程度较大,随着堆积空间 $H×L$ 的减小,成形压力不断增大,其对界面的增强效果越来越明显,此时 VCF/PA6 与 SCF/PA6 界面结合性能间的差距逐渐缩小,使得力学性能之间的差距也逐渐降低,但当 $H×L$ 过小时,成形压力会非常高,在上浆预处理与高压力的双重作用下,导致 SCF/PA6 复合材料形成了强结合界面特征。同理,对于进丝速度 E,过大的吐丝量也会导致高的成形压力,也可能会造成 SCF/PA6 复合材料的强结合界面,使得样件在受载时发生脆性断裂。

复合材料的脆性断裂通常是突发性的、灾难性的,没有明显的预兆,会大大降低复合材料构件的服役安全性,因此需要尽量避免脆性断裂的发生。为实现以上目标可以采用的措施主要包括两种:一是增加树脂基体的韧性,用树脂基体的充分变形来消耗纤维断裂能;二是适当减小界面结合强度,使其具有产生一定程度脱黏与滑移的能力。在连续纤维增强热塑性复合材料 3D 打印工艺中,当成形压力较小时(如 $H_{1.0}/L_{0.3}$),SCF/PA6 的结合界面基本只受到上浆预处理的影响,比较容易获得适中的界面结合强度(图 5-46),同时零件中存在大量的 PA6 基体,该基体树脂具有良好的韧性,也有助于减缓强结合界面与脆性断裂的发生,但缺点是纤维含量比较低,复合材料的力学性能相对有限。当成形压力较大时(如 $H_{0.5}/L_{0.2}$),一方面 SCF/PA6 的结合界面在高压力与上浆预处理的综合作用下容易出现强结合的现象,另一方面纤维含量升高,韧性 PA6 基体树脂减少,加剧了脆性断裂的发生,此时的结合界面相对难以调控,在保证纤维含量的前提下,可通过优化进丝速度 E 的方式调控成形压力对复合材料界面的影响,经工艺参数优化后的 SCF/PA6 样件的失效强度较 VCF/PA6 有所提升,说明复合材料的界面得到了一定的改善。

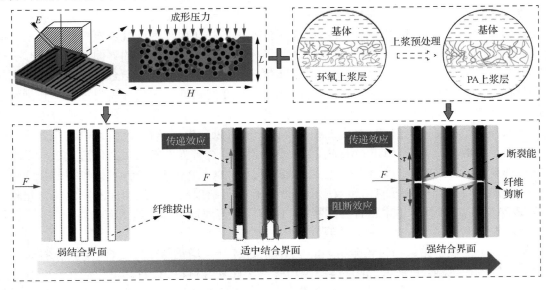

图 5-46　连续纤维增强热塑性复合材料 3D 打印界面作用机制

5.3.5　陶瓷材料挤出成形原理与研究进展

1. 工艺原理与研究进展

陶瓷膏体类材料挤出成形工艺，又称为直接墨水书写（DIW），即直写成形工艺也称为自动注浆成形（Robocasting），其工艺原理如图 5-47 所示。出料装置安装在 Z 轴方向上，由计算机软件控制 Z 轴运动。其工艺过程为出料装置按计算机软件生成的路线移动且同时挤出浆料在打印平台上，完成一层打印后，Z 轴上升一个层高，继续下一层的打印过程，逐层累加直到打印完成。与 FDM 工艺不同，在 DIW 工艺期间，材料直接挤出而不熔化或凝固。打印油墨需要在挤出喷嘴时具有低黏度以保持其流动性，但在挤出之后，材料需要具有高黏度以保持其在工作台上的形状。因此，用于 DIW 的大多数浆料是假塑性流体，针对陶瓷打印采用的材料主要为水基胶体浆料和有机物基陶瓷浆料，如聚合物和溶胶凝胶油墨等。研究人员提出一种旨在利用功能渐变材料制造陶瓷零件的 DIW 工艺，如图 5-48 所示。其主要工艺原理是根据零件材料成分的要求混合多种水性浆料，并在低温冷冻的环境中逐层挤出混合的浆料，以制造 3D 零件。最终使用 X 射线能谱分析（EDS）验证了梯度材料上的成分变化。这为 3D 打印制造梯度功能多孔陶瓷提供了新的思路。

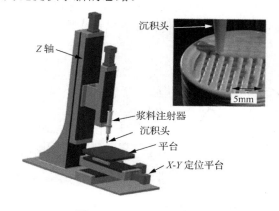

图 5-47　DIW 工艺原理图

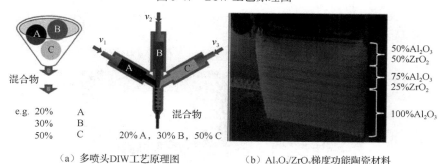

（a）多喷头DIW工艺原理图　　（b）Al_2O_3/ZrO_2梯度功能陶瓷材料

图 5-48　DIW 工艺制备梯度功能陶瓷

2. 工艺优势与挑战

DIW 技术制备陶瓷的主要优势有：①机器和原料成本都较低，易于使用和个性化定制；②能制造具有纳米孔且大比表面积的多孔陶瓷；③适合制造具有中空结构和梯度功能材料的零件；④DIW 非常适合打印对精度要求不高的具有周期性特征的多孔陶瓷结构；⑤材料兼容性强，有广大的应用潜力。

DIW 技术制备多孔陶瓷的主要问题有：①打印速度比较慢；②打印零件的表面粗糙度低；③对浆料的流变性要求较高，否则会影响零件的表面质量。

3. 典型案例

材料挤出工艺中的 DIW 工艺能够制造具有纳米孔且大比表面积的多孔陶瓷，研究人员以拟薄水铝石为主要原料、10%稀乙酸为黏合剂、田菁粉为挤出助剂制备陶瓷浆料，通过结合拟薄水铝石的脱羟基反应、DIW、冷冻干燥、对初胚进行硅溶胶真空浸渍和后处理高温烧结，制备了在纳米、微米尺度的孔隙特性可控的多孔陶瓷。系统地研究了原料组成和工艺参数对多孔陶瓷压碎强度、孔隙率、比表面积、孔径分布等的影响规律。所得氧化铝多孔陶瓷的压碎强度为（54.45±7.36）N/cm，比表面积为（109.87±1.21）m^2/g，孔隙率为（59.65±2.39）%，平均孔径为 140.82Å，如图 5-49 所示。结合自然界中的叶脉之类的仿生结构，可以制备出具有良好传质性能的多孔陶瓷，有助于构建新型的高性能催化剂载体，节省制造成本并减少环境污染，实现了流道复杂、传热传质效率更高、压降更低的整体式催化剂载体结构的制备，并开展了应用研究，如图 5-50 所示。与 PBF 工艺相比，采用 DIW 工艺制备的多孔陶瓷结构成形精度较低，但因其可以使用分解温度较低的黏结剂、初胚可成形性强等特点，可以有效降低陶瓷初胚的烧结温度，实现高比表面积多孔氧化铝陶瓷的制备。

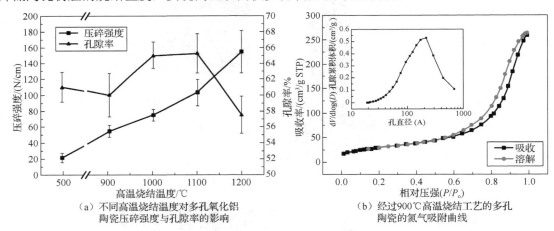

（a）不同高温烧结温度对多孔氧化铝
陶瓷压碎强度与孔隙率的影响

（b）经过900℃高温烧结工艺的多孔
陶瓷的氮气吸附曲线

图 5-49　DIW 工艺制造的多孔氧化铝陶瓷零件

（a）树叶叶脉　　　（b）氧化铝多孔陶瓷载体

图 5-50　DIW 制备仿叶脉结构的整体式陶瓷催化剂载体

5.4　非金属材料/黏结剂喷射成形技术

材料喷射（Material Jetting）、黏结剂喷射（Binder Jetting）是两类增材制造工艺，两种工艺既有区别又有相似之处，两种工艺的核心元器件均为喷头，可实现彩色零件高精度成形；不同之处在于材料喷射工艺直接利用喷头喷射成形材料，经固化（光敏材料）或冷却（热熔材料）进行零件成形，如图 5-51（a）所示。

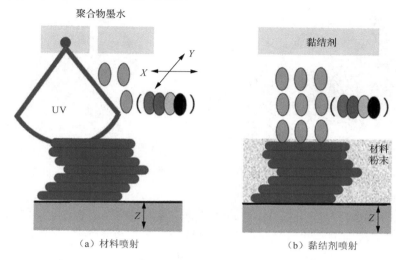

图 5-51　材料/黏结剂喷射工艺原理

黏结剂喷射工艺，顾名思义，所喷射材料为黏结剂，成形材料状态为粉末，通过黏结剂黏结成形，如图 5-51（b）所示，多用于高性能材料等零件的间接成形。因黏结剂喷射工艺，可用材料体系丰富，用途广泛。

5.4.1　技术原理与关键技术

1. 材料喷射成形原理

材料喷射技术使用喷头将液态材料或粉末材料喷射到建造平台上，逐层固化构建零件。喷头可以控制喷射的位置和数量，从而在建造过程中创建非常复杂的几何形状和细节。该过程可以使用多种类型的材料，制造各种不同的零件和产品，甚至可以实现多材料器件的一体化成形。

材料喷射 3D 打印的主要原理包括以下几个步骤。

（1）准备 3D 模型：首先，需要将所需的 3D 模型导入材料喷射打印机软件中进行处理。在软件中，将模型切片成多层，以便在打印过程中逐层堆叠。

（2）准备材料：材料喷射工艺所用的材料可以是液态（如光敏树脂等）或粉末状。打印机将材料加热或溶解成液态，以便从打印喷头中喷射。

（3）喷射材料：打印机使用喷头将材料按照 3D 打印模型设定的路径喷射到打印平台上。喷头可以精确控制喷射的位置和数量，甚至可以控制所喷射材料的颜色、强度。在建造过程中创建非常复杂的几何形状和结构细节。

（4）固化材料：当喷射的材料接触到建造平台后，需要对材料进行固化或烘干以使其形成固态结构。固化材料的方法因材料而异，如紫外线、加热等。

重复喷射材料和固化材料的步骤，逐层堆叠直到完成所需的 3D 物体。

材料喷射 3D 打印的优点包括制造精度高，尺寸精度可以达到±1%、表面质量好，具有非常好的表面光洁度、细节清晰、可以使用多种材料等，目前最先进的材料喷射 3D 打印机已经可以实现全彩打印、多材料同步打印，所制备的样品如图 5-52 所示。但同时也存在一些缺点，如制造速度较慢、成本较高等。随着技术的不断演进，材料喷射 3D 打印技术已经广泛应用于制造、医疗、航空航天等领域，成为现代制造业中重要的一环。

图 5-52　采用材料喷射技术制备的多材料生物模型

2. 黏结剂喷射成形原理

三维打印成形技术（3DP）是 3D 打印技术的一种，也称为黏合喷射、喷墨粉末打印。从工作方式来看，三维印刷与传统二维喷墨打印最接近。与激光烧结（SLS）工艺一样，3DP 也是通过将粉末黏结成整体来制作零部件的，不同之处在于，它不是通过激光熔融的方式黏结，而是通过喷头喷出的黏结剂。

其详细工作原理（图 5-53）如下：

（1）3DP 的供料方式与 SLS 一样，供料时将粉末通过水平压辊平铺于打印平台之上；

（2）将黏结剂通过加压的方式输送到打印头中存储；

（3）接下来打印的过程就很像二维的喷墨打印机了，首先系统会根据三维模型将黏结剂有选择性地喷在粉末平面上，粉末遇黏结剂后会黏结为实体；

（4）一层黏结完成后，打印平台下降，水平压辊再次将粉末铺平，然后开始新一层的黏结，如此反复层层打印，直至整个模型黏结完毕；

（5）打印完成后，回收未黏结的粉末，吹净模型表面的粉末。

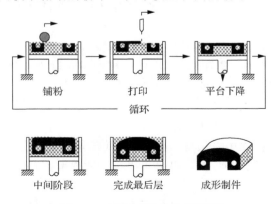

图 5-53　喷射成形技术原理图

液滴从喷头喷射出来后，以一定的速度冲击到粉末表面，与粉末材料发生物理或者化学反应，形成一层截面图案。液滴与粉末材料表面的交互作用过程主要分为三个阶段：液滴对粉末表面的冲击、液滴在粉末表面的润湿和铺展、液滴的毛细渗透。在液滴喷射到粉末表面过程中，需要考虑是否会引起粉末的飞溅，液滴能否在粉末中充分铺展以便与粉末材料充分接触，液滴是否会过度渗透造成成形件边缘的模糊等情况。根据这些约束条件选择适当的成形材料、喷射液体和成形工艺，才能保证三维打印成形的能力和质量。下面具体分析液滴与粉末表面的交互作用。

1）液滴对粉末表面的冲击

液滴冲击到粉末表面，根据液滴的速度、直径不同以及粉末、液体性质的差异，可能会发生铺展、振荡、溅射或者回弹等现象。影响液滴冲击过程的主要参数包括液滴直径、喷射速度、密度、黏度、表面张力以及粉末材料的颗粒大小与密度等。Yarin 对液滴直径为 5～50μm、喷射速度为 1～10m/s 的喷射过程进行了研究，指出液滴冲击粉末表面的过程主要受冲击动能和黏性耗散的控制。液滴在冲击粉末表面后变形，如果动能一部分转换为表面势能，另一部分被黏性耗散吸收，即液滴在铺展后回弹，并通过短暂的振荡消耗能量，则不会产生溅射现象。Stow 和 Hadfield 用溅射系数 K 来衡量液滴冲击多孔固体表面时是否会产生溅射：

$$K = W_e^{1/2} R_e^{1/2} \tag{5-14}$$

当 $K < K_C$ 时，冲击不容易产生溅射，K_C 为临界溅射值，介质表面粗糙度越大，则 K_C 值越小，越容易产生溅射。Mundo 等通过试验证明，当液滴直径为 60～150μm，粗糙度值为 0.0019～1.3 时，$K_C \approx 57.7$。喷射系统采用压电式喷射，$W_e = 2.7～373$，$R_e = 2.5～120$ 时，$K = 2.1～63.9$，可以通过选择适当的喷射液体，避免液滴冲击粉末表面时产生溅射。

Range 等通过试验研究表明，当 $W_e < 300$ 时，液滴在冲击粉末表面时不会产生溅射现象。当 $W_e > 1000$ 时，粉末在液滴的冲击下会发生溅射现象，粉末表面的平整度遭到破坏，液滴形状不规则，截面的成形精度受影响；同时飞溅的粉末容易堵塞喷嘴，在三维打印成形中需要避免这种情况。

2）液滴在粉末表面的润湿和铺展

液滴与粉末材料接触后，在表面分子力的作用下均匀铺展，这种现象也称为液滴对粉末表面的润湿作用。将液体滴在固体表面上，若液体能在固体表面可铺展形成薄层，则是完全润湿；若液体以一小液滴的形式停留于固体表面，则是部分润湿。不同的润湿类型与液体和固体之间的亲和性有关，三维打印成形中所采用的溶液喷射到粉末材料一般是部分润湿，其受力示意图如图 5-54 所示。

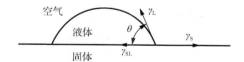

图 5-54　部分润湿示意图

当液滴在粉末表面的润湿达到热力学平衡时，根据杨氏方程

$$\gamma_S = \gamma_{SL} + \gamma_L \cos\theta \tag{5-15}$$

式中，γ_S、γ_{SL}、γ_L 分别为固-气、固-液和液-气的界面张力；θ 为液-固界面和液体表面的切线的夹角，即为接触角。由式（5-15）可以得出：

$$\cos\theta = \frac{\gamma_S - \gamma_{SL}}{\gamma_L} \tag{5-16}$$

显然，γ_S 越大，γ_L 越小，则 θ 角越小，越容易润湿，即当液体的表面张力越小，固体的表面张力越大时，润湿越容易；反之则不易润湿。一般地，金属、氧化物、无机盐等无机固体常被称为高能表面，表面张力较大，为 $200\sim5000\times10^{-5}$N/cm；聚合物、有机物、水等被称为低能表面，表面张力较小，一般小于 100×10^{-5}N/cm。在三维打印成形中采用的粉末基体材料为无机盐，溶液主要为水性溶液，故润湿比较容易，并可以通过改变材料配方进一步提高润湿性能，以获得较好的黏结成形效果。

研究者通过对液滴在介质表面的铺展的研究，给出了液滴铺展时间计算公式：

$$t_{sp} = \sqrt{\frac{\rho d^3}{\gamma}} \tag{5-17}$$

式（5-17）表明，液滴半径 d 和溶液密度 ρ 越大，而表面张力 γ 越小，则液滴的铺展时间就越长。

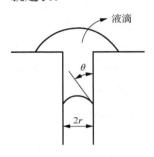

图 5-55　单孔中毛细作用驱动液滴流动模型

3）液滴的毛细渗透

液滴在粉末表面上铺展后，由于受到粉末颗粒间形成的细小孔的毛细吸附作用，向粉末材料内层渗透，所以可以将液滴在粉末表面的毛细渗透过程近似为在多孔介质表面的渗透。将随机分布有许多相互平行的圆柱孔的实体视为理想化的多孔介质模型，毛细压力驱动液体在这些孔中前进，根据 Young-Laplace 公式

$$\Delta P = \frac{2\gamma\cos\theta}{r} \tag{5-18}$$

式中，ΔP 为毛细渗透压；r 为毛细孔半径；θ 为接触角。单孔中毛细作用驱动液滴流动模型如图 5-55 所示。

5.4.2　国内外技术发展现状与趋势

1. 材料喷射成形

材料喷射 3D 打印技术已经经历了多年的发展，如今已经成为现代制造业中重要的一环。首先，可以同时喷射打印的材料种类不断增加，涵盖了塑料、陶瓷、金属、生物材料等各种类型。同时，材料喷射技术的制造精度不断提高，可以制造出更为精细、准确的多材料零件和产品，甚至可以达到微米级别的精度。

传统的材料喷射 3D 打印技术速度较慢，但是一些新型技术的出现，如快速固化光束、多喷头阵列技术等，已经使得材料喷射 3D 打印制造的速度得到了显著提升，所应用的领域也不再局限于小型零件和产品的制造，而是逐渐向大型化和自动化方向发展，可以制造更大尺寸的物体和复杂的结构。

（1）材料多样化。随着新材料的不断开发，未来材料喷射 3D 打印技术将可以使用更多种类的材料，从而满足更多的应用需求，如柔性材料、高温材料、导电材料等。

（2）制造精度向微纳制造迈进。未来材料喷射 3D 打印技术将不断提高制造精度，实现更高的精度和更细腻的表面质量。这将使得材料喷射 3D 打印技术可以用于更广泛的应用领域，如微电子器件、智能传感、医疗器械等。

（3）制造速度提升。随着多喷头技术、高速固化技术的发展，材料喷射 3D 打印技术将进一步提高制造速度，开发更高效的打印技术的应用。

（4）规模化打印。未来材料喷射 3D 打印技术将逐步实现大规模化生产，可以批量生产高品质、高性能、多材料产品，如汽车、航空航天等领域的零部件制造，以及工业制品制造等。

（5）自适应制造。材料喷射 3D 打印技术将逐步实现自适应制造，可以实现更加智能化的制造过程和自适应性的制造流程。例如，通过机器学习和人工智能技术优化打印参数，提高生产效率和质量。

未来材料喷射 3D 打印技术将在多个方面取得突破和进步，为工业制造、医疗保健、科学研究等领域带来更多的应用和创新。

2. 黏结剂喷射成形

1）砂型材料

树脂砂铸造工艺是指以砂为主要造型材料、混入黏结剂（树脂及固化剂）来制备铸型用以生产铸件的铸造方法。但该工艺存在砂模制备周期长、复杂曲面造型难和工作环境差等问题，并且对复杂部件如汽车缸体、缸盖及定制产品不能快速响应。砂型 3D 打印技术的出现，大大缩短了铸件生产周期、降低了复杂结构砂芯的制备难度，在全球快速铸造和复杂部件领域内迅速发展起来。砂型 3D 打印的成本很大程度上取决于所用的材料，因此，开发用于该过程的材料，对推进砂型 3D 打印的产业化应用具有重大意义。

3D 打印用硅砂的主要化学成分是硅的氧化物，自然界中，硅的氧化物多为结晶形，也有的以无定形体存在，其中石英是最重要的硅的氧化物。石英的密度为 $2.65g/cm^3$，莫氏硬度 7 级，是一种透明、浅色或无色的晶体，其结构为硅氧四面体，其化学成分为二氧化硅，可用 SiO_2 表示。铸造生产所用的硅砂主要是由粒径为 0.053～3.35mm 的小石英颗粒所组成的。纯净的硅砂多为白色，被铁的氧化物污染时常呈淡黄色或浅红色。与传统铸造用硅砂相比，3D 打印用硅砂的特殊要求为：流动性应在 20s/50g～40s/50g，角形因数应不大于 1.63，休止角应小于 32°。

3D 打印用黏结剂系统主要分为两大类：热固化黏结剂系统和无烘烤黏结剂系统。热固化黏结剂系统主要包括酚醛树脂、呋喃树脂和高糠醇树脂，将这些树脂、砂子及适当的催化剂混合，然后通过加热以启动交联反应达到硬化效果；无烘烤黏结剂系统是两个或两个以上的黏结剂组分与砂结合在一起，黏结剂系统的固化在所有成分混合后立即开始，最常用的无烘烤黏结剂是呋喃树脂系统。

树脂砂材料的打印层厚度可以低至 200μm，打印精度高，生产结构复杂的铸件有很大的优势。与传统制造树脂砂型/芯相比，树脂砂 3DP 工艺代替了模具、造型、制芯、合箱等工艺过程，直接打印出砂型，使铸件生产由复杂变简单。与传统模具造型铸造方式相比，生产周期缩短 50% 以上，生产效率提高 3～5 倍，铸件成品率提高 20%～30%，铸型尺寸误差降到 0.3mm 左右。树脂砂 3DP 工艺已经应用于航空航天、发动机、机器人、汽车、工程机械、高档数控机床、压缩机等装备的高难度复杂铸件的产业化生产。例如，发动机气缸盖铸件，其内部型腔结构非常复杂，采用传统模具造型铸造方式，需要做 10～30 个砂芯来组成腔体结构，而且腔体往往呈不规则的三维曲面，导致模具制作困难、造型复杂，不能完全满足铸件尺寸精度的需求。该铸件采用传统铸造方式生产，其废品率高达 30% 以上，并且需要经验丰富的高级技能工人制造。采用铸造 3DP 工艺生产该铸件，可以将多个砂型减少为 1～3 个，并一体打印成形，铸造生产难度显著降低，生产效率大幅提高；铸件成品率提升 20%～30%，铸件尺寸精度也提高到 0.3mm 左右。

铸造 3DP 工艺打印砂型是数字化制造、精密铸造，所以对原砂种类、粒度、砂温、黏结剂加入量和环境条件等的要求更高。

目前国内外铸造砂型 3D 打印技术均处于稳步起升阶段，国内以共享集团为例，该公司自 2012 年开始研发生产铸造砂型 3DP 设备，目前各项技术水平均处于世界先进水平。该公司研发的设备采用独创的双箱交错式、单箱跟随式两种打印方式，相比于市场上常见的铺砂、打印交替作业方式，其能实现不间断铺砂与打印作业，达到全球最高打印效率水平。大型高效铸造砂型 3DP 设备的成功研发为增材制造在铸造行业的产业化应用奠定了基础，可满足常规铸造对精度、产能的要求，同时可为我国使用精密铸件的各个领域（如航空航天、军工、机床、燃机等）的发展做出重要贡献。

2）陶瓷材料

黏结剂喷射工艺与粉末床熔融工艺都是基于粉末床的成形工艺，其原理决定了所制备陶瓷坯体具有多孔特性，适合制备多孔陶瓷零件。采用 3DP 工艺制造的多孔陶瓷通常有两类孔隙：①人为设计的宏观孔，孔径为 0.5～2mm；②初胚经过高温烧结后未完全致密化而产生的微观孔，孔径一般小于 10μm。目前 3DP 工艺主要应用于生物组织工程。Will 等采用 3DP 工艺制得了具有不同孔隙率的羟基磷灰石生物陶瓷支架（30%～64%），如图 5-56（a）所示。Fierz 等将喷雾干燥的纳米羟基磷灰石用于 3DP 成形，得到了具有宏观孔和纳米孔的多孔生物支架。近年来，Zocca 等使用陶瓷先驱体（硅树脂）作为黏结剂，并将它与填料反应形成所需的陶瓷相，制备了孔隙率约为 64 vol%的 $CaSiO_3$ 基生物相容性陶瓷零件，如图 5-56（b）、（c）所示。

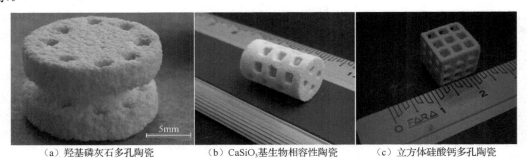

（a）羟基磷灰石多孔陶瓷　　　（b）$CaSiO_3$ 基生物相容性陶瓷　　　（c）立方体硅酸钙多孔陶瓷

图 5-56　黏结剂喷射工艺制备的多孔陶瓷零件

5.4.3　典型案例

1. 材料喷射技术

材料喷射 3D 打印技术能够以高精度、高速度、高质量的方式制作复杂形状的原型模型、光学元件、微机电系统（MEMS）、微流控芯片、生物芯片、电子器件、医疗器械等，可以大大缩短设计和制造周期，降低制造成本。

澳大利亚塔斯马尼亚大学（University of Tasmania）的研究团队采用材料喷射技术制造出了最小尺寸为（205±13）μm、表面粗糙度为 0.99μm 的通道。该工艺采用了两组微喷头阵列，分别用于构建模型材料和支撑材料，喷射微滴聚合物来构建微流道器件，如图 5-57 所示。在每次微喷头阵列通过构建平台喷射材料之后，紫外灯将迅速固化聚合材料。与 FDM 制造工艺相比，材料喷射技术精度更高、制备效率更高，适用于微流控器件的一体化成形，可以广泛应用于细胞培养或液滴生成器的制备。

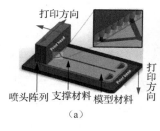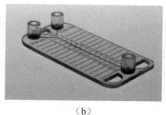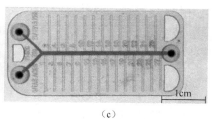

（a）　　　　　　　　　　（b）　　　　　　　　　　（c）

图 5-57　采用材料喷射技术制备的微流道样品

2. 黏结剂喷射成形

铸件在航空航天发动机、燃气轮机、汽车发动机、内燃机、高精密加工机床、工业机器人、大型金属结构装备等各类装备中占有相当大的比例，对提高装备主机性能至关重要。3D 打印技术应用给传统铸造带来"变革性"影响，这项技术可成形具有复杂功能设计要求、传统方法难以制造甚至无法直接制造的零件，可根据用户设计要求成形制造个性化、小批量、定制产品。利用 3D 打印成形实现铸造用熔模和砂型的无模快速制造，显著降低单件和小批量铸件的制造周期和生产成本，实现绿色制造、智能制造，为高端铸件的生产提供了解决方案。

经过近十年的研究，已经实现了铸造 3D 打印技术的产业化应用，并在航空航天铝镁合金件、内燃发动机、机器人、高精密数控机床、压缩机等领域的高难度、高附加值铸件上进行推广应用。以下将用柴油机气缸盖应用实例来介绍树脂砂 3D 打印的工艺。

某中速柴油机气缸盖铸件（尺寸：615mm×420mm×290mm，最小壁厚 8～10mm，局部较厚；材质：RuT300）是中速柴油机上关键部件，属于薄壁多腔体承压类复杂铸件，其结构见图 5-58。

图 5-58　气缸盖铸件三维模型

该铸件传统工艺采用模具、砂型重力铸造。由于铸件曲面结构复杂、断面差异大、最小壁厚较薄，内部的复杂结构全部由砂芯形成，需要分成至少 30 个砂芯。由于砂芯数量较多，容易在制造过程中出现尺寸不合、气孔等缺陷，故导致气缸盖铸件的废品率通常为 20%～30%。3D 打印作为一种无模铸造工艺可以大幅度减少薄壁复杂件的砂芯数量，关键砂芯一体化，可以避免砂芯错动导致的气孔缺陷，同时也减小了尺寸不合发生的概率。

将传统的砂型铸造技术与先进的树脂砂 3D 打印成形技术集成，进行高难度、高技术、高附加值的高端铸件产品的高效研发生产。通过 CAD/CAE 进行最优化的 3D 铸造工艺设计，包括砂型尺寸、组芯方式、浇注系统形式、冷铁设置、施涂及转运方式、铸造生产过程模拟等。

浇注方案选择，通过充型模拟对比不同浇注系统，选择充型平稳、利于补缩的浇注系统。充型模拟（图 5-59）显示底注最平稳，顶注次之，侧注最差。而且铸件底部薄、上部厚，顶注的工艺利于补缩。最后综合考虑温度场、内浇口流速、补缩等多方面因素，选择顶注方案并优化阻流截面，缩短浇注时间。

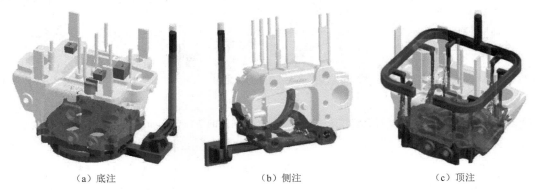

（a）底注　　　　　　　　　　（b）侧注　　　　　　　　　　（c）顶注

图 5-59　气缸盖不同浇注方案的模拟

通过仿真模拟软件模拟优化确定生产工艺参数并建立气缸盖的三维铸造工艺图，如图 5-60 所示。浇注系统比例为 1∶2.2∶2.5，内浇口平均流速为 0.8m/s；浇注温度为（1380±10）℃，浇注时间为 13s，顶部厚大部位使用发热冒口进行补缩，燃烧室面设置冷铁。

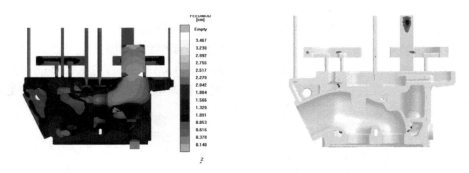

图 5-60　气缸盖不同浇注方案的模拟

利用 3D 打印无模铸造的特性，将气道芯、水腔芯、螺栓孔芯等内腔主要 9 个砂芯及部分铸型合并为 1 个模块化的砂芯，一次成形，无须下芯、合型，设计方案见图 5-61。气缸盖主要结构基本上都由气道、水套芯集成带出，其他砂芯的结构都只有简单结构。砂型 3D 打印过程及成品如图 5-62 所示。

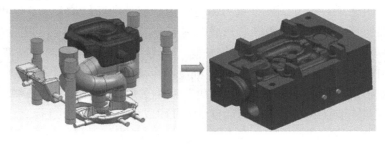

图 5-61　气缸盖砂芯设计方案

图 5-62　气缸盖型芯 3D 打印过程

将打印好的型芯从造型箱中取出后经除砂清理、预表烘干、表面施涂、烘干检验合格后即可组芯成形，经浇注、冷却后开型，除去铸件积砂、浇冒口、钢丸等，方可喷漆、交检、合格入库。气缸盖铸造过程如图 5-63 所示。

图 5-63　气缸盖铸造过程

采用 3D 打印工艺直接打印砂型（芯），取消了模具制作工序、简化了铸造造型工艺，降低了铸件研制成本，大大提高了新产品研发效率，适用于结构复杂、质量要求高、单件小批量铸件的研制。3D 打印技术生产气缸盖铸件与模具铸造的首件生产周期对比见表 5-4。

表 5-4　两种工艺气缸盖生产周期对比　　　　　　　　　（单位：天）

铸造模式	工艺设计	模具制造	铸造	清理	检验入库	总计
传统有模砂型铸造	5	45	6	3	1	60
3D 打印砂型铸造	5	0	3	1	1	10

5.5　思　考　题

1. 简述立体光固化成形技术的工艺过程。
2. 立体光固化技术对光敏树脂有哪些基本要求？
3. 光敏树脂对紫外激光的吸收一般符合朗伯-比尔定律，请简述其含义。
4. 简述非金属激光粉末床熔融成形工艺的工艺原理和成形过程。
5. 连续纤维增强热塑性复合材料挤出成形工艺面临的挑战有哪些？
6. 简述材料喷射和黏结剂喷射成形的工艺原理。

第6章 生物材料增材制造

6.1 骨植入物增材制造技术

6.1.1 骨植入物增材制造的基本方法

骨骼肌肉系统常见的疾病包括骨关节退行性病变、脊柱创伤及退行性病变、四肢创伤、骨缺损、骨质疏松及骨肿瘤等。当以上骨骼肌肉系统疾病较为严重使得人体骨丧失了原有的生理功能时，各类骨植入物能够替代原有的病变、创伤骨，实现人体原有功能的恢复。骨骼是兼具形态、性能和功能个性化的复杂结构，因此对以替代缺损或病变骨组织原有功能为目标的骨植入物提出了个性化的需求，其是对于创伤、肿瘤等原因造成的骨缺损，其替代物则必须是个性化的。利用传统加工方式制造具有复杂形貌的个性化骨植入物存在加工难度大、响应时间长、制造成本高、对复杂形貌的加工能力限制等问题，难以满足骨植入物的定制化和快速制造的要求。

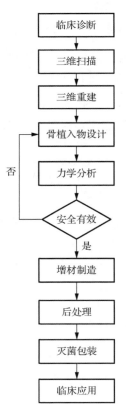

图 6-1 增材制造骨植入物设计制造流程

随着增材制造技术的快速发展和日益成熟，生物医学领域成为最早大规模将增材制造技术用于终产品生产的领域，增材制造为生物医学领域带来了巨大变革。理论上通过采用自下而上和逐层累加的成形方式可实现任意复杂几何曲面的加工制造，这一优势在骨植入物这类单件小批量复杂形貌产品中更为显著，不仅使一些过去难以实现的结构设计成为现实，也使得个性化骨植入物的制造以更快速、更经济的方式实现。使用增材制造技术成形个性化骨植入物的流程如图 6-1 所示，首先，临床医生根据患者的病情做出临床诊断并确定设计目标；然后，根据患者患处的计算机断层扫描（CT）或核磁共振（MRI）数据，使用医学图像处理软件进行重建得到患处的三维模型；在此基础上，在逆向工程软件或 CAD 软件中进行骨植入物三维模型的初步设计，并对所设计的骨植入物进行力学分析与校核，确认骨植入物的安全性和有效性；将骨植入物的三维模型转换为增材制造的工艺数据包并进行制造，再经过必要的后处理如热处理、打磨抛光、清洗等，并进行灭菌包装，最后交付临床应用。

材料、设计与制造是增材制造骨植入物发展的三个关键技术。材料方面的研究重点关注新型的具有优良生物相容性、良好力学性能和骨诱导能力的材料研发，或通过表面涂层、表面改性、添加生物因子等策略提高材料与骨组织和软组织的结合能力；设计领域一方面侧重于有利于骨整合或软组织结合的微观多孔结构的设计，另一方面结合拓扑优化、功能梯度设计等理论，发展具有宏微观梯度结构的骨植入物设计方法；制造工艺方面重点是提高骨植入物宏微观结构的制造精度和力学性能，并通过多材料增材制造技术推动传统均一材料的骨植入物向非均匀多材料骨植入物发展。

6.1.2　国内外技术发展现状与趋势

1. 发展现状

1）骨植入物材料

可用于骨植入物的原材料要考虑几个重要的标准，包括生物相容性、力学性能、X 射线可透过性、可承受灭菌处理、可降解性。目前在骨植入物研究和应用中使用的材料类型主要包括金属、陶瓷、合成不可降解聚合物、合成可降解聚合物以及天然聚合物，表 6-1 所示为各类材料的定性对比。当前，以钛合金为代表的金属材料由于力学性能优异、可加工性好，是骨植入物应用的主要材料。陶瓷材料由于韧性较差，难以在大尺寸的功能化骨植入物中应用，主要用于小型骨缺损修复的研究。近年来，以聚醚醚酮为代表的合成不可降解聚合物，因其生物相容性、化学稳定性、力学性能与人体骨接近、X 射线可透过性等优势，在骨植入物中的应用逐渐广泛。合成可降解聚合物和天然聚合物由于在人体内的降解速率与骨再生速率难以匹配，导致目前在骨植入物中的应用仍存在瓶颈。

表 6-1　用于骨植入物的各类材料定性对比

类型	典型材料	生物相容性	力学性能	X 射线可透过性	可降解性	灭菌方式
金属	钛、钽	++	++	+	-	湿热灭菌
陶瓷	HA、TCP	+++	+/-	-	+	湿热灭菌、辐照灭菌、环氧乙烷灭菌
合成不可降解聚合物	PEEK、PEKK	+	+++	+++		湿热灭菌、辐照灭菌、环氧乙烷灭菌
合成可降解聚合物	PCL、PLGA		+	+++	+++	辐照灭菌
天然聚合物	胶原蛋白、明胶	+++	-	+++	+++	环氧乙烷灭菌

注：①对于材料性能的定性对比从 "-"（最差）到 "+++"（最好）。
②HA：羟基磷灰石；TCP：磷酸三钙；PEEK：聚醚醚酮；PEKK：聚醚酮酮；PCL：聚己内酯；PLGA：聚乳酸-羟基乙酸共聚物。

2）增材制造骨植入物的设计

在增材制造骨植入物的设计方面，设计方法和设计理念逐渐从最初的"仿形设计"发展到以"功能重建"为核心的骨植入物设计，近年来随着孔隙化骨植入物的发展，增材制造骨植入物设计前沿围绕如何提高骨植入物与宿主组织的"生物融合"开展探索与应用。"仿形设计"通过对原有骨组织几何形貌的精确复制实现假体的个性化设计，主要依赖于人体自身的解剖学特征和对称性，在实际设计中通常采用未缺损侧的骨骼模型作为基准，通过镜像的方式获取缺损侧的骨骼形貌，采用布尔运算得到替代物的形貌，其在颅颌面骨、肋骨、肩胛骨、胸骨等骨缺损的个性化修复中有着广泛的应用。骨骼的最主要功能是承载与运动，简单的仿形设计不能满足所有骨缺损情况的功能需求，因此假体的设计理念逐渐走向"功能重建"，在该理念下，假体的设计不完全复制原有骨骼组织的形貌，而更关注于如何恢复缺损组织原有的承载和运动功能。为了保证骨植入物能够替代缺损骨骼的承载和运动功能，有限元分析技术被大量用于模拟骨植入物的生物力学环境并对骨植入物的结构进行优化设计。对于骨缺损修复，在功能恢复之外的追求是确保内植物在人体内的长期稳定性，而最为理想的情况是宿主骨与内植物的"生物融合"，为假体赋予生命的特质。基于以上认识，在个性化假体的设计中开始引入多孔结构，并将植入后的骨/假体界面的远期稳定问题作为重要的考量因素。

3）用于骨植入物的增材制造技术

我国首个增材制造国家标准《增材制造 术语》（GB/T 35351—2017）将增材制造工艺分为 7 种类型，其中可用于骨植入物的增材制造技术及其对比如表 6-2 所示。其中，基于粉末床熔融的增材制造工艺，包括激光粉末床熔融和电子束粉末床熔融技术，在金属骨植入物中已经获得了大量应用，部分产品已经实现了商业化，如多孔髋臼杯、多孔椎间融合器等，选区激光烧结技术制造的聚醚醚酮（PEEK）骨植入物也进入了临床应用。材料挤出成形主要用于热塑性聚合物的制造，西安交通大学研究团队开发了 PEEK 的材料挤出成形骨植入物制造技术，已经在胸肋骨、颅骨、肩胛骨、桡骨等部位应用超过 200 例。粉末床熔融技术与材料挤出成形技术相比，二者的成形原理都是加热熔融-冷却凝固，不引入其他任何化学助剂，因此用于骨植入物有利于保障原材料的无毒性和生物相容性，而粉末床熔融技术的制造分辨率和精度远大于材料挤出成形技术，设备成本也更高。立体光固化和黏结剂喷射技术通常需要添加光引发剂或黏结剂等，其残留对于骨植入物应用有不利影响。材料喷射技术通常用于荷载生物因子、蛋白质、药物和活细胞的材料，目前尚处在前沿探索阶段。

表 6-2　可用于骨植入物的增材制造技术

工艺	适用材料	制造精度	成本	优点	缺点
立体光固化	陶瓷、聚合物	$10\sim100\mu m$	++	高精度	可用材料较少
粉末床熔融	金属、聚合物	$45\sim100\mu m$	+++	高精度、高性能	设备昂贵
材料挤出成形	聚合物	$50\sim200\mu m$	+	低成本	低精度
黏结剂喷射	陶瓷、金属	$350\sim500\mu m$	++	无须支撑制造复杂结构	致密度和力学性能低、黏结剂残留
材料喷射	载细胞材料	$200\sim800\mu m$	+	可荷载生物因子或活细胞	可用材料较少、低精度

2. 发展趋势

随着增材制造技术的不断发展和临床需求的不断迭代，增材制造骨植入物将从以下三个方面发展。

第一，骨植入物从简单力学替代向生物功能化发展。简单力学替代不能满足骨植入物与人体组织长期共生的需求，未来骨植入物将从人体组织共生、人体自适应、传感与智能化方面迈进，通过材料、力学、机械、信息等多学科融合发展具有生物功能化的下一代骨植入物。

第二，增材制造技术从单一材料均质结构向多材料梯度结构发展。目前主流的增材制造以均质材料、结构制造为主，发展材料组分可调、宏微结构可变、零件性能可控是增材制造技术的重要发展方向，也将为骨植入物的制造提供新的技术支撑。

第三，建立个性化增材制造骨植入物的标准规范和监管体系。完善的标准规范和监管体系是增材制造骨植入物进入产业化、服务人民生命健康的先决条件，因此要将前沿科学研究转化为可量化、可执行的技术规范，助推增材制造骨植入物进入市场。

6.1.3　典型案例

1. 金属骨植入物的拓扑优化及应用

拓扑优化是一种根据给定的负载情况、约束条件和性能指标，在给定区域内对材料分布进行优化的一种结构优化方法，可以实现材料在特定负载状况下的最优分布，从而实现结构高强度与轻量化的完美统一，已经广泛应用于航天、汽车、桥梁等工业领域。人工植入物在体内承受复杂交变载荷，需要保证良好的结构强度，并且为提高患者术后舒适度，需要进行轻量化设计，因此可以将拓扑优化方法应用于人工植入物设计领域，以提高人工植入物的安全性，实现轻量化设计。

人工植入物在体内往往需要承担不同步态、活动姿态下的交变载荷，因此学者提出了一种基于多步态载荷条件下的人工植入物拓扑优化设计方法，即将人体日常载荷纳入人工植入物拓扑优化结构设计流程，从而提高植入物在日常载荷下的适应性，并将该方法成功应用于人工盆骨/椎体设计，完成世界首例拓扑优化人工盆骨假体与人工椎体设计与临床应用。

图 6-2 为拓扑优化人工盆骨假体设计与临床应用流程图，通过患者的 CT 扫描数据，重建患者盆骨三维模型，根据临床规划，在三维软件中模拟手术切除，确定重建范围，进行人工盆骨假体拓扑优化设计，在假体设计中考虑行走、上下楼梯、落座起身、站立等盆骨日常活动姿态，并对假体设计进行日常步态下的安全性分析，通过金属增材制造工艺进行假体制造，最终交付医院进行临床植入。

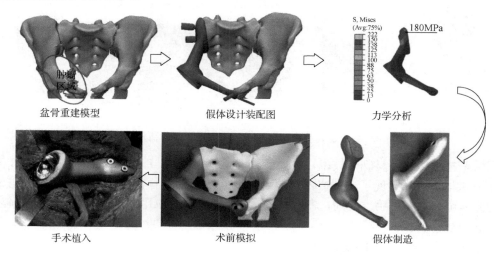

图 6-2　拓扑优化人工盆骨假体设计与临床应用流程图

从盆骨力学传递角度分析，盆骨载荷主要沿盆骨环传递，即载荷通过骶骨上表面与髋关节，沿骶髂关节与耻骨联合进行传递（图 6-3（a）），拓扑优化人工盆骨假体结构沿盆骨环方向（图 6-3（b）），可以实现重建盆骨原有力学传递机制的功能，因此可以实现更高的稳定性与安全性。并且相比于传统解剖行业的人工盆骨假体，经拓扑优化设计的盆骨假体可以实现减重 90%以上，实现了假体的轻量化设计。

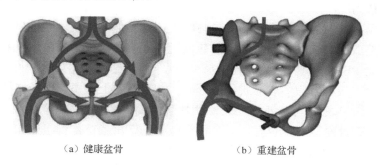

（a）健康盆骨　　　　　　　　　（b）重建盆骨

图 6-3　盆骨载荷传递示意图

　　将拓扑优化方法应用于人工椎体设计，在设计过程中考虑前屈、后伸、侧弯、旋转脊柱活动姿态下的载荷。分析脊柱不同姿态下传统桁架式人工椎体与拓扑优化人工椎体力学传递途径如图 6-4 所示。相比于桁架式人工椎体十字交叉形结构，拓扑优化人工椎体的三角形支撑结构更符合人体脊柱力学传递特点，稳定性更好。另外，对设计的两种人工椎体进行压缩试验，拓扑优化人工椎体单位质量下的承载力为桁架式人工椎体的 2 倍，大大提高了人工椎体的安全性。

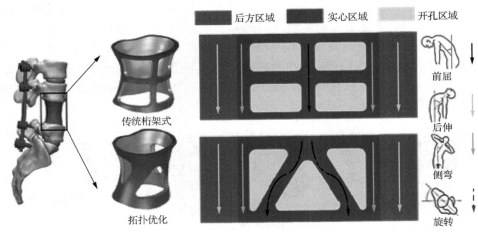

图 6-4　桁架式人工椎体与拓扑优化人工椎体载荷传递的比较

　　应用拓扑优化和增材制造技术，为大范围盆骨切除重建与椎体重建植入物设计提供了新的设计理念与方法，实现了人工植入物的高强度、高稳定性与轻量化设计，并且医生反映所设计的假体可大大缩短手术时间，患者术后功能恢复良好，应用案例被骨科在线等媒体报道，取得良好的社会响应。

2. 聚醚醚酮骨植入物的设计制造与应用

　　聚醚醚酮材料具有与宿主骨相近的力学性能、良好的生物相容性和 X 射线可穿透性、耐高温腐蚀、可反复湿热灭菌等优点，被视为未来最有希望取代钛合金材料成为骨植入物原材料的下一代生物材料。同时，通过 3D 打印技术强大的任意复杂结构自由成形的加工优势，能很好地弥补传统技术对于个性化骨植入物制造技术的不足。因此，3D 打印聚醚醚酮植入物可根据不同部位骨缺损的功能与性能需求进行个性化设计与制造，已在临床上获得广泛应用，如胸肋骨假体、肩胛骨假体、下颌骨假体、颅骨假体、股骨假体等。目前，国际上以胸肋骨重建假体应用最为广泛。

　　人体胸廓具有支撑、保护作用，并参与呼吸运动功能，但由于恶性肿瘤、先天畸形、创伤等因素容易造成胸壁缺损和面临胸壁重建问题。西安交通大学开发了一种面向熔融沉积成形工艺的个性化 PEEK 肋骨假体设计方法，实现了假体结构形态可调、性能可控，降低了逐层打印的"台阶"效应对假体成形质量的影响，并在国际上率先实现了增材制造 PEEK 胸肋骨的临床应用。结果表明，3D 打印 PEEK 肋骨假体具有良好的韧性和强度，能满足日常生活的安全性要求。在此基础上，也开发了多种类型的胸壁重建植入物，如图 6-5 所示，包括单一肋骨植入物、胸肋骨植入物、多根肋骨一体化植入物，极大地满足了不同患者病情的个性化治疗需求，均在临床上获得很好的恢复效果。

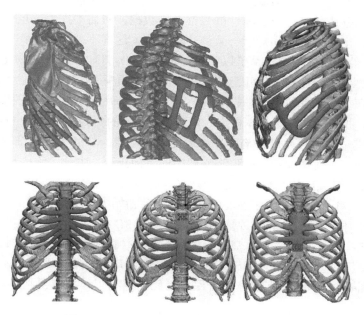

图 6-5　多种类型的增材制造胸壁重建植入物

6.2　组织工程支架增材制造技术

6.2.1　技术原理与关键技术

组织工程学是运用工程科学和生命科学的原理及方法，将具有特定生物学功能的组织细胞与生物材料相结合，在体外或体内构建组织和器官，以维持、修复、再生或改善损伤组织和器官功能的一门科学。"组织工程"的概念最初是由美国国家科学基金委员会在 1987 年提出的，也有人称其为"再生医学"。其基本原理是将组织细胞种植于生物相容性良好的生物支架上，在生长因子、力学等特定刺激的环境培养下形成具有一定生物学功能的细胞-生物材料复合构造，进一步将其植入体内特定部位后，生物支架材料逐步降解的同时细胞产生基质，形成新的具有特定形态结构及功能的相应组织。

生物支架是组织工程研究的重点，是影响组织重建成功的关键因素之一。作为种子细胞的生物学载体，支架为细胞的生长提供直接接触的微环境，对细胞的活性、生长、迁移、基质合成及生物功能表达起着至关重要的作用。理想的生物支架能够模仿天然组织形态与功能，适合种子细胞生长和发挥生物学作用，因此需具有良好的生物相容性、生物可降解性和适宜的力学强度等生物理化性质。生物材料支架降解前为三维组织的形成提供了临时机械支撑，同时也是未来所构建组织与器官的三维形态模板。细胞与生物材料之间的相互作用是工程化组织构建的关键，生物支架上细胞接种必须保持一定的高密度，生物材料降解速率必须与细胞的生长与细胞外基质合成速率相互匹配。传统的生物支架制造方法包括冷冻干燥法、静电纺丝法、超临界法等，这些方法操作简单，对生物材料的要求低，但面临外形与微观孔隙结构构建的精准度差、缺乏灵活性等严重问题。

3D 打印技术的快速发展为支架宏/微观多尺度结构、多材料组分精准可控制造提供了全新途径。3D 打印技术是一种基于离散/堆积成形思想的新型制造技术，其基本过程是：首先对零件的数据进行分层处理，得到零件的二维截面数据，然后根据每一层的截面数据，以特定的成形工艺制作出与该层截面形状一致的一层薄片，这样不断重复操作，逐层累加，直至"生长"出整个零件的实体模型。基于以上原理过程，3D 打印技术在生物支架制造方面表现出以下巨大的优势：①个性化形状匹配。可根据患者缺损/病变部位的影像数据预先设计出匹配的定制化数字模型，利用 3D 打印技术可快速、精确地制造个性化组织工程支架，完全填充复杂的三维缺陷，并且可以诱导组织再生。②复杂微结构的可控制造。静电 3D 打印等技术的快速发展为生物支架微纳尺度微结构可控制造提供了可能，从而实现与细胞直接接触的仿生微纳环境可控制造，进而调控细胞在生物支架中的定向排列、生长、迁移及功能分化等行为。③力学匹配。通过宏微观结构优化设计后，3D 打印制造可实现生物支架内刚度的定制化分布，匹配宿主骨/软组织对支架生物力学性能的要求，起到初始力学支撑和长期力学刺激组织再生的功能。④生化微环境的精准调控。通过多材料、同轴 3D 打印等手段可实现生物支架内生化分子可控梯度分布，实现细胞生长时空刺激调节。总之，利用 3D 打印技术制备的个性化支架，其形状与缺损组织高度吻合，能够精确模拟天然组织复杂的三维微观结构，并能通过支持生长因子、细胞的共同打印赋予支架生物活性，因此在组织工程领域得到广泛应用，如图 6-6 所示。

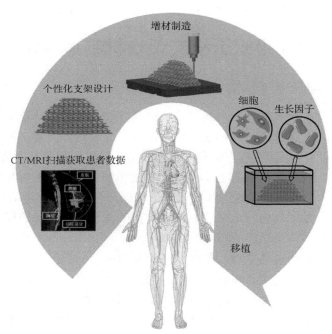

图 6-6　增材制造组织工程支架示意图

6.2.2　国内外技术发展现状与趋势

目前，国内外在 3D 打印组织工程支架方面的研究总体水平多处于实验室研究阶段，主要集中在生物材料研发与功能改性、植入物设计、3D 打印新工艺与装备研发、动物试验等方面（表 6-3）。例如，通过可降解生物材料的高精度打印装备开发、打印工艺及应用研究，建立面向骨、软组织的个性化植入物设计和制造方法，实现了大段可降解人工骨和软组织填充物的 3D 打印。我国研发人员通过生物活性材料 3D 打印设备研发，以及凝胶/细胞 3D 打印工艺研

究，实现了组织工程耳郭、血管、心肌支架的 3D 打印，并进行了体外细胞与体内动物试验研
究。美国哈佛大学通过多材料的复合打印工艺研究，构建了具有复杂微流道的仿生血管系统，
应用于疾病的病理机理研究及药物开发。美国维克森林大学通过软材料打印技术的研究，实
现了膀胱、肾组织等血管化活性组织的打印，并将其用于动物组织的修复。虽然组织工程支
架 3D 打印研究已取得了极大进展，但多是实验室阶段的"单元技术"创新。国内外仅有少数
几个研究组将 3D 打印的组织工程支架推向了临床试验，例如，2004 年我国实现了 3D 打印大
段可降解人工骨的临床试验、2016 年实现了 3D 打印可降解个性化气管外支架、乳腺植入物

表 6-3　国内外从事 3D 打印组织工程支架研究的主要机构及研究成果

机构名称	相关研究内容	相关研究成果	成果应用情况
西安交通大学	① 可降解生物材料的打印装备开发、工艺研究及应用；② 可降解骨与骨软骨 3D 打印；③ 高精度生物材料 3D 打印	建立了面向骨组织构建的个性化植入物设计和制造方法，获国家技术发明奖二等奖（2014 年）；可降解气管外支架、乳房填充支架的个性定制化 3D 打印制造；实现可降解生物材料在微纳尺度的 3D 打印	可降解大段人工骨实现临床试验；完成可降解乳腺支架、阴道支架、气管外支架的国际/国内首例临床试验
华南理工大学	① 硬组织生物材料；② 人体骨组织修复功能重建的成套关键技术	提出仿生功能化硬组织修复材料的矿化机理与生物应答理论，获国家技术发明奖二等奖（2013 年）；研发增强型磷酸钙骨修复体产品	可降解骨修复材料及人工骨临床应用 20 多万例
中国人民解放军空军军医大学	① 生物材料支架制造及临床研究；② 可降解 3D 打印骨及软组织植入物临床试验	开发多个活性组织工程产品，获国家科学技术进步奖一等奖（2011 年）；个性化植入物临床试验，获国家技术发明奖二等奖（2014 年）；可降解组织工程骨、软组织支架	活性皮肤、眼角膜等组织在临床中大规模应用；个性化大段承重骨完成临床试验；可降解乳腺支架临床试验
清华大学	① 生物材料 3D 打印设备研发；② 可降解人工骨的 3D 打印制造；③ 凝胶/细胞 3D 打印	组织工程耳郭、血管、心肌支架 3D 打印；组织工程材料的大段骨打印；细胞打印	完成体外细胞与体内动物试验研究
上海交通大学	① 3D 打印骨软骨修复；② 基于 3D 打印和组织工程方法的耳软骨组织构建；③ 个性化骨植入物设计方法	3D 打印具有人体仿生轮廓的可降解耳支架、骨/软骨支架，开发个性化软件	可降解个性化人工耳实现 5 例临床试验
美国哈佛大学	① 生物 3D 打印；② 功能化凝胶材料打印	生物多材料在三维空间上的可控打印及复杂的微流道血管系统构建	应用于疾病的病理机理研究及药物开发
美国维克森林大学	生物 3D 打印	膀胱、肾组织打印技术；血管化、高强度活性组织打印	用于动物组织修复
美国密歇根州立大学	可降解植入物 3D 打印	通过激光烧结技术实现聚己内酯气管外支架个性化 3D 打印	应用于临床试验
澳大利亚昆士兰科技大学	可降解植入物 3D 打印	打印超细纤维网的可降解关节软骨支架；乳房植入物的设计与定制	用于动物组织修复，应用于临床试验
美国麻省理工学院	① 可降解生物材料；② 组织工程支架及 3D 打印	制造具有高伸缩性和韧性的生物凝胶，用于复杂多孔组织构建	应用于疾病的病理机理研究及药物开发

等临床试验。美国密歇根州立大学于 2013 年实现了 3D 打印可降解气管外支架的临床试验。2018 年我国实现了 3D 打印可降解耳郭软骨植入物的临床试验。而真正通过美国食品药品监督管理局批准用于临床的 3D 打印组织工程支架更是屈指可数，例如，新加坡 Osteopore 公司 3D 打印的医用可降解植入物被用于颅颌面骨的缺损修复；韩国 T&R Biofab 公司在 2017 年通过 ISO 13485 质量控制体系，获得了 3D 打印骨科可降解植入物产品的生产销售资格。

　　3D 打印可降解组织工程支架的临床转化过程受多种因素的影响。首先，支架与人体之间具有的复杂相互作用，目前监管机构还没有明确的法规和标准为 3D 打印组织工程支架的安全性和有效性评估提供依据。其次，对于不同类型组织的再生和重塑，支架的最佳降解速率仍不清楚。支架植入体内后，受到宿主组织的入侵以及体内生理环境的影响，在体内发生降解，如何精确测量其随时间变化的理化性质仍是一个技术难题。此外，基于 3D 打印的组织工程支架的微观结构与加工参数以及多种环境因素高度相关，这些因素可能因打印设备而异，甚至因人而异。这些差异将不可避免地导致所得组织工程支架具有不同的机械/生物学特性，因此，如何对支架制造过程进行严格的质量控制，确保制造支架的一致性，也是 3D 打印可降解组织工程支架向临床转化的挑战之一。

　　面向未来，3D 打印可降解组织工程支架的发展趋势包括：①建立材料纯度、尺寸和形态与 3D 打印工艺相匹配的专用材料体系与功能化修饰方法，满足生物相容性、降解性、力学特性与可打印性的多重需求；②以"结构功能适配"代替传统"几何形态适配"，从微观结构仿生、动态力学适配、功能组织诱导再生等多层次建立可降解组织工程支架仿生结构功能设计理论与技术；③针对可降解生物材料发展专用的高精度、多材料 3D 打印创新工艺与装备，提高打印精度精确调控组织微结构生长环境，异质异构多材料 3D 打印工艺与装备是未来发展方向；④3D 打印组织工程支架也需要发展新的评价技术方法，建立在体无损检测、功能评估、随访跟踪等临床规范，以阐明可降解个性化植入物微观结构设计、材料组分、降解、力学强度与功能组织再生的动态适配关系；⑤加强监管机构、医院、科研机构、企业之间的交流合作，为 3D 打印组织工程支架建立全生命周期的安全性与有效性审评准则与规范。

6.2.3　3D 打印组织工程支架的典型应用

1. 3D 打印可降解气管外支架

　　气管软化症（TM）是一种气管软骨软化疾病，常导致气道的过度塌陷、患者呼吸困难甚至心肺骤停。常见的治疗策略包括正压通气、主动脉置换、气管支气管置换、气管切除及内支架植入术。然而这些治疗方法的失败率高，并发症多。近年来，采用气管外支架悬吊软化气管成为一种有前景的治疗策略，其既能防止气道动态塌陷，又不会对黏膜纤毛有损坏。例如，聚四氟乙烯、聚乳酸、聚二恶酮等材料注塑或机加工制备的气管外支架已被用于治疗 TM 患者。然而，这些方案既不能精确地再现患者特有的气管解剖外形，也缺乏和原生气管相近的力学性能。基于逐层制造原理，3D 打印技术引发了人们对以高度可控的方式生产的具有患者特异性几何外形、内部复杂微结构和理想力学、生物学性能的气管外支架的广泛兴趣。通过模拟自然气管的解剖学结构与力学性能，设计并 SLS 制造了具有仿生外形、不同孔隙特征的多孔可降解气管外支架。如图 6-7（a）～（c）所示，SLS 制备的气管外支架具有完好的外形，微观烧结形貌致密。利用 Micro-CT 对烧结精度与质量进行评价，结果表明，支架的设计结构与实际打印结构之间的偏差基本控制在 0.5mm 内，表明 SLS 具有较高的精度。通过分析支架内部的孔隙分布，发现烧结造成的孔隙尺寸小于 40μm，内部孔隙低于 1%，证明实现了支架内部致密烧结，有利于实现稳定的力学性能。进一步通过压缩试验测试验证了仿生气管外支架具有与自然气管相似的力学性能与刚度（图 6-7（d））。

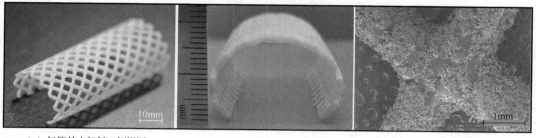

（a）气管外支架斜二侧视图　　　（b）气管外支架侧视图　　　（c）气管外支架微观结构

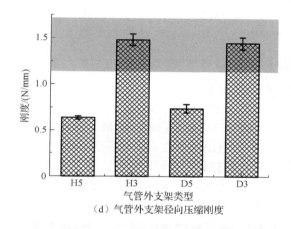

（d）气管外支架径向压缩刚度

图 6-7　SLS 制备的气管外支架宏微观结构及力学性能表征

　　将 3D 打印的可降解气管外支架植入比格犬的气管软化模型以验证其有效性。图 6-8（a）～（c）为植入气管外支架后软化气管的 X 射线检测结果。术后即刻在气管软化段观察到轻微气管狭窄，可能为暂时性水肿所致。狭窄在一周后基本消失，术后 12 周内气道保持畅通。在 0 周、1 周、4 周、8 周、12 周的气道通畅率分别达到（45.45±10.91）%、（78.18±4.55）%、（82.73±7.27）%、（84.36±5.09）% 和（83.64±5.82）%。无一例因气管外支架的植入导致肺炎及周围组织穿孔。植入 12 周后，全麻下对比格犬进行支气管镜检查（图 6-8（d）），发现气道通畅，无狭窄，气道内未见肉芽组织和不规则黏膜。如图 6-8（e）和（f）所示，气管外支架具有良好的生物相容性，与周围软组织牢固结合。取气管外支架与组织的复合构造进行组织学检测（图 6-8（g）～（i）），从气管外支架与组织的复合构造的纵切面发现气道内黏液纤毛结构未受干扰，支架周围未发现炎性细胞聚集。

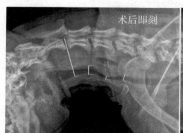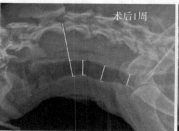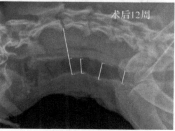

（a）术后即刻气管X射线检测　　（b）术后1周气管X射线检测　　（c）术后12周气管X射线检测

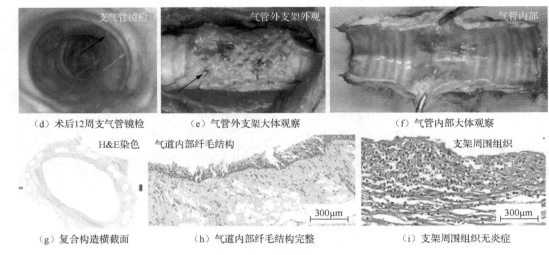

（d）术后12周支气管镜检　　　　（e）气管外支架大体观察　　　　（f）气管内部大体观察

（g）复合构造横截面　　　　（h）气道内部纤毛结构完整　　　　（i）支架周围组织无炎症

图 6-8　SLS 制备的气管外支架体内比格犬动物模型验证

2016 年，我国研究团队研制的可降解气管外支架在中国人民解放军空军军医大学唐都医院实现了国内首例临床试验，适应证包括婴幼儿、儿童及成人气管软化患者的临床治疗。患者个性化气管外支架的设计制备流程如下：对患者气道进行 CT 检查，CT 图像以 DICOM 格式保存，导入 Mimics 软件进行气道模型重建。然后在 SolidWorks 中设计了具有 C 形腔的患者特异性外形的气管外支架。外支架的直径、长度、开口角度、孔隙均根据重建的气道定制（图 6-9（a））。之后，将设计好的气管外支架保存为.STL 格式，装入选区激光烧结系统进行制造。制造完成后进行清洁、消毒与包装，提供给应用医院使用（图 6-9（b）、（c））。目前已

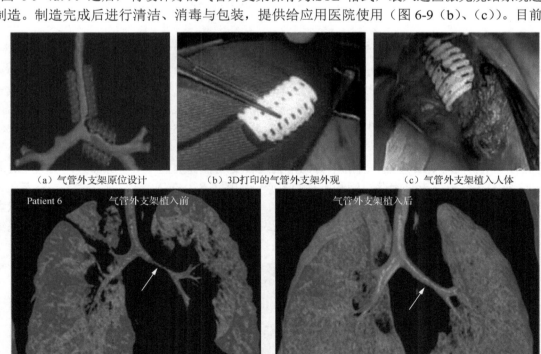

（a）气管外支架原位设计　　　　（b）3D打印的气管外支架外观　　　　（c）气管外支架植入人体

（d）气管外支架植入前气道狭窄明显可见　　　　（e）气管外支架植入后气道恢复通畅

图 6-9　SLS 制备的气管外支架临床试验研究

与多家医院合作，共完成临床试验 17 例。长达 2 年的跟踪研究表明，可降解气管外支架满足患者呼吸运动情况下为自体气管修复提供初期力学支撑，三维计算机断层重建未见气道狭窄，患者呼吸道症状均得到缓解，无支架相关并发症（图 6-9（d）、（e））。相关医院评价："个性化 3D 打印生物可降解气管外支架，既能解除限制气道的外部压迫，防止气道塌陷，又能保证气道的生长潜力，是一种安全、可靠、有效的 TM 治疗方法；支架后期逐渐降解至消失，避免了二次手术的取出痛苦，具有精度高、组织相容性高、个体适配性强、简化手术过程和稳定性高的优势，达到国际同类产品先进水平，为未来气管外科提供了新的支持。"

2. 熔融微纳静电打印用于心肌组织制造

心脑血管疾病是严重威胁人类健康的一类疾病，全世界每年死于心脑血管疾病的人数超过 1790 万人。其中，冠状动脉阻塞引起的心肌缺血、缺氧而坏死——心肌梗死，致使心肌收缩功能减弱甚至丧失，并发心律失常、休克或心力衰竭，危及生命。心脏作为一种终末分化器官，其再生能力非常有限，目前心肌梗死在临床中的主要治疗方法有介入治疗、药物治疗、冠状动脉旁路手术等，这些方法只能降低下一次心肌梗死的发生率，无法从根本上修复已受损的心肌组织。结合生物支架制造技术与细胞培养技术构建的工程化心肌补片，可以模拟正常组织细胞外基质，为心肌组织提供适合细胞生长、黏附及增殖的三维空间，有望为梗死心肌组织的治疗提供新途径。

天然心肌组织具有高度定向的三维结构，从心内膜到心外膜，定向排布方向逐渐偏转，形成了三维分层渐变的复杂结构。在微观尺度上，大量分层多方向平行排布的胶原纤维和心肌细胞产生强大的合力，为心肌组织的收缩和心脏强有力的泵血功能提供了结构基础，保证了心脏高负荷工作状态下的结构稳定性。因此，理想的组织工程化心肌补片应精确模拟胶原纤维和细胞定向排布，同时诱导细胞分层定向生长（图 6-10）。基于熔融微纳静电打印技术制备的微纳纤维单丝具有与心肌胶原纤维相近的尺度（$0.2\sim10\mu m$），能够促进细胞的黏附以及定向生长，同时，其三维成形能力能够实现工程化心肌补片的多层定向排布。

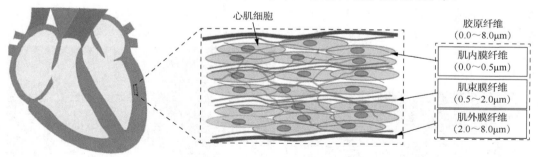

图 6-10　心肌组织中的高度定向结构与微纳米纤维导电结构

熔融静电打印的心肌补片由 4 层平行排布的微米聚己内酯纤维墙阵列构成，相邻两层间的偏角为 45°，模拟了心肌的分层定向结构同时为心肌细胞的黏附提供了空间，如图 6-11 所示。对所制备的工程化心肌补片进行力学拉伸测试，结果显示：工程化心肌补片在应变量为 $0.0\sim0.1$ 的应变下处于弹性变形，随后进入塑性变形阶段，且沿四个打印方向的拉伸曲线较为一致，说明了补片在四个方向具有相似的力学性能。

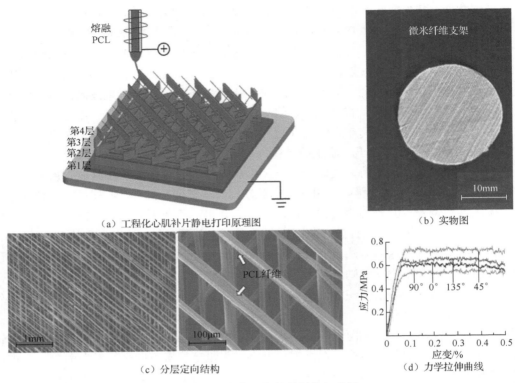

（a）工程化心肌补片静电打印原理图　　　　　（b）实物图

（c）分层定向结构　　　　　　（d）力学拉伸曲线

图 6-11　工程化心肌补片制备与表征

　　工程化心肌补片接种心肌细胞 5 天后，对其进行细胞骨架染色以观察细胞的分布及形态。如图 6-12 所示，心肌细胞在补片中分布较为均匀，细胞沿聚己内酯微米纤维生长，在第 1～4 层呈现出与纤维方向相同的 0°、45°、90° 和 135° 分布，并在局部形成了聚集的细胞团。经过 5 天的细胞培养，工程化心肌补片中的聚己内酯纤维墙保持初始形貌，无纤维变形和脱落，细胞在纤维墙中黏附并沿纤维方向铺展，呈现和自然心肌组织相似的多层定向的生长。

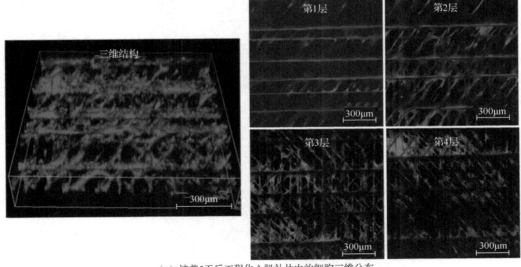

（a）培养5天后工程化心肌补片中的细胞三维分布

（b）培养5天后工程化心肌补片中细胞与微米纤维的结合情况

图 6-12　工程化心肌细胞相容性与引导细胞分布能力评价

　　将工程化心肌补片植入大鼠心梗模型的梗死区域。如图 6-13（a）所示，术后四周，心梗组大鼠左心室前壁出现明显的收缩能力丧失，心肌收缩波几乎呈直线状；补片组心肌收缩波呈明显的波浪状，表明其对改善心肌收缩活动的积极作用。处死大鼠并取出心脏后，观察到心梗组的大鼠心脏中大片区域颜色变白，结扎处的下方明显凹陷，表明心梗组由于缺血导致了严重的心室重构；补片组的纤维支架很好地贴附于心脏表面，与心脏融合在一起，起到了良好的支撑作用并辅助维持心脏结构（图 6-13（b））。为了进一步评估工程化心肌补片对心肌梗死的修复作用，对心脏沿横截面进行了马松染色（图 6-13（c））。心梗组左心室变薄，几乎完全被纤维化胶原纤维替代，梗死心肌纤维化严重。相比之下，补片组观察到更完整的左心室结构以及覆盖微纤维结构的存活心肌，表明补片的存在能够有效减小梗死区域。

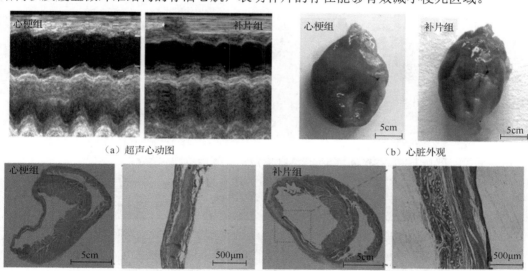

图 6-13　工程化心肌补片对心梗大鼠模型的心梗修复效果

6.3　生物水凝胶支架的高精度增材制造

　　可降解组织工程支架具有材料覆盖广、结构灵活多变、生物理化性能可调、优异的生物相容性等优势，受到了生物医学和组织工程领域的广泛关注，并被应用于骨/软骨修复、皮肤修复、疾病模型构建等场景。生物水凝胶材料具有高含水性、高细胞亲和性，可以提供与细胞外基质相似的生存微环境，是一种优异的可降解生物支架材料。随着生物 3D 打印技术的不断发展，以水凝胶为墨水，可以根据应用场景个性化地构建出复杂的三维水凝胶支架。然而，生物水凝胶与常规用于生物支架制造的聚合物类材料相比，存在以下特点：①水凝胶材料软脆，模量通常在千帕级别，打印时很容易出现因为难以支撑自身重量而导致结构破损；②水凝胶的含水量通常大于 90%，固相含量低，精细的结构调控困难，因而探究生物水凝胶高精度的成形机制，并优化其打印工艺就显得尤为重要。

6.3.1　国内外技术发展现状与趋势

主流的 3D 打印方法基本上都可以用于水凝胶生物支架的制造，最主要的是挤出式生物 3D 打印和投影式光固化 3D 打印。

挤出式生物 3D 打印，是通过气压或机械驱动喷头将生物墨水以微纤维单元的形式挤出的，并通过控制喷头的运动层层堆积以形成三维结构的方式，如图 6-14（a）所示。通过连续纤维的交叉沉积，挤出打印可以有效构建多孔结构以形成丰富的营养流道。Woodfield 等以聚醚酯共聚物（PEGT/PBT）作为墨水，利用挤出式生物 3D 打印构建了高孔隙率的多孔支架，作为关节软骨修复的载体。通过挤出参数的优化，实现了 200μm 精度的支架结构打印，如图 6-14（c）所示。挤出的墨水纤维是在空气中成形的，表面张力的存在使纤维直径不能无限缩小，限制了挤出式生物 3D 打印方式在高精度支架制造中的应用。

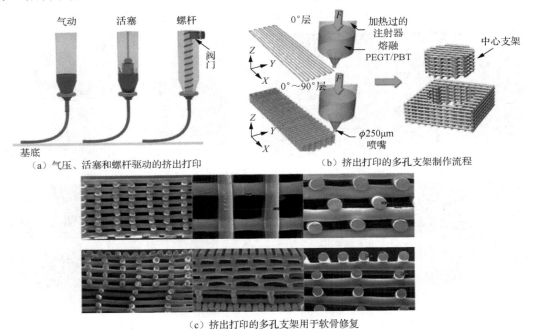

（a）气压、活塞和螺杆驱动的挤出打印　　　　　（b）挤出打印的多孔支架制作流程

（c）挤出打印的多孔支架用于软骨修复

图 6-14　挤出式生物 3D 打印方式

投影式光固化 3D 打印，具有一次打印完整平面的优势，无论单层结构的复杂程度如何，打印时间都相同，打印效率较高。投影式光固化的成形是浸在墨水里面完成的，液态的墨水可以提供支撑。此外，投影光的分辨率也比机械式喷头要高，因此具有较高的打印精度。David 等利用投影式光固化 3D 打印技术对骨骼肌模型进行构建，其打印精度高达 50μm，如图 6-15 所示。

图 6-15　投影式光固化 3D 打印技术进行高精度水凝胶支架的打印

　　考虑到生物支架的精准、批量稳定制造是后续医学应用的基础，因而后续将重点聚焦投影式光固化 3D 打印技术进行探讨。

6.3.2　投影式光固化 3D 打印技术基础理论分析

1. 投影式光固化 3D 打印原理和打印工艺流程

1）投影式光固化 3D 打印原理

　　投影式光固化 3D 打印技术利用数字光处理（DLP）技术直接投射出待打印三维模型的某一层截面图像，一次就可以打印出一个截面，这样逐层叠加这些截面构成三维实体，如图 6-16 所示。

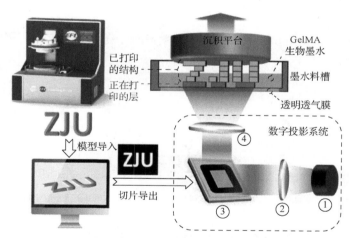

图 6-16　投影式光固化生物 3D 打印成形原理

①-405nm 光源；②-匀光系统；③-DMD 芯片；④-成像系统

　　投影式光固化 3D 打印中，每一层的结构固化是通过投影出的光图案实现的，省去了形状内部填充的过程。因此，投影式光固化 3D 打印机不需要复杂的 X-Y 平面运动系统，只需要保留 Z 轴的升降运动，从而简化了打印机结构，易于小型化；此外，投影式光固化的面成形精度是由投影图案的分辨率决定的，相对而言投影图案的分辨率较容易得到提升。总体来说，投影式光固化 3D 打印具有精度高、速度快、结构简单等特点，特别适合生物水凝胶的高精度制造。

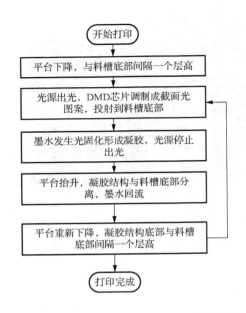

图 6-17　投影式光固化 3D 打印工艺流程图

2）投影式光固化 3D 打印工艺流程

投影式光固化 3D 打印的工艺流程如图 6-17 所示。打印开始，沉积平台被 Z 轴驱动下降到距离料槽底部一个层高的位置；光机的光源出光，光线经过数字微振镜设备（Digital Micromirror Device，DMD）的调制后，形成待打印结构的截面光图案，照射在料槽底部；墨水被光图案照射发生光交联反应凝胶化，光源停止出光；平台带着凝胶结构一同抬升，与料槽底部分离，墨水回流；平台重新下降到距离料槽底面一个层高的位置。周期性重复光机的出光和平台的升降，实现水凝胶三维结构的构建。

2. 光固化水凝胶墨水

在投影式光固化 3D 打印中使用的生物墨水必须要具有光固化的化学特性。利用丙烯酸及其衍生物与水凝胶材料进行酰化反应，可以使天然的生物水凝胶获得光交联的能力。目前被广泛应用于生物 3D 打印领域的光固化明胶（Gelatin Methacralyol，GelMA）水凝胶，就是将甲基丙烯酸甲酯（MA）与明胶（Gelatin）进行酰化反应制备的，其合成过程保留了明胶良好的生物相容性，又赋予其优异的可成形性，故有望在生物水凝胶的高精度制造领域深入应用。本章以 GelMA 为例，分别从 GelMA 墨水的交联机理以及反应进程的控制，对光固化生物墨水的性质进行介绍。

1）GelMA 的分子结构

GelMA 的分子结构如图 6-18 所示，通过在明胶分子链上修饰上甲基丙烯酸甲酯基团，使其具有光固化性能。

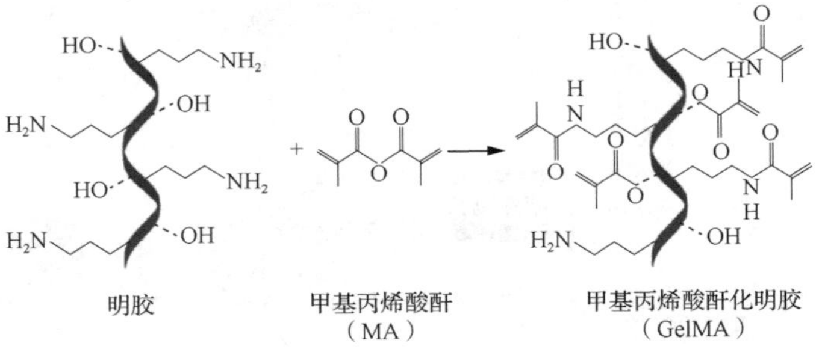

明胶　　　　　甲基丙烯酸酐　　　甲基丙烯酸酐化明胶
　　　　　　　　（MA）　　　　　　（GelMA）

图 6-18　GelMA 的酰化反应过程

对 GelMA 进行核磁氢谱（1HNMR）分析，可以发现 GelMA 的合成过程是 MA 对明胶分子链上的部分氨基（—NH$_2$）进行了取代，如图 6-19（a）所示。改变 MA 与明胶的混合比例，可以改变氨基的取代比例，如图 6-19（b）所示。例如，当明胶上的氨基有 30% 被 MA 基团取代时，对应着商品化的 EFL-GM-30 型号，依此类推，60% 的取代率就是 EFL-GM-60，90% 的取代率为 EFL-GM-90。当氨基取代率不同时，水凝胶有不同的力学及生物学性能，可打印性能也会有变化。总体来说，可以通过不同型号水凝胶的组合调配来获得期望的硬度及细胞黏附性能。

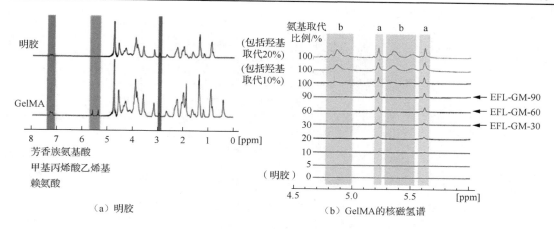

图 6-19　GelMA 的取代率表征

2）GelMA 墨水的光交联反应

混入光引发剂的 GelMA 墨水在受到特定波段（如 405nm）的光照射后，光引发剂会从基态变成激发态，产生自由基；自由基会打开 GelMA 分子上的双键，使不同的分子链互相连接，形成 GelMA 交联网络，实现墨水的光固化，反应过程如图 6-20 所示。

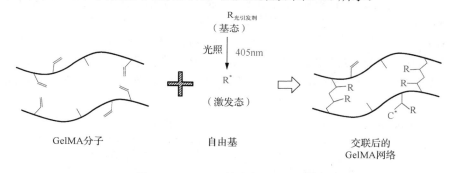

图 6-20　GelMA 的光交联反应过程

3）光交联反应机理与反应进程控制

自由基链增长聚合，是目前光固化生物墨水体系主流的光交联原理，其交联过程主要分为三个不同的阶段：①光引发；②链传播；③链终止，如图 6-21 所示。

（1）光引发阶段：光引发剂在受到特定波段的光源照射下，分子 I 受激发后发生键断裂，分解形成两个均质的引发剂自由基 R^*。

（2）链传播阶段：GelMA 分子上嫁接的 MA 基团，具有碳-碳双键结构，称为"自由单体"。引发剂自由基 R^* 会攻击自由单体上的碳-碳双键，形成两个游离端，并与其中一端结合形成 R—，另一端保持游离状态。方便起见，将自由单体用 M_1 表示，单体自由基 RM_1^* 攻击打开另一个自由单体的双键，形成单体自由基 RM_2^*，实现了分子链的交联与生长。单体自由基 RM_2^* 将会攻击下一个自由单体，使分子链继续传播下去。

（3）链终止阶段：链终止反应的存在可以阻断链传播反应的继续进行，通常有三种类型：①自体耦合；②自由基封端；③杂质或抑制剂的消耗。自体耦合，是指当两个单体自由基 RM_x^* 与 RM_y^* 相遇时，游离端相互夺取电子而成键，形成 $RM_x\text{-}M_yR$ 而终止链的继续传播，如图 6-21（e）过程所示。自由基封端，则是当单体自由基 RM_x^* 与引发剂自由基 R^* 相遇时，形成 $RM_x\text{-}R$，封堵了分子链的传播途径，而终止反应。

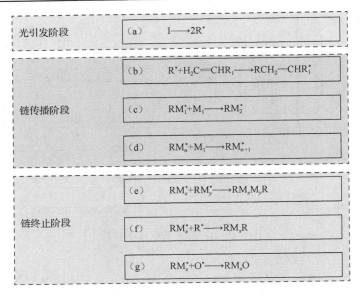

图 6-21　自由基链增长聚合过程中三个阶段的反应

光固化反应进程控制：高精度的光固化打印要求对墨水的光交联进程实现精准的控制。通过对 GelMA 墨水的光交联过程进行反推，可以得到光固化反应进程的控制方法，如图 6-22 所示。GelMA 的高精度打印，要求墨水能够快速形成高密度的交联网络；在 GelMA 充足的情况下，凝胶的速率和交联网络的密度分别由自由基的产生速率和产生量决定；而墨水中光引发剂也是充足的，那么 GelMA 的交联结果就可以通过调节入射光的强度和光照时间加以实现。

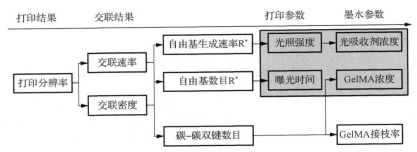

图 6-22　光固化打印时交联进程控制方法

3. GelMA 墨水用于投影式光固化 3D 打印

1）GelMA 墨水的选择性固化

投影式光固化 3D 打印过程，是对墨水进行选择性固化的过程，如图 6-23（a）所示。因此可以根据光交联反应控制进程，将墨水的选择性固化问题转变为入射光在墨水内部的光场控制问题。理想地，墨水能够严格按照光场的轮廓进行交联，且固化深度可以根据光照时间精确调整，实现高精度的选择性固化，如图 6-23（b）左图所示。但在实际固化过程中，对于不加光吸收剂的 GelMA 墨水，光场会快速穿透材料层，形成远超目标值的固化深度；添加光吸收剂可以有效调节光的穿透深度，但也会将光场轮廓约束成三维的"高斯分布"形状，而无法达到目标深度。

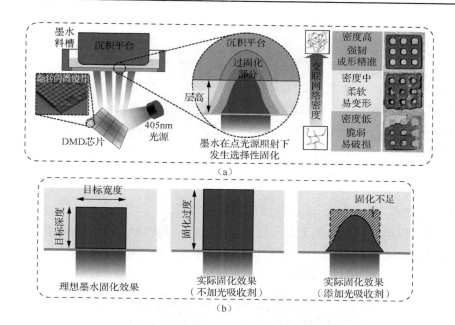

（a）

（b）

图 6-23　光固化打印时生物墨水的光交联规律示意图

2）固化深度的控制机理

GelMA 墨水的固化深度可以通过添加光吸收剂和改变打印参数实现精确地调控，其控制机理如下。

由于 GelMA 墨水中有氧等杂质的影响，引起墨水固化的光照能量存在最低限值，称为"能量阈值"。因此，照射到墨水上的入射光能量必须要满足：

$$E_i \geqslant T \tag{6-1}$$

式中，E_i 为入射光的能量，$\mu J/cm^2$；T 为墨水的固化阈值，$\mu J/cm^2$。

对入射光能量的控制，通常以光照强度的方式实现，光强与光能量的关系满足：

$$E_i = P_i \cdot t \tag{6-2}$$

式中，P_i 为入射光的强度，即光功率，$\mu W/cm^2$；t 为光照时间。

由于墨水中光吸收剂的存在，入射光进入墨水后光强会发生衰减。根据光学基本规律，光强在某种介质中的衰减程度遵循以下规律：

$$\frac{I_0}{I_i} = e^{\alpha h} \tag{6-3}$$

式中，I_0 为入射光在墨水表面的光强；I_i 为穿透墨水深度为 h 处的光强；h 为光穿透的深度；α 为墨水的吸光度。对于投影式光固化 3D 打印中使用的 405nm 单色光，光功率 P 与光强 I 成正比，因此：

$$\frac{P_0}{P_i} = \frac{I_0}{I_i} = e^{\alpha h} \tag{6-4}$$

把式（6-4）代入式（6-1）和式（6-2），可得

$$E_i = P_0 \cdot e^{-\alpha h} \cdot t \geqslant T \tag{6-5}$$

$$h \leqslant \frac{\ln\left(\dfrac{P_0 \cdot t}{T}\right)}{\alpha} \qquad (6\text{-}6)$$

由式（6-6）可知，墨水要想实现交联，首先入射光的功率与光照时间的乘积必须大于能量阈值 T，其大小主要取决于墨水体系中光引发剂的类型和浓度。光强在墨水中的衰减速率取决于油墨的吸收能力，即吸光度 α，该值可通过吸光度试验测得。因此，在墨水体系确定，即墨水中各个成分的浓度比例确定时，可以利用式（6-6）对固化深度进行计算。

6.3.3　典型案例：分叉血管的体外制造

1）血管的制造

血管结构的构建一直是组织工程领域的研究热点，其中分叉血管的高精度制造更是其中的难点。利用投影式光固化 3D 打印技术，可以构建出尺寸精确、力学性能真实、生物相容性良好的分叉血管结构，如图 6-24 所示。

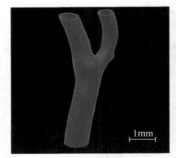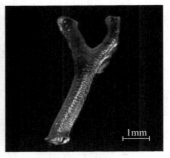

（a）分叉血管数字模型　　　　　　　　（b）分叉血管打印结果

图 6-24　分叉血管结构

为了模拟血管结构的真实应用场景，分叉血管在制造时需要满足以下三方面的要求：①尺寸精度高，具有结构完整性和血管通畅性；②力学性能相近，拉伸模量约为 120kPa，拉伸强度大于 150kPa；③对人脐静脉内皮细胞友好，能够有效黏附、增殖和伸展。因此，GelMA墨水可以选用 0.3MA 取代比例、19%浓度的 GelMA 溶液，用 44s 的固化时间进行打印。对打印后的血管支架进行拉伸力学测试，结果如图 6-25 所示，由图可知，打印的结构确实能够满足拉伸力学的要求。

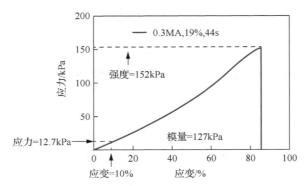

图 6-25　分叉血管的拉伸性能曲线

2）内皮细胞的接种与培养

为了进一步验证 GelMA 分叉血管支架的细胞兼容性，向血管内部接种了 GFP 转染的人脐静脉内皮细胞（Human Umbilical Vein Endothelial Cells，HUVECs）。经过 7 天的孵育，HUVECs 在血管结构内壁自由地贴附、伸展，并爬满内壁，利用共聚焦荧光显微镜对其进行全局扫描，可以看出 HUVECs 已有环状布满血管内壁的趋势，如图 6-26 所示。这说明，利用投影式光固化打印构建的 GelMA 血管支架，不仅可以具有高精度的仿生尺寸，而且构建后仍具有 GelMA 优异的细胞兼容性。

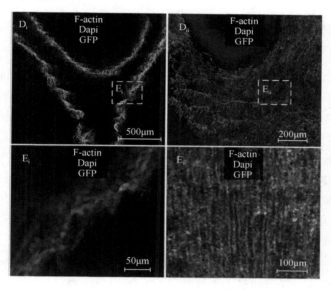

图 6-26　GFP-HUVECs 在分叉血管内壁伸展增殖，布满整个内壁

6.4　思　考　题

1. 可用于骨植入物的原材料需要考虑哪几个标准？有哪些可用于制造骨植入物的增材制造技术？

2. 3D 打印技术在生物支架制造方面有哪些优势？

3. 可用于水凝胶生物支架的增材制造工艺有哪些？

4. 简述投影式光固化 3D 打印的工艺流程。

第7章 特种增材制造技术

7.1 微纳增材制造：电场驱动喷射沉积微纳3D打印

7.1.1 微纳增材制造概述

微型化、集成化（结构和电子电路等一体化）、柔性化、多功能化是当前新一代产品所面临的重要发展方向和趋势，它对制造技术提出越来越高的要求，但现有这些制造工艺却难以满足这些新的需求，亟待寻求制造技术方面的突破。近年来出现的微纳增材制造技术提供了一种全新有效和极具工业化应用前景的解决方案。微纳增材制造（微纳尺度3D打印）是近年来出现的一种前沿颠覆性制造新技术，它基于增材原理制造微纳结构或者包含微纳尺度特征功能性产品的新型微纳加工技术。与传统微纳制造技术相比，它具有生产成本低、工艺简单、适合硬质和柔性以及曲面等各种基材或表面、材料利用率高、可用材料种类广、无须掩模或模具、直接成形的显著优点，尤其是在复杂三维微纳结构、大高（深）宽比微纳结构、复合（多材料）材料微纳结构、宏/微/纳跨尺度结构以及嵌入式异质结构制造方面具有非常突出的潜能和独特优势。微纳尺度3D打印被美国麻省理工学院的《技术评论》列为2014年十大具有颠覆性的新兴技术。经过10多年的快速发展，国内外学者已经开发出20多种微纳增材制造工艺。微纳增材制造的材料涵盖了聚合物材料、微纳米金属材料、纳米陶瓷材料、半导体材料、生物材料、智能材料等近50种。微纳增材制造技术目前已经被应用于许多领域和行业，如半导体；微纳机电系统；电子电路（三维立体电路/共形天线、柔性和硬质多层电路板、透明电极等）；3D结构电子；生物医疗（组织支架、毛细血管、组织器官等）；柔性电子；智能传感（电子皮肤、智能可穿戴设备、3D传感器等）；大尺寸高清显示（OLED、QLED、MicroLED）；软体机器人、新能源（柔性太阳能电池、固态电场、微能源等）、超材料等，显示出广阔的工业化应用前景。

7.1.2 微纳增材制造工艺和分类

微纳增材制造分为广义微纳增材制造和狭义微纳增材制造。广义微纳增材制造是泛指通过材料逐层增加制备几何图案或者功能性结构（包括点、线、薄膜、2D图案、3D物体等）的制造技术，所制备结构特征尺度范围包括微尺度（小于100μm或者亚100μm）、亚微尺度（1μm~100nm）、纳尺度（小于100nm）、原子尺度等，如各种沉积技术（溅射、蒸镀、化学气相沉积、电化学沉积、原子层沉积（ALD）等）、外延生长（MBE、MOCVD等）、微纳尺度3D打印、印刷工艺（孔版印刷、凹版印刷、凸版印刷、间接印刷等）、增材纳米压印光刻等。狭义微纳增材制造主要指的是各种微纳尺度3D打印，它具有制造三维微/纳结构的能力，主要包括：微立体光刻；双光子聚合微纳3D打印；电流体动力喷射打印；电场驱动喷射沉积微纳3D打印；气溶胶喷射打印；喷墨打印；墨水直写、微选区激光烧结；激光诱导前向转移；墨水直写；电化学沉积；混合/复合微纳增材制造等。

根据所制造特征结构精度的不同，微纳增材制造分为：微尺度增材制造（Microscale Additive Manufacturing）和纳尺度增材制造（Nanoscale Additive Manufacturing），现有微纳增材制造基本以微尺度增材制造为主。

2021 年 3 月美国得克萨斯大学奥斯汀分校 Behera、美国加利福尼亚大学洛杉矶分校 Chizari、美国佐治亚理工学院 Saha、劳伦斯·利弗莫尔实验室 Panas 等 7 家单位 20 多名学者联合发表 *Current challenges and potential directions towards precision microscale additive manufacturing* 的长篇综述论文。图 7-1 是他们得到的一项重要研究成果，现有各种微尺度增材制造工艺从精度和生产率比较和对比。Behera 等将微尺度增材制造划分为三大类：墨水直写/喷射工艺（Direct Ink Writing/Jetting Processes）；基于激光固化、加热、捕获工艺（Laser-based Curing, Heating, and Trapping Processes）；能量诱导沉积和混合电化学工艺（Energy Induced Deposition and Hybrid Electrochemical Processes）。其中第一类墨水直写/喷射工艺进一步划分为以下子类：基于流体墨水直写、电流体喷射打印、黏结剂喷射打印、气溶胶喷射打印；第二类基于激光固化、加热、捕获工艺包括：微立体光刻、双光子聚合/光刻、激光诱导前向转移、微选区激光烧结、利用全息激光镊子组装微纳部件；第三类能量诱导沉积和混合电化学工艺包括：聚焦离子束诱导沉积、激光化学气相沉积、弯月面约束电沉积、激光电化学打印等。

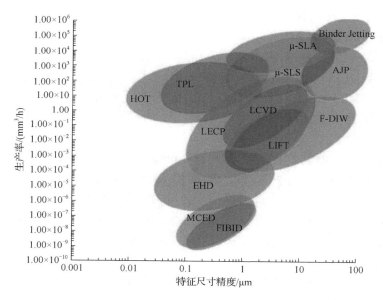

图 7-1　各种微尺度增材制造工艺特征尺寸分辨率和体积生产率的对比

7.1.3　微纳增材制造研究进展和发展趋势

当前微纳增材制造技术的研究现状和重要进展如下。

微尺度增材制造已经日趋成熟，生产效率和成形精度不断提高，适合的成形材料不断扩展，部分技术和装备已经进入规模化工业应用。

（1）微细电路和共形电路（天线）是目前微增材制造最成熟和最具有代表性的应用产品。例如，美国 Optomec 公司的气溶胶喷射（Aerosol Jet® Printing）技术具有最小线宽 10μm 微细电路打印能力，尤其是能够实现共形天线和 3D 传感器的制造，开发的 Aerosol Jet Print

Engine 可用于手机 3D 天线、汽车和医疗 MIDs 电路以及物联网（3D 传感器和 3D 天线）的批量化生产。Nano Dimension 是在美国上市、世界领先的增材制造电子（AME）供应商，其拥有 LMD（Lights-Out Digital Manufacturing）技术（打印电路线宽 110μm），颠覆了传统 PCB（印刷电路板）的生产工艺，实现了 PCB 绿色、高效和柔性制造，适合研发阶段的原型设计和中小批量生产。2020 年该公司与德国传感器供应商 HENSOLDT 合作，制造出世界上第一个 10 层印刷电路板。最新一代产品 DragonFly Ⅳ 具有线宽 75μm 和间距 100μm 的工艺能力。德国 SUSS 公司开发的工业级喷墨打印机实现线宽 40μm 导电图案制造，用于印刷电子、PCB 和半导体等行业。

（2）目前以上这些电子微纳增材制造技术，均还难以实现 10μm 以下微细电路打印，并存在成形材料兼容性差（材料较单一）、成本高和难以实现宏/微跨尺度制造的难题。电流体喷射打印和电场驱动喷射沉积微纳 3D 打印一方面突破了广泛工业应用喷墨打印技术在精度（线宽 20μm）、打印材料（黏度 30mPa·s）、打印基材方面的约束和限制，而且该技术还能实现飞升微液滴（0.1fL，$1fL=10^{-15}L$）、亚微尺度特征结构打印（商业化装备最小特征尺寸为 500nm，实验室已经实现 50nm 分辨率打印），尤其是能实现高黏度材料亚微尺度打印，适合打印材料种类广泛（如导电材料、聚合物、生物材料、金属、纳米材料、复合材料等）和黏度范围大（0.5～60000mPa·s），在曲面共形微细电路、3D 立体电路和非平整表面微细电路高精度打印方面还具有突出的优势。韩国 Enjet 公司、日本 SIJ Technology 公司、我国青岛五维智造科技有限公司等已经推出商业化电流体喷射打印装备和材料，都能实现线宽 5μm 电路打印。此外，由于电流体动力喷射打印具有远高于喷墨打印制造微液滴的能力，已成为当前解决大尺寸高分辨率 OLED、QLED、MicroLED 显示最具有工业化应用前景的解决方案，韩国三星和 LG、日本 JOLED、我国京东方科技集团股份有限公司、聚华科技有限公司、华星光电技术有限公司等都在全力寻求技术上的突破，这对于下一代大尺寸高清显示具有极为重要的战略意义。

（3）在金属微结构增材制造方面，德国 3D MicroPrint 公司微激光烧结制造的金属材料微结构分辨率已经达到 15μm，表面粗糙度 Ra 达到 1.5μm，高宽比达到 300，烧结材料的相对密度高于 95%。德国 Aixway 3D 公司开发的微金属 3D 打印采用特殊聚焦技术控制激光光斑，实现精度 20μm、层厚 5μm、复杂金属微结构制造。瑞士 Exaddon 公司的 CERES 金属微 3D 打印机，在 FluidFM 技术的基础上，利用电化学沉积实现亚微尺度金属微结构制造。美国 Microfabrica 的 MICA Freeform 技术实现了微尺度金属零件批量化制造，分层厚度为 5μm，表面粗糙度 Ra 达到 0.8μm。用于 3D 功能性结构电子和嵌入式电子产品一体化打印已经开始进入工业化应用。

（4）针对玻璃材料微结构制造困难的问题，2022 年 4 月 16 日《科学》封面文章 Volumetric additive manufacturing of silica glass with microscale computed axial lithography 报道了 3D 打印玻璃材料微结构一项突破性技术，即体曝光固化 3D 打印玻璃微结构。该技术是美国加利福尼亚大学伯克利分校研究人员与德国阿尔伯特-路德维希-弗莱堡（Albert-Ludwigs-Universität Freiburg）大学的科学家开展合作共同完成，他们采用微尺度计算轴向光刻（Micro-CAL），通过断层照射然后烧结的光聚合物-二氧化硅纳米复合材料，制造出内径为 150μm 的三维微流体、表面粗糙度为 6nm 的自由形式微光学元件，以及最小特征尺寸为 50μm 的复杂高强度桁架和晶格结构。2019 年 Nature Communications 发表了一项石英玻璃微加工 3D 打印新工艺，该工艺能够实现石英玻璃复杂三维中空微结构制造。2020 年 12 月德国科学家在 *Nature* 上发表了 X 射线照射线性体积光固化 3D 打印技术（Xolography for Linear Volumetric 3D Printing）新工艺，X 射线照射体积的 3D 打印技术具有 25μm 的特征分辨率和 55mm³/s 的打印速度的工艺能力，它的打印速度是双光子聚合微纳 3D 打印的 10000～100000 倍。微尺度 4D 打印、微纳直写增材制造 MEMS、陶瓷微增材制造、高效体成形和连续微 3D 打印、基于微结构的超材料和功能梯度材料成形是近年来微尺度增材制造新的研究热点和方向。

亚微米和纳尺度增材制造是微纳增材制造的前沿和未来发展方向，近年来在分辨率、效率、材料（尤其是金属、陶瓷、纳米材料等）、成形尺寸等方面不断取得突破，成为当前增材制造最为活跃和创新性最强的领域。双光子聚合微纳 3D 打印是亚微尺度增材制造最具代表性的工艺，它能实现亚微尺度任意复杂三维结构制造，目前具有的成形能力为：最小特征尺寸为 160nm（XY），最高分辨率为 400nm（XY），最大成形高度为 8mm，成形尺寸为 100mm×100mm×8mm，最小表面粗糙度 *Ra* 低于 20nm。德国 Nanoscribe 公司和奥地利 UpNano 公司已经推出商业化设备，尤其是最近几年 UpNano 公司推出了基于双光子聚合水凝胶 3D 打印机（目前最高精度的生物 3D 打印机），实现了带有嵌入式活细胞的高精度 3D 支架的制造。但是双光子聚合微纳 3D 打印一方面受限于打印材料，另一方面效率非常低，目前主要应用还集中在科学研究领域，尚未进入工业化应用。电流体动力喷射打印技术目前实验室精度已达到 50nm，结合自组装其分辨率可以达到 15nm。英国斯旺西大学的研究人员利用该技术直接打印一种光学传感器，达到纳米级测量精准度。通过纳米 3D 打印技术制成的传感器可能成为下一代原子力显微镜的基础。瑞士科学家 3D 打印出只有 5nm 厚的传感器，有效提高了显微镜的灵敏度和检测速度，而且能够检测到以前的检测对象 1/100 的部件。目前已经创立了一家名为 Xolo 的公司来商业化该技术。瑞士 IBM 研究中心（NanoFrazor，3D 纳米打印）实现了 10nm 以下复杂三维微纳结构制造。其他诸如等离子 3D 纳米打印、基于空气动力学聚焦纳米 3D 打印、聚焦电子束诱导沉积（FIBID）、激光诱导向前转移、激光化学气相沉积（LCVD）、弯月面约束电沉积（MCED）、复合电化学微沉积等新兴纳尺度增材制造技术不断涌现。但是亚微尺度和纳尺度增材制造目前还停留在实验室和原型阶段，距离普遍的工业化应用尚有一定距离。

从微纳增材制造应用层面，先进电子和电路微纳增材制造（微纳电子增材制造）是微纳增材制造最具代表性、最成熟和最广泛的应用，它代表了目前先进电子与电路制造的革新技术，颠覆了传统电子制造技术，突破了现有电路和电子制造技术的约束，铺平了创新电子产品、颠覆性电子产品的开发道路。目前，微纳电子增材制造技术在高性能电路板、透明电磁屏蔽、共形天线、智能蒙皮、可穿戴设备以及低温共烧陶瓷电路等航空航天、国防军事、生物医疗、消费电子领域具有非常广泛和重大的应用前景与潜能。例如，B2"幽灵轰炸机"驾驶舱透明窗推测采用了金属网实现电磁防护及雷达隐身；共形天线已经被应用于美军 F-35"闪电"战机以及"全球鹰"无人机上；美国 Optomec 公司与 NASA 合作实现了曲面共形电路的制造，并应用于雷神、洛克希德、美国陆海空三军等。在 3D 结构电子、柔性混合电子和共形电子制造方面，美国 Optomec 公司、德国 Neotech 公司、德国 LPKF 乐普科公司，美国 nScript 公司、NextFlex 公司、Voxel8 公司、MescoScribe 公司以及以色列 Nano Dimension 公司已经开展了基于多材料宏观与微纳电子增材制造的深入研究和工业化应用。我国山东省增材制造工程技术研究中心兰红波团队利用自主研发的电场驱动喷射沉积微纳 3D 打印技术和复合微纳增材制造技术制造出国际上最大尺寸高性能电磁屏蔽玻璃（400mm×400mm，线宽为 8μm，周期为 250μm）；国内研究人员在飞艇和飞机机翼机头等部位进行了曲面线路打印并进行了验证应用，在可展曲面结构上利用多种制备方法实现了频选和天线等功能线路打印。

目前微纳增材制造面临以下挑战性难题：成形效率低；难以实现多喷头（阵列喷头）并行微纳 3D 打印，高精度、高集成度微纳阵列喷头低成本批量化制造；材料兼容性差；无法实现大尺寸多曲率亚微尺寸电路共形打印，以及大尺寸、非平整衬底高精度电路阵列喷头高效打印和自适应打印，互联电路垂直打印，尤其是还无法实现高精度多层曲面电路高效制造；多材料微尺度和亚微尺度真三维结构制造困难；缺少适合亚微尺度 3D 打印的低成本和环境友好型导电材料；难以实现兼容多种打印材料的宏/微/纳跨尺度制造工艺；难以实现多喷头皮升/飞升微液滴高效率、高一致性打印（大尺寸高分辨率 OLED/QLED 显示打印的瓶颈）。此外，3D 立体电路微纳增材制造、3D 结构电子一体化微纳增材制造、柔性混合电子增材制造、大面积多曲率共形电子微纳增材制造，以及大面积非平整衬底高精度微纳增材制造等也存在许多亟待突破的问题。

7.2　4D 打印技术

7.2.1　技术原理

4D 打印是一种可实现材料"编程"的新型增材制造技术，促使增材制造的结构能够在诸如热、电、磁场等第四维度环境的刺激下改变形状、性能、功能，是赋予构件"智能"的有效手段。由于 4D 打印能够实现材料-结构-功能一体化的环境自适应构件，所以在航空航天、智能家具、软体机器人、微创设备等领域展示出巨大的应用潜力。

4D 打印技术的产生与发展是源于智能材料与结构设计的进步，因此，适用于增材制造的材料与结构设计开发是 4D 打印的关键技术。智能构件是未来智能制造的关键，它是可感知与响应环境刺激，并具有执行、诊断能力的构件。智能构件通常不是成分单一的材料，而是一类多材料组元结合，并通过制造技术成形。目前，按照成分基体智能构件划分为高分子类、金属类和陶瓷类智能材料。

4D 打印的概念最初是由美国麻省理工学院 Tibbits 教授在 2013 年的 TED（Technology，Entertainment，Design）大会上提出的，他将一个软质长圆柱体放入水中，该物体自动折成"MIT"的形状，这一形状改变的演示即是 4D 打印技术的开端，随后掀起了研究 4D 打印的热潮。4D 打印在提出的时候被定义为"3D 打印+时间"，即 3D 打印的构件，随着时间的推移，在外界环境的刺激（如热能、磁场、电场、湿度和 pH 等）下，能够自驱动地发生形状的改变。由此可见，最初的 4D 打印概念主要体现在现象演示方面，注重的是构件形状的改变，并且认为 4D 打印是智能材料的 3D 打印，关键要在 3D 打印中应用智能材料。随着研究的深入，4D 打印的概念和内涵也在不断演变与深化。2016 年，我国的研究人员在武汉召开了第一届 4D 打印技术学术研讨会，提出 4D 打印的内涵，即增材制造构件的形状、性能和功能能够在外界预定的刺激（热能、水、光、pH 等）下，随时间发生变化。这次研讨会推动了 4D 打印技术由概念向内涵方向发展，相比于最初的 4D 打印概念，新提出的内涵表明 4D 打印构件随外界刺激的变化不仅仅是形状，还包括构件的性能和功能，这使得 4D 的内涵更丰富，有利于 4D 打印技术从现象演示逐渐走向实际应用,只有性能和功能发生了变化才能满足功能化、智能化的定义,才具备应用价值。

然而,上述新提出的 4D 打印内涵仍然存在一定的局限性,尚未完全揭示 4D 打印的本质。4D 打印不仅是应用智能材料,还可以是非智能材料;也应当包括智能结构,即在构件的特定位置预置应力或者其他信号;4D 打印构件的形状、性能和功能不仅是随着时间维度发生变化,应当还包括随空间维度发生变化,并且这些变化是可控的。因此,进一步深化的 4D 打印内涵注重在光、电、磁和热等外部因素的激励诱导下,4D 打印构件的形状、性能和功能能够随时空变化而自主调控,从而满足"变形"、"变性"和"变功能"的应用需求。美国麻省理工学院赵选贺教授团队制备了多种具有可编程磁畴的二维平面结构,在外界磁场中,这些平面结构可以发生复杂的变形。西安交通大学李涤尘教授研究了离子高分子-金属复合材料(Ionic Polymer-Metal Composites,IPMC)的 4D 打印技术,通过控制不同电极电压的加载方式,可以使柱状的 IPMC 发生多自由度弯曲,同时材料的刚度也发生了变化。以色列耶路撒冷希伯来大学 Zarek 教授等制备了基于形状记忆材料的电子器件,将电子器件接入电路中,通过温度控制器件的变形,进而控制电路的导通与断开。需要注意的是,这三者并非相互独立,往往变功能是变形和变性所导致的结果,具体可以分为变形和变性共同导致变功能,以及变形、变性两者其一导致变功能。磁性构件在磁场中的结构变化即是典型的"变形",4D 打印的 IPMC 构件在变形后刚度发生了变化,实现了操作臂的弯曲与固定,这即为"变性"。通过形状记忆材料变形控制电路的通断,实现了"变功能"。例如,华中科技大学史玉升教授团队应用材料组合的思想,将增材制造的磁电材料相组合,制备了柔性磁电器件。该柔性磁电器件由高度相同的多孔结构和螺旋结构组成,多孔结构由于具有永磁性而能产生磁场,导电性的螺旋结构(相当于导电线圈)处在该磁场中。在外界压力的作用下循环压缩/回复,在这一过程中,穿过线圈的磁通量发生变化,由法拉第电磁感应定律可知在两块平行板之间会产生电压。所以,增材制造构件产生了压电性能和感知外界压力的功能,而这种性能和功能是磁性多孔结构和导电结构原本均不具备的,因此,增材制造构件的性能和功能均发生了变化,从而使变性能、变功能的 4D 打印得以实现。该工作丰富了变形、变性能、变功能的 4D 打印研究思路。

7.2.2 国内外研究现状

4D 打印技术是在材料、机械、力学、信息等学科的高度交叉融合的基础上产生的颠覆性制造技术,4D 打印的研究涉及增材制造装备、智能材料(智能结构)和智能器件。

在智能材料及智能器件研究中,国外首先开发了丙烯酸叔丁酯/二甘醇二形状记忆聚合物(Shape Memory Polymer,SMP)系统,该系统在橡胶状态下可变形 50%。Zarek 等开发了一种聚己内酯甲基化制备的紫外光固化半晶 SMP,其拉伸率可达 160%,已被应用于打印柔性电子产品中。然而,甲基丙烯酸聚己内酯是一种恶性熔体,需在打印过程中施加外部热源。近年来,开发了一种拉伸率可达 300%的甲基丙烯酸基 SMP 系统,可实现 30μm 的高精度打印,然而,反应性较低的甲基丙烯官能团单层成形过程中需要较高的单位能量(10~20J/cm^2),促使打印速度大幅下降。西北工业大学张彪团队开发了一种伸长率高达 1240%的 DLP 用的形状记忆聚合物,可循环拉伸回复达 10000 次,是目前已知伸长率最高的形状记忆聚合物。软体机器人是常见的 4D 打印智能器件。北京大学郑兴文团队开发了一种受自发光的吸盘章鱼启发的抓手工具，其利用软盘中的泵产生吸力提升物体，在不使用智能材料的前提下 SLA 成形智能器件。哈尔滨工业大学邓宗全院士团队开发了一种轻质自适应超弹性机械超材料，该结构是由两个弹性约束器和变形器薄膜组成的宏观蜂窝结构，该结构显示出载荷敏感刚度，在"伪延性转变"后强度下降到原来的 1/30，并可实现超过 60%的完全可恢复压缩，其线弹性变形能力是之前报道的超弹性材料的 20 倍。该结构被制作成具有伪弹性手指的多功能软体夹持器，其刚度能在手指偏转的范围内保持恒定的夹持力。

由于高分子类智能材料及器件的强度较低，模量一般低于 1MPa，多用于非支撑件，严重限制其在高端装备领域的应用。金属类智能材料及器件很容易满足强度需求，但其伸长率较低，多用于小幅变形的支撑件及固定件，如柔性飞行器、汽车零部件。北大西洋公约组织对变形飞行器做出定义：通过局部或整体改变飞行器结构，使其能够实时适应多种任务需求，并在多种飞行环境中保持效率和性能最优，飞机可以随着外界环境变化，柔顺、平滑、自主地不断改变机翼倾斜角，不仅保持整个飞行过程中的飞行性能最优，更能提高舒适性和降低飞行成本。北京航空航天大学白涛等利用形状记忆合金驱动器驱动机翼的后缘变形。此外，南京航空航天大学裘进浩教授开展了波纹板变形结构和机翼形变弯结构的研究。通用汽车公司开发了轻质钢丝，以代替较重的电动执行器，以打开和关闭舱口通风口，从而释放箱体中的空气。通用汽车公司后来提出另一个 SMA 项目。该项目的目标是通过可逆热相变开发具有固态热能回收系统的 SMA 热机。基于 SMA 的制动器可以根据不同的形状工作，甚至可以根据更大的弯曲和扭转变形，并不限于线性收缩，该研究还在进行中。板簧作为一种强韧性和可承受高应力的汽车零部件，被用于保护乘客免受冲击。发生冲击后，钢板弹簧有时会过度变形或断裂；使用钢板弹簧后，SMA 零件的引入增加了其性能，并且零件作为超弹性的自然复位装置工作。据统计，阀门和驱动器领域的 SMA 制动器目前每年销售数百万件。

总体来说，4D 打印技术虽然取得了一定的进步，但目前仍存在以下几个问题。

（1）4D 打印智能构件尚处于演示阶段，大多数结构只能用于实验室展示，缺乏智能构件的设计理论与方法体系，未能将微观变形与宏观性能改变相结合，未能建立 4D 打印智能构件形状-性能-功能一体化可控/自主变化的方法，4D 打印智能构件形状、性能、功能的时空变化缺乏理论模拟、仿真与预测等技术手段。

（2）4D 打印材料体系匮乏，缺乏满足应用需求的智能材料体系，材料工艺匹配性的研究欠缺，尚无复杂智能构件的有效制造方法。

（3）4D 打印构件变形量小、响应速度慢，无法满足功能构件可控/自主变化的需求，且常规的构件评价方法大多注重力学性能，而智能构件具有自适应变化特性，其验证方法区别于常规构件，尚无有效的评价方法与集成验证体系。

7.2.3 典型案例

4D 打印技术的出现推动了多学科发展、多学科研究融合以及材料与产品联结，使智能结构的近净成形制造成为可能，同时基于其原理能实现在外界驱动作用下的可编程变形，是制造复杂智能构件的有效手段。因此，4D 打印技术具备广阔的应用前景，能推动高端制造领域的发展。下面将介绍 4D 打印在生物医疗、航空航天领域的应用。

1. 生物医疗

在生物医疗领域，利用 4D 打印技术可制备血管支架，如图 7-2 所示，在植入人体前对其进行变形处理，使之体积最小；在植入人体后，通过施加一定的刺激使其恢复设定的形状以实现扩充血管的功能，这样可最大限度地减小患者的伤口面积。支架一般是多孔结构，这些特点使得 4D 打印技术尤其适用于生物支架的成形。哈尔滨工业大学冷劲松院士团队通过直写技术打印了 Fe_3O_4/PLA 形状记忆纳米复合材料支架，可在使用前进行折叠以减小尺寸，通过磁场驱动，当其置于交变磁场中时，折叠的支架能自行扩张，整个过程仅需 10s。除了生物支架，接骨器也是 4D 打印技术的重要应用，它和生物支架具有相同的形状记忆原理，4D 打印形状记忆合金成形的多臂环抱型锁式接骨器，在温度刺激下发生变形，能够撑开以实现骨骼的固定。

图 7-2 4D 支架作为血管内支架的潜在应用

2. 航空航天

智能变形构件在航空航天领域的一个典型应用就是折叠变形卫星天线，利用 4D 打印技术制造形状记忆合金天线，图 7-3 展示的是 4D 打印 Ni-Ti 形状记忆合金的人造卫星天线变形过程的示意图。当卫星在地面尚未发射时，将用形状记忆合金天线在冷却条件下揉成团状，火箭升空将人造卫星送至预定轨道后，太阳辐射会导致天线升温，折叠的卫星天线自然展开，n 恢复至初始形状，大大减少了所需机械部件的数量和重量，降低了卫星发射的体积。这种 4D 打印的折叠式可展开天线可具备复杂的空间结构，其性能能够人为定量控制，这是传统制造工艺无法实现的。另外，天线可以在发射前以折叠的形式放在卫星舱体内，使得卫星的空间可以得到很好的利用，关键是相对于传统卫星的太阳能电池板和天线，折叠式天线还具备体积小、重量轻、节约能耗的优点。

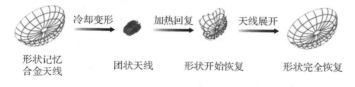

图 7-3 形状记忆合金天线变形过程示意图

7.3 太空 3D 打印

7.3.1 技术原理与关键技术

随着宇航技术的发展，人类对于远空探索、建设外星球基地乃至星球移民的科技梦想即将提上研究日程，而这些太空探索梦想的实现很大程度上依赖着如何实现高效、可靠、低成本的"太空制造"，克服现有火箭运载发射方式在载重、体积、成本上对太空探索活动的限制，获得深空探索所需的运载平台、工具与装备，是太空探索成败的关键。空间制造可直接利用太阳能、原材料等空间资源，实现在轨应急维修保障、大型空间载荷在轨部署以及空间快速响应等任务需求，同时微重力环境使得原位制造高性能产品、组装超大尺寸构件成为可能。

　　3D 打印技术是一种全数字化驱动的宏/微结构一体化集成制造工艺，具有定制化快速制造的优势，是一种近净成形方式，与传统减材或等材制造相比，3D 打印技术消除了加工过程对中间模具的需求，能够进行快速需求响应，适合空间制造的需求。若能在太空极端环境下进行 3D 打印，建成"太空制造工厂"，实现大型构件的太空原位制造，将会给空间探索领域带来革命性突破。目前，我国正处于建设空间站的关键时期，具备"太空 3D 打印"能力至关重要，实现空间桁架结构、雷达天线等大尺寸功能构件的太空原位制造与修复，对我国空间探索具有十分重要的推动作用与战略意义。

1. 技术内涵

　　太空 3D 打印是指在地球大气层以外的太空环境下，使用携带材料或利用地外资源进行目标产品制造的技术过程，包括依托航天器开展的在轨制造以及在月球等地外天体表面的原位制造。太空 3D 打印相较于在地普通的 3D 打印，差异主要来自于制造环境，与地面环境相比，太空的微重力、高真空、大温差、强辐射等极端环境因素给太空 3D 打印技术带来了新的科学问题（图 7-4）。

图 7-4　太空极端环境的特点

　　在微重力环境下，粉末或液体会飘浮在空中，难以附着成形，基于这两种形态原材料的 3D 打印技术，如使用金属粉末的选择性激光烧结技术和电子束熔融技术以及使用液态光敏树脂的立体光固化成形技术难以在空间实现。对于基于丝材的熔融沉积成形技术与电子束自由成形制造技术，微重力还影响材料的堆积行为和层间结合性能，进而影响成形精度。因此，太空 3D 打印需研究如何控制粉末和液体的运动，使得基于粉末和液体的 3D 打印技术能适用于微重力环境，调整 3D 打印参数以改善在微重力环境下产品的层间性能。

　　在高真空环境下，由于缺乏空气对流，从打印头挤压出的熔融材料无法快速冷却，导致材料难以凝固，严重影响成形过程。而在大温差环境下，环境温度对熔融材料的冷却沉积成形影响巨大。因此，在高真空、大温差的复杂环境下，如何调控 3D 打印过程中材料热量的释放速度，以确保材料的成形精度，是太空 3D 打印技术的关键。此外，高真空、强辐射环境使材料放气并老化，直接影响材料制成的构件的可靠性和寿命，研究低放气率、耐辐射的 3D 打印材料也是必要的。

　　此外，太空中可利用的能源、材料、辅助手段等有限，要满足 3D 打印工艺过程及其温度场控制对能量的需求，必须采取新的能源利用方式与温度控制策略；太空 3D 打印所使用的材料需要能高效回收再利用、空间原位材料利用；太空 3D 打印的装备需满足高精度、多功能、低功耗、小型化、智能化、省材料等技术要求。

　　作为一种新型制造技术，太空 3D 打印具有颠覆性的技术优势，其可克服当前制约航天器研制的运载火箭包络尺寸、发射过程严苛力学环境等问题，强调按需制造的直接成形理念。结合太空 3D 打印的特点，对大尺寸功能构件的结构、工艺进行匹配性设计，研究材料、工艺、结构等参数对大型空间桁架、雷达天线等功能构件的综合性能的影响规律，是太空 3D 打印技术走向应用的关键（图 7-5）。

2. 关键技术

1）极端环境条件下的成形工艺与装备

太空极端环境条件，如高真空、微重力、高辐射、极端温度以及装备负载功率要求等对 3D 打印工艺和装备提出了苛刻的要求。

极端环境条件给太空 3D 打印工艺和装备带来的巨大挑战主要体现在以下 3 个方面。

挑战 1：温度——太空高真空、高太阳辐射条件下，背阴/照射面温度变化范围可达到-100～-200℃/100℃，极端温差导致 3D 打印温度场的极度不均匀。

图 7-5 多因素交叉的
太空 3D 打印技术

挑战 2：能源——按照标准规范，太空单台设备功率应低于 1000W，要满足 3D 打印工艺过程及其温度场控制对能量的需求，必须采取新的能源利用方式。

挑战 3：材料——3D 打印所使用的材料应满足轻质、高强度、耐极端温度、耐空间射线辐射等要求，甚至还需要高效回收再制造。

根据上述挑战，以多自由度太空机械臂作为目标执行机构，开发适用于太空环境的连续纤维增强热塑性复合材料多自由度 3D 打印系统，探索太空 3D 打印原位制造与修复成为极端环境条件下成形工艺与装备的主要目标。

2）太空 3D 打印的空间应用技术

随着人类太空探索的不断深入，对空间系统的性能提出了更高的要求，在太空中建造大功率太阳能电池板阵列、高增益卫星天线和其他大型航天器成为未来空间制造技术的趋势。传统制造技术限制了航天器的尺寸，由此带来的复杂的折展机构增加了结构设计的难度与展开失败的风险。太空 3D 打印可实现在空间环境中利用材料直接成形结构件，省去了复杂的折展机构的设计，不必考虑火箭发射过程严苛力学环境对结构设计的影响，并且可实现更大尺寸航天器的成形，是真正意义上的按需制造，省去了多余的设计与制造环节。尽管如此，太空 3D 打印技术应用于空间功能构件仍有巨大的挑战，主要体现在以下方面。

挑战 1：结构——缺乏既能实现航天器的特定功能，又能与 3D 打印技术的特点良好匹配的结构，3D 打印传统的航天器结构并不能最大化该技术按需制造的优势。

挑战 2：效率——大型航天器是未来的发展趋势，然而现有的 3D 打印技术难以在短时间内制造几十米、上百米的大型构件，太空 3D 打印必须采用高效率的成形策略。

挑战 3：性能——面向应用的太空 3D 打印技术需确保所成形的构件满足航天器的性能要求，以空间雷达天线为例，太空 3D 打印的天线需兼顾力、电、热性能。

为此，太空 3D 打印的空间应用技术需结合航天器或构件的使用性能要求，研究高效率的 3D 打印方法，再结合 3D 打印技术特点设计结构，以实现性能要求。

7.3.2 国内外技术发展现状与趋势

1. 国内外发展现状

1）美国太空 3D 打印的研究现状

美国在空间增材制造研究和试验方面开展得最早、最多、最先进，在 NASA 的各类规划、计划的支持下，按应用的方向形成了若干研究团队，包括 NASA 马歇尔太空飞行中心、兰利研究中心和格林研究中心，以及 Made In Space 公司和 Tethers Unlimited 公司等。

NASA 马歇尔太空飞行中心在 NASA 重返月球计划的支持下，围绕太空原位制造和修复与太空原位资源利用开展了系统研究。其研究主要围绕太空制造技术评估、太空资源利用可行性分析、地面验证试验等，并针对电子束熔化技术、混凝土挤出工艺、月壤资源利用等增材制造与材料方面开展了系统研究。从 1993 年开始关注高分子材料熔融沉积制造工艺的太空适用性，并对石蜡、尼龙、ABS、PPSF、PC 以及 Ultem 9085 等一系列高分子材料开展了空间环境及毒性水平研究，于 1999 年选用 ABS 和 Ultem 9085 在 KC-135 飞机上开展了抛物线飞行试验，完成了一小时二十分钟的无重力试验，初步验证了零重力熔融沉积 3D 打印工艺的可行性。

NASA 兰利研究中心，围绕金属零件的在轨 3D 打印开展了研究，开发了一套适用于太空飞行的轻型电子束熔丝沉积成形设备（EBF3），如图 7-6 所示。该轻型设备采用 900mm 直径铝合金成形腔，腔体压力可以达到 10^{-4}Pa，利用 3～5kW 小型电子束枪作为能量源，沉积平台可以在 300mm×300mm×150mm 空间移动，以直径 0.8mm 铝合金 2319（Al2319）丝材作为原材料进行沉积。研究人员在 NASA 的 C-9 微重力研究飞机上开展了抛物线飞行试验，研究微重力环境对电子束熔丝沉积工艺及零件性能的影响，并通过两次飞行计划获得了总高为 30mm 的圆柱体薄壁零件，验证了微重力条件下进行电子束熔丝沉积工艺的可行性。

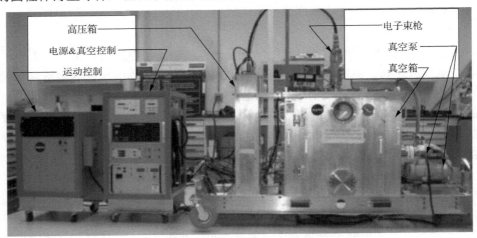

图 7-6　适用于飞行测试的轻型电子束熔丝沉积成形设备

Made In Space 公司出自 NASA 阿姆斯研究中心（NASA Ames Research Center）。于 2011 年和 2013 年夏季，基于和 NASA 飞行机会计划（FOP）的合同，进行了为时四周的微重力试验，试验设备安置在改造过的波音 727 飞机上，做了一系列失重飞行试验，研究材料熔融挤出工艺在微重力、月球以及火星重力条件下的工艺特征。2014 年 11 月 25 日，NASA 与 Made In Space 公司合作实现了全球首次空间 3D 打印，在国际空间站的微重力科学手套箱（MSG）中成功打印了印有 *MADEINSPACE/NASA* 字样的铭牌，并在国际空间站在轨制造了约 20 个结构样件，如图 7-7 所示，这些结构样件被分成材料性能测试、微重力环境下的成形性能测试、结构工具的功能测试共三类，将用于和地面 3D 打印样件进行全面对比分析，研究太空环境对 3D 打印工艺及零件性能的影响规律。

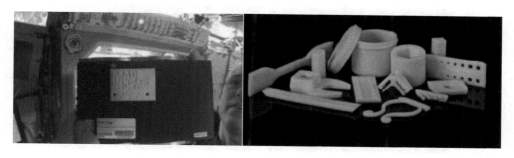

图 7-7　国际空间站首次在轨增材制造的多个样件

Tethers Unlimited 公司在 NASA 创新高级概念（NIAC）计划的资助下，开展了蜘蛛造构机的研究试验工作，如图 7-8 所示。蜘蛛造构机建造试图使用适当增材制造技术和机器人组装技术在轨制造和集成大型空间系统，避开尺寸约束和费用按比例增减的限制。

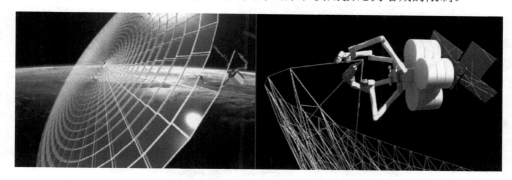

图 7-8　利用"蜘蛛制造"技术进行千米级孔径的在轨建造

2）日欧太空 3D 打印的研究现状

欧洲航天局（ESA）也正在积极探索 3D 打印在太空的应用，开展了一项"针对太空应用的通用零部件加工-复制工厂"的研究，使用高分子和金属材料开发国际空间站所需的可替换部件，并计划向国际空间站运送一台熔融沉积成形 3D 打印机，授权意大利 Altran 公司研制 ESA 第一台太空 3D 打印机 POP3D（Portable On-Board Printer），并将其送往国际空间站。POP3D 打印机在运行时需要的电量非常小，其重量大约为 5.5kg，使用的原材料是可生物降解的 PLA 线材。ESA 还开展了"月球表面栖息地原位 3D 打印"的研究。

德国联邦材料研究与测试研究所（BAM）提出以保护气氛循环产生压力差将金属粉末吸附在底板上，然后采用粉末床熔融工艺进行打印。2018 年 3 月，研究人员以不锈钢粉末为原料，氮气为保护气氛，通过飞机抛物线飞行实现了微重力条件下首次金属工具的打印。

俄罗斯研究人员于 2016 年制成了该国首台太空 3D 打印机样机，该 3D 打印机样机由位于西伯利亚的托木斯克理工大学高科技物理研究所、俄罗斯科学院西伯利亚分院强度物理与材料科学研究所、俄罗斯载人航天任务的重要实施者"能源"集团公司等 4 家单位联合研制。

日本科技公司三菱电机于 2022 年开发了一种新技术，它可借助阳光和特殊配方的树脂在太空中 3D 打印卫星天线，如图 7-9 所示。这种新方法使用特殊类型树脂，当其暴露在太空中的太阳紫外线辐射下时，会变成坚硬的固体材料，这将有助于轻量化从而减轻总体发射成本，允许发射更大的卫星。

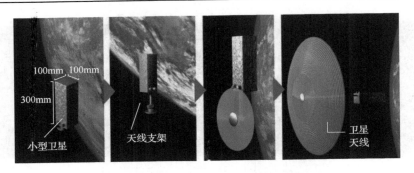

图 7-9　三菱电机的太空 3D 打印卫星天线的技术

3）我国太空 3D 打印的研究现状

我国太空 3D 打印技术起步较晚，现阶段开展相关研究的单位较少。

西安交通大学与北京卫星制造厂开展合作研究，围绕 3D 打印装备、原材料等的空间适用性开展了相关系统研究，并针对空间 3D 打印技术，提出了舱内、舱外两套工艺方案。同时开展了 FDM 工艺微重力影响的效应地面试验，初步分析了不同重力方向对 FDM 成形 PLA 样件的堆积质量以及线间黏结质量的影响规律。

2020 年 5 月 7 日，"长征" 5 号运载火箭搭载着航天科技集团五院 529 厂和西安交通大学合作研制的 "复合材料空间 3D 打印系统"，如图 7-10 所示，实现了我国首次空间 3D 打印，这也是全球首次连续纤维复合材料的空间 3D 打印。

图 7-10　我国首次空间 3D 打印

中国科学院空间应用工程与技术中心采用我国自主研发的陶瓷材料立体光刻打印机，在法国波尔多通过抛物线飞行完成了微重力环境下的陶瓷 3D 打印，对所使用 3D 打印装备的微重力适用性进行了试验，该试验基本重复 NASA 的抛物线飞行方案，对所用工艺做初步的试验验证。

2. 发展趋势

太空制造技术是提升人类太空活动能力、保障地外基地建设和深空探测任务的战略性关键技术之一，逐渐成为国际航天领域的新研究热点。太空制造是一项多学科交叉的前沿技术，各航天强国布局了多项研究计划，但总体上仍处于发展的初期阶段。

未来的太空 3D 打印技术，将着重解决太空极端环境对 3D 打印技术带来的挑战，应用太空 3D 打印技术修复与制造传统技术难以实现的航天飞行装备或器件，甚至应用太空 3D 打印技术在地外星球建设基地，拓展空间探索的深度。我国的空间站将成为开展太空 3D 打印技术验证和试验应用的绝佳平台，推动新材料、新工艺以及新装备的涌现与发展，使太空 3D 打印技术真正成为我国部署未来航天探索任务的战略性关键技术。

7.4　思　考　题

1. 根据所制造特征结构精度的不同，微纳增材制造可以分为哪几类？

2. 什么是 4D 打印？简述其内涵原理及目前存在的主要问题。

3. 太空 3D 打印相较于在地 3D 打印，主要差异体现在哪些方面？需要考虑哪些关键的环境因素？简述太空 3D 打印的关键技术。

参 考 文 献

卢秉恒, 李涤尘, 2013. 增材制造（3D 打印）技术发展[J]. 机械制造与自动化, 35(7): 1-4.

李涤尘, 田小永, 王永信, 等, 2012. 增材制造技术的发展[J]. 电加工与模具, S1: 20-22.

石世宏, 傅戈雁, 王安军, 等, 2006. 激光加工成形制造光内送粉工艺与光内送粉喷头 [P]: 中国, CN200610116413. 1.

史建军, 2018. 悬垂结构激光内送粉熔覆成形工艺及机理研究[D]. 苏州: 苏州大学.

魏青松, 衡玉花, 毛贻桅, 等, 2021. 金属粘结剂喷射增材制造技术发展与展望[J]. 包装工程, 42(18): 103-116.

ALEXANDREA P, 2019. The complete guide to material jetting (PolyJet) in 3D printing[EB/OL]. https: //www. 3dnatives. com/en/polyjet100420174/.

DEBROY T, MUKHERJEE T, MILEWSKI J O, et al, 2019. Scientific, technological and economic issues in metal printing and their solutions[J]. Nature materials, 18(10): 1026-1032.

GAROT C, BETTEGA G, PICART C, 2021. Additive manufacturing of material scaffolds for bone regeneration: toward application in the clinics[J]. Advanced functional materials, 31(5): 2006967.

HULL C W, 1986. Apparatus for production of three-dimensional objects by stereolithography[P]: US, US19840638905.

LI Y, MAO Q J, LI X K, et al, 2019. High-fidelity and high-efficiency additive manufacturing using tunable precuring digital light processing[J]. Additive manufacturing, 30: 100889.

LIASHENKO I, ROSELL-LLOMPART J, CABOT A, 2020. Ultrafast 3D printing with submicrometer features using electrostatic jet deflection[J]. Nature communications, 11: 753.

MACDONALD N P, CABOT J M, SMEJKAL P, et al, 2017. Comparing microfluidic performance of three-dimensional (3D) printing platforms[J]. Analytical chemistry, 89, (7): 3858-3866.

MIRZENDEHDEL A M, RANKOUHI B, SURESH K, 2018. Strength-based topology optimization for anisotropic parts[J]. Additive manufacturing, 19: 104-113.

MOSTAFAEI A, ELLIOTT A M, BARNES J E, et al, 2021. Binder jet 3D printing—process parameters, materials, properties, modeling, and challenges[J]. Progress in materials science, 119: 100707.

YANG Y, SONG X, LI X J, et al, 2018. Recent progress in biomimetic additive manufacturing technology: from materials to functional structures[J]. Advanced materials, 30(36): 1706539.

ZHU G X, SHI S H, FU G Y, et al, 2017. The influence of the substrate-inclined angle on the section size of laser cladding layers based on robot with the inside-beam powder feeding[J]. The international journal of advanced manufacturing technology, 88: 2163-2168.

ZHU X Y , XU Q, LI H K, 2019. Fabrication of high-performance silver mesh for transparent glass heaters via electric-field-driven microscale 3D printing and UV-assisted microtransfer[J]. Advanced materials, 31(32): 1902479.